风力发电教学与培训用书

风力发电机组

安装·运行·维护

第 2 版

任清晨　刘胜军　王维征　编

机 械 工 业 出 版 社

本书为风力发电教学与培训用书之一，采用图文并茂的方式，主要介绍了风力发电机组安装的前期工作，风力发电机组的选型与部件运输，风力发电机组的基础与施工，风力发电机组的现场安装与装配，风力发电机组各系统的试验，风力发电机组的运行与维护，机组部件与系统的调试、维护与检修，风力发电机组的常见故障及解决办法。

本书可作为本科院校和职业院校风电相关专业的教学用书，也可作为风力发电生产一线员工的培训用书。

图书在版编目（CIP）数据

风力发电机组安装·运行·维护/任清晨，刘胜军，王维征编．—2 版．
—北京：机械工业出版社，2018.10（2025.1 重印）
风力发电教学与培训用书
ISBN 978-7-111-61468-5

Ⅰ. ①风⋯ Ⅱ. ①任⋯②刘⋯③王⋯ Ⅲ. ①风力发电机 –
发电机组 – 技术培训 – 教材 Ⅳ. ①TM315

中国版本图书馆 CIP 数据核字（2018）第 267392 号

机械工业出版社（北京市百万庄大街22 号 邮政编码100037）
策划编辑：王振国 责任编辑：王振国
责任校对：梁 静 封面设计：陈 沛
责任印制：常天培
固安县铭成印刷有限公司印刷
2025 年 1 月第 2 版第 2 次印刷
184mm×260mm·12.25 印张·296 千字
标准书号：ISBN 978-7-111-61468-5
定价：39.80 元

电话服务 网络服务
客服电话：010 – 88361066 机 工 官 网：www.cmpbook.com
　　　　　010 – 88379833 机 工 官 博：weibo.com/cmp1952
　　　　　010 – 68326294 金 书 网：www.golden – book.com
封底无防伪标均为盗版 机工教育服务网：www.cmpedu.com

前　言

风能是一种取之不尽、用之不竭的绿色环保型可再生能源。风力发电在可再生能源中，是除水能资源外技术最成熟、最具大规模开发和商业利用价值的发电方式。其由于在减轻环境污染、减少温室气体排放、促进可持续发展方面的突出作用，风力发电越来越受到世界各国的高度重视，我国已把利用风能作为一项基本的能源政策。

目前，我国的风力发电产业发展迅猛，风力发电专业人才的缺口很大，许多本科院校与职业院校相继开设了新能源或风力发电专业，但一直苦于没有合适的教材。因此，我们根据近年来在大中专院校讲授风力发电知识的心得与体会，参照国家和行业制定的风力发电机组的相关标准，结合下厂实践所获得的知识和本专业的教学经验，编写了这套适合新能源和风力发电专业学生学习的，并适合风力发电生产一线员工培训的，介绍风力发电机组生产技术的系列专业教材。

本套丛书第1版于2010年出版，当时我国风力发电产业正处于第一次大发展的阶段，技术尚不成熟，技术标准还不完善。由于当时我国风力发电场的运行时间比较短，风力发电的并网容量很小，风电事故的经验教训也很少，因此第1版图书只能适应当时的技术标准水平。经过十几年的发展，我国风力发电的并网容量已经具有一定规模，风电事故的经验教训也积累了很多，通过生产运行实践验证了风力发电机组设计及制造工艺方法，技术进步也使我国的风力发电产业逐步成熟起来，促使技术标准进一步完善。因此，必须对第1版教材进行修订，以满足技术进步的要求，培养出满足企业需求的合格人才。

本次修订仍沿用第1版的编写体系，对一些章节进行了增补或更新。本套丛书分为《风力发电机组工作原理和技术基础》（第2版）、《风力发电机组生产及加工工艺》（第2版）和《风力发电机组安装·运行·维护》（第2版）三册，构成一个比较完整的教材体系。本套丛书特点是以国家及行业标准为主线，避开与生产无关的纯理论问题，重点介绍风力发电机组的实用生产技术。在学习本套丛书前，最好先学习一些机械加工、电工电子和液压传动等基础知识，这样会收到事半功倍的学习效果。

在本套丛书的编写过程中，查阅了大量的相关国家标准和出版物，书中部分插图由吴昊老师绘制。本书内容经中国科学院电工所科诺伟业公司武鑫博士、中科宇能公司技术总监徐宇博士后、天威保变风电公司鲁志平总工程师、国电联合动力技术公司王志强总工程师、中航惠腾风电公司王志军工程师审阅。在此向在本套丛书编写过程中提供帮助的专家、学者及老师表示衷心的感谢。

由于编者水平有限，书中错误和不当之处在所难免，敬请专家和读者批评指正。

编　者

目　　录

第一章 风力发电机组安装的前期工作

即使有性能十分优良的风力发电机组，如果风力发电场的风力常年很小，风力发电机组也无法将其优良的性能充分发挥出来。因此，选择风能蕴藏量大的风场至关重要。年平均风速高是优良风力发电场的主要指标，当然还应该综合考虑其他问题。通过本章的学习应了解风力发电场建设的前期工作，熟悉影响风力发电场选址的因素，掌握风力发电场选址的程序和方法。

第一节 风力发电场建设的前期工作

一、风力发电场建设前期准备工作

1）根据有关气象资料，并结合必要的风能资源测量手段，对风能资源进行分析和评价，并估算风能资源总储量及技术开发量。

2）风力发电场工程规划应该以风能资源评价成果为基础，综合考虑地区社会经济、自然环境、开发条件及市场前景等因素，规划选定各风力发电场的场址，并对选定的各规划风力发电场进行统筹考虑，初步拟订出开发顺序。

3）风力发电场工程预可行性研究。风力发电场工程预可行性研究是对选定的风力发电场进行风能资源测量和评估，开展工程地质勘察、工程规模与布置、工程投资估算和初步经济评价等工作，初步研究风力发电场建设的可行性，并初步确定风力发电场的建设方案。

4）风力发电场工程可行性研究。风力发电场工程可行性研究是对选定的风力发电场进行风能资源评估，开展工程地质评价、工程规模与布置、电气与消防设计、土建工程设计、土地征用、施工组织设计、工程管理设计、劳动安全与工业卫生设计、环境保护及水土保持设计、设计概算及经济评价等工作，研究风力发电场建设的可行性，并确定风力发电场的建设方案。

二、风力发电场工程项目的实施

一个风力发电场项目的投资和建设，必须与项目所在地的风力发电规划和电力建设规划相一致，与当地的经济发展和电力消费水平相一致。在此基础上，从有了建设风力发电场的意向，确定风力发电场的场址，到最后建成风力发电场并投入生产，一般要经历项目立项（项目建议书的申报和批准）、可行性研究、工程建设和运行管理等阶段。各阶段的工作目标、工作内容和工作性质有很大的不同，这里将分别介绍其具体要求。

（一）我国风力发电场的政府特许权经营方式

特许权经营方式是指用特许权经营的方法开采国家所有的资源，或建设政府监管的公共基础设施项目。风力发电特许权是指政府将特许经营方式用于我国风力资源的开发。风力发电特许权政策的运行机制是：政府采取竞争性招投标方式把项目的开发、经营权给予最适合的投资企业，企业通过特许权协议、购售电合同和差价分摊政策，运行和管理项目。

在风力发电特许权政策实施中涉及三个主体，即政府、项目单位和电网公司。政府是特许权经营的核心，为了实现风力发电发展目标，政府对风力发电特许权经营设定了相关规定：一是项目的特许经营权必须通过竞争获得；二是规定项目中使用国产化生产的风力发电设备比例，并给予合理的税收激励政策；三是规定项目的技术指标、投产期限等；四是规定项目上网电价，前3万利用小时电量适用固定电价（即中标电价），以后电价随市场浮动；五是规定电网公司对风力发电全部无条件收购，并且给予电网公司差价分摊政策。项目单位是风力发电项目投资、建设和经营管理的责任主体，承担所有生产、经营中的风险，生产的风电由电网公司按照特许权协议框架下的长期购售电合同收购。电网公司承担政府委托的收购和销售风电义务，并按照政府的差价分摊政策将风电的高价格公平分摊给电力用户，本身不承担收购风力发电高电价的经济责任。

风力发电特许权经营方式对风力发电发展产生的影响有以下几个方面：

1）通过竞争性招投标，一方面促进电价明显下降，结束了我国风力发电上网电价居高不下的历史；另一方面激活了风力发电投资来源的多元化，提高了国内外企业投资风力发电项目的积极性，为风力发电的发展注入了新鲜活力。

2）在风力发电特许权协议框架下，电网公司与项目投资者签订长期购售电合同，保证全部收购项目的可供电量，改变了以往风力发电上网难的困境，使风力发电项目摆脱了产品销售的风险。

3）建立了风力发电国产化生产的平台。风力发电特许权项目为所有希望进入风力发电产业的企业和个人提供了一个相对公平的竞争机会，特别对资金实力雄厚的企业来说，争取到10万kW的特许权项目，就迈入了风力发电产业的大门，并且可在项目开发和运营中逐步提高风力发电建设的能力。对风力发电开发商来说，在项目的开发和经营过程中从陌生到成熟，逐步成为合格的风力发电开发商和运营商。对风力发电设备制造商来说，通过项目的国产设备制造，可以成功地越过50台和三年的运行经验门槛，成为市场上合格的风力发电设备供应商。风力发电特许权提高了我国风力发电设备国产化和本地化的能力和活力。

风力发电特许权是我国目前大规模发展风力发电、促进风力发电设备本地化制造和降低风力发电电价的重要措施。

（二）风力发电场项目的立项

风力发电场项目的立项是在风力发电规划的基础上，由有意开发风力发电的企业发起（或由政府部门提出设想后由企业操作），提出风力发电开发的项目，然后由政府有关部门批准。风力发电场立项之前首先要确定场址，应选择风况较佳，交通运输、安装运行和上网条件都较好的地点作为场址。风力发电场的场址选择应通过大范围初选、初步测风、测风数据处理、风能资源评估等几个步骤，最后通过综合分析来确定风力发电场的场址。具体方法需按照我国电力行业标准《风力发电场选址导则》进行。

在场址选定及有了一定的测风资料并经评估可开发之后，就可以组织进行风力发电项目预可行性研究。预可行性研究的内容和深度可以参照原国家电力公司下发的《风力发电项目预可行性研究内容深度规定（试行）》。预可行性研究报告经有关权威部门审查通过后，可组织编制风力发电场项目建议书，并按国家规定的程序上报审批。

1. 风力发电场项目建议书

风力发电场项目建议书是通过对投资机会的研究来形成项目设想的，是项目发展周期的初始阶段。风力发电场项目建议书侧重于对项目建设必要性的分析，主要内容如下：

1）提出项目建设的必要性和依据。

2）产品的市场预测。

3）工程建设规模和建设条件（包括风力资源资料及其评价）、协作关系、设备选型及厂商的选择。

4）投资估算和资金筹措方案及经济分析和财务评价。

5）项目进度安排。

6）经济效益和社会效益的初步评价，以及节能效益分析。

7）环境影响评价。

2. 同时提交的其他文件

1）预可行性研究及其审查意见。

2）项目发起人的意向书。

3）土地征用意向书。

4）当地环保部门的意向函。

5）同意电量上网的意向函。

6）银行贷款的意向函。

将风力发电场项目建议书连同所需附件一起上报有关主管部门，申请风力发电场项目的立项。我国目前负责审批风力发电项目的主管部门主要是国务院职能部门国家发改委及其下属机构。可以根据自己的情况选择上报相关部门审批。项目申报立项过程中可能要准备回答国家主管部门提出的一些问题，补充有关的材料等，直到国家正式行文批复项目建议书，同意所申报的项目予以立项后，项目的立项工作才算完成。

（三）风力发电场项目的可行性研究

风力发电场项目经批准立项以后，应该进行风力发电场项目的可行性研究，进一步调查、落实和论证风力发电场工程建设的必要性和可能性。风力发电场项目可行性研究的有关内容和深度要求按我国已颁发的电力行业标准《风力发电场项目可行性研究报告编制规程》执行。通过编写可行性研究报告，经审批后的项目即可立项，申请企业可进一步落实解决配套资金与其融资和还贷的银行进行评估工作，并做好施工前的准备工作。

可行性研究的主要内容包括资料收集、风资料处理、地质勘察、风力发电机组机型选择、机位优化及发电量估算、风力发电场接入电力系统及风力发电场主接线设计、土建工程设计、工程管理、施工组织设计、环境影响评价、工程投资概算和财务评价。

风力发电场项目可行性研究的内容是在项目建议书的基础上的进一步深化，在广度和深度上都要严格得多，风力资源的资料数据更加准确可靠。工程（包括配套）各部分的设计和实施方案都已经确定，经济分析和财务评价也更加接近实际情况。风力发电项目可行性研究报告的编制应更加规范、完善、客观、科学、准确和严密。

可行性研究报告必须按国家有关规定报国家主管部门审批。在上报可行性研究报告时，必须提供以下附件：

1）项目建议书审批文件。

2）可行性研究报告及其审查意见。

3）项目发起人协议书。

4）土地征用意向书。

5）环境保护部门的批准文件。

6）银行贷款承诺函。

7）当地电网对风力发电上网的承诺意见。

项目建议书和可行性研究报告连同附件得到批准后，就可以成立风力发电场项目公司，进行项目的公司化运作，即可进入工程建设阶段，进行工程设计和施工。

根据我国已颁发的电力行业标准《风力发电场项目可行性研究报告编制规程》编制的可行性研究报告，其深度在许多方面已达到了某些工程项目初步设计的要求。在规模小和比较简单的情况下，项目往往可以免去初步设计而直接进入工程设计和实施，这样就缩短了项目的建设周期，对项目及早投产和产生经济效益十分有利。

财务状况是影响风力发电项目可行性最重要的因素，因此必须避免财务可行性分析报告出现评价不够完善、客观、准确，流于形式的情况。报告基本内容应包括：风力发电场项目规模、年上网发电量、建设工期及其财务评价计算期（包括建设期和经营期），还包括财务评价依据。可行性报告财务评价具体内容应包括以下内容：

1. 项目投资和资金筹措

简述项目建设资金的构成，一般包括固定资产投资、建设期利息、流动资金等；说明资金筹措方案和贷款偿还条件。

2. 总成本费用计算

1）固定资产价值计算。

2）风力发电场总成本计算，包括折旧费、维修费、职工工资及福利费、保险费、材料费、摊销费、财务费用及其他费用等。

3. 发电效益计算

说明发电效益计算的方法和参数，其内容包括：发电量收入、税金、利润及分配。

4. 清偿能力分析

1）借款还本付息计算。

2）资金来源与应用计算。

3）资产负债计算。

5. 盈利能力分析

1）项目财务现金流量计算。

2）资本金财务现金流量计算。

3）根据财务盈利能力计算的结果，分析所得税前和所得税后的财务内部收益率、投资利润率、投资利税率及资本金利润率等财务评价指标。

6. 敏感性分析

风力发电项目的不确定性因素主要有上网电量、固定资产投资、上网电价等，计算其变化所引起财务内部收益率的改变，分析风力发电项目的抗风险能力。

7. 财务评价结论

编制财务评价指标汇总表，并提出工程项目财务可行性评价结论。

8. 财务评价附表

项目总投资、成本费用、资金筹措、清偿能力分析、盈利能力分析、项目敏感性分析的科学评价对项目投资回报将产生重大影响。我国现有的风力发电项目大部分由于历史原因，缺乏财务评价及分析，或财务评价及分析不够规范、完善、科学、客观、准确，项目投产后经济效益较差。

三、风力发电项目投资建设的风险管理

（一）风力发电投资的主要风险

风力发电场的风况条件、风机设备的性能、成本控制、电价是决定风力发电建设投资回报的主要因素。

1. 资源的不准确性带来的风险

风能与其他能源相比，既有其明显的优点，又有其突出的局限性。风能具有四大优点和三大弱点。四大优点是：蕴藏量巨大、可以再生、分布广泛、没有污染。三大弱点是：密度低，能量密度只有水力的 1/800；不稳定，在目前条件下接入电网的比例不宜超出 5% ~ 10%；地区差异大，我国目前还没有风力资源的全面监测分析报告。因此，风力发电场场址的选择、风力发电机组选型和风机布置都将影响发电量。

2. 国内技术水平低带来的风险

为了早日实现风力发电设备国产化，国家明文规定，风力发电设备国产化率要达到 70% 以上，不满足设备国产化率要求的风力发电场不允许建设。由于我国风力发电技术与国外先进技术相比还有很大差距，国产设备的性能与可靠性需要有一个逐步成熟的过程。因此，采用国产设备面临设备稳定性、可靠性的考验。

3. 融资渠道不畅带来的风险

目前我国风力发电建设的资金来源，一般由各股东提供的注册资金、国内银行贷款和利用外国政府贷款三部分组成。国内银行贷款期限短、授信额度小、年利率高，因此，项目公司多数采用申请贷款期限长、授信额度大、年利率低的外国政府贷款项目，但这笔资金几乎都被用来购买进口风力发电设备，且对设备制造商选择进行了限制。由于资金缺乏，结构不合理，投资者注册资本比例低，过度举债，增加了财务费用的支出和筹资风险，影响了企业的投资效益。

4. 政策方面的风险

风力发电项目的上网电价是风力发电场经营效益能否实现的关键。电价水平的高低决定了风力发电场效益的好坏。在商品经济社会中，电价应由发售电供需双方，即风力发电场和当地电力公司在所签订的购电协议中予以明确。我国现阶段大多数情况下风力发电的电价是根据国家发改委文件由当地物价局以行文批准的方式予以规定的。随着电力体制改革的逐步深入，电价的垄断局面将被逐渐打破。

（二）风力发电行业风险的防范措施

1）提高对风力发电项目投资的理性认识。

2）选择合适的投资方式。

3）认真进行风力发电场的选址。

4）科学进行风力发电机组的选型。

第二节　风力发电场的选址

风力发电的主要目的是节省常规能源，减少环境污染，降低发电总成本（包括社会成本和经济成本）。尽管风力资源是无处不在并且是取之不尽、用之不竭的，但为了更有效地利用风能，创造更好的经济效益，就必须慎重地选择风力发电场的建设地点。一个风力发电场址宏观选择的优劣，对项目经济可行性起着主要作用，风力发电场选址的好坏直接影响到风力发电场的生存。

风力发电场建设项目的实施是一个较复杂的综合过程。风力发电场的规划设计属于风力发电场建设项目的前期工作，需要综合考虑许多方面，包括风能资源的评估、风力发电场的选址、风力发电机组机型选择和参数设计、装机容量的确定、风力发电场风力发电机组微观选址、风力发电场联网方式选择、机组控制方式的选择、土建与电气设备选择及方案确定、后期扩建可能性和经济效益分析等因素。

因此，风力发电场前期选址、风力资源的测量、风力发电场资源综合评估是风力发电建设前期必不可少的一个重要环节。风力发电场选址评估技术工作要综合考虑风能资源、电网连接、交通运输、地形地貌、地质条件、征地价格、工程投资、通信和环保要求等因素，进行经济和社会效益的综合评价，最后确定最佳场址。

一、影响风力发电场选址的主要因素

（一）风能资源

对风能资源进行精确的评估，直接关系到风力发电场的效益，是风力发电场建设成功与否的关键。

（1）风能资源的特点　决定风力发电场经济潜力的主要因素是风能资源的特性。在近地层，风的特性是十分复杂的，它在空间分布上是分散的，在时间分布上也是不稳定和不连续的。风能的供应受到多种因素的支配，特别是气候及地形和陆海分布的影响。风速对当地气候十分敏感，同时，风速的大小、品位的高低又受到风场地形、地貌特征的影响，所以要选择风能资源丰富的有利地形，进行分析，加以筛选。

（2）与选址有关的风能资源技术指标

1）反映风能资源丰富与否的主要技术指标有年平均风速、有效风能功率密度、有效风能利用小时数等。根据我国风能资源的实际情况，将风能富集区指标定为10m高度，年平均风速在6m/s以上，年平均风功率密度大于200W/m²，超过3m/s的风速小时数在5000以上。在进行风能资源的计算分析时，应以现场长周期（至少一年）测风数据为准。

2）容量系数。容量系数C_f是指风力发电机组的年度电能净输出，也就是在真实负荷条件下的年度电能输出除以风力发电机组额定容量与全年运行小时数8760的乘积，即

$$C_f = [年度电能输出/(风力发电机组额定容量 \times 8760)] \times 100\%$$

风力发电场要选址于容量系数大于30%的地区，这样将会有明显的经济效益。

3）风向稳定性。表示风向稳定的方法，一般用实测风玫瑰图来表示，主导风向占30%以上可以认为是比较稳定的。

4）气象灾害。在选址工作中，必须考虑某些对风力发电机组有影响的气象情况，在此

称为"气象灾害"，其中有些现象可能对风力发电机组的寿命造成灾难性的威胁。例如，在海边场址，严重的飓风、龙卷风都可能在短时间内摧毁风机。在我国北方地区，气温低于-30℃时，风机将停止运行，低于-40℃时将对风力发电机组造成损坏。还有一些气象现象可能减少设备的运行时间。

① 冰凇。冰凇会在几个方面影响风力发电机组，严重的冰凇会增加风力发电机组静态和动态载荷，并对风力发电机组输出功率、输电线路造成影响。另外，当叶片结冰时，为了防止叶片系统超负荷运转，可能需要停止运行。当风速仪发生冰凇时，控制系统信息中断，也将导致风力发电机组停止运行。

② 湍流。湍流与阵风有关，在湍流中，流体每一点的速度在大小和方向上随机波动，风力发电机组结构的振动也多由此产生，严重时会损害风力发电机组的寿命或导致维修费用的增加。湍流一般由复杂的地形（如断层、山地）引起，因此在选址中推荐以比较平坦的地形为好。

③ 空气盐雾。在靠近海岸线或我国西北部咸盐湖附近的地带，由于空气中含盐量较高，必须考虑对风力发电机组的特殊保护以减轻腐蚀问题。

④ 风沙磨蚀。随着内蒙古、河北、甘肃等地风力发电场建设规模的迅速扩大，风沙对风力发电机组的危害也需要密切关注。由于经常受到沙尘暴的磨蚀影响，设备涂层、机件、润滑系统等都可能会加速损坏，在这种情况下需要以特殊的方式或通过设计上的改进来保证机组的正常运行。

（3）风资源资料数据的获取　现有测风数据是最有价值的资料，中国气象科学研究院和部分省区的有关部门绘制了全国或地区的风能资源分布图，按照风功率密度和有效风速出现小时数进行风能资源区的划分，标明了风能丰富的区域，可用于指导宏观选址。有些省区也已进行过风能资源的调查。

某些地区完全没有或者只有很少现成的测风数据，还有些区域地形复杂，由于风在空间的多变性，即使有现成资料用来推算测站附近的风况，其可靠性也受到限制。此时，可采用定性方法初步判断风能资源是否丰富。

（4）风力发电场选址的原则　选址时应从风能资源丰富、容量系数较大、风向稳定、风速年变化较小、气象灾害较少和湍流强度较小等方面考虑，以达到理想效果。

知道了以上原则，便可根据风力发电场选址的技术原则粗略地确定选址地点，然后分析地形特点，充分利用有利于加大风速的地形，再来确定风力发电机的安装位置。

首先，应具备丰富的风能资源。风功率密度要在3级以上，超过安全运行风速25m/s的概率要少，50年一遇的最大风速（10min的平均数）要小；然后根据风向玫瑰图确定盛行风向，再考虑地形分类。在平坦地形中，主要考虑地面粗糙度的影响。对于复杂地形，除了地面粗糙度外，还要考虑地形特征。场址地势应比较平坦，没有高大的树木或障碍物，距离现有公路和电网比较近。

和陆地风力发电场相比，海上风力发电场的优点主要是不占用宝贵的土地资源，基本不受地形地貌影响。海上风能资源比陆地大，不但风速高，而且很少有静风期，能更有效地利用风力发电机组的发电容量，并且运输和吊装条件优越，风力发电机组单机容量可以更大，年利用小时数更多。海水表面粗糙度低，海平面摩擦力小，风速随高度的变化小，不需要很高的塔架，可降低风力发电机组的成本。海上风的湍流强度低，作用在风力发电机组上的疲劳载荷减小，可延长使用寿命。

我国东部沿海的海上可开发风能资源约达 7.5 亿 kW，资源潜力巨大且开发利用市场条件良好。海上风力发电分为近海风力发电和深海风力发电。深海风力发电目前尚处于研究阶段；近海风力发电是指离海岸比较近而且风力发电机组的基础与海底连接的风力发电场，是当前的重要发展方向。

（二）电网连接

并网型风力发电机组需要与电网相连接，场址应尽量靠近电网。对小型风力发电项目而言，要求距离 10～35kV 的电网比较近；对于较大的风力发电场，要求距离110～220kV 的电网比较近。风力发电场离电网较近不但可以降低并网投资，而且可以减少线路损耗，满足电压降的技术要求。接入电网容量要足够大，电网需要有一定的备用容量，避免受风力发电机组随时起动并网、停机解列的影响，保证电网频率、电压的稳定。一般来讲，规划风能资源丰富的风力发电场，选址时应考虑接入系统的成本，要与电网的发展相协调。

风力发电产业的快速发展使风力发电并网的问题日益凸显，目前电网存在的不足已成为制约风力发电发展的一大瓶颈。按照国家鼓励可再生能源发展的相关政策，电网企业应接纳并全额收购可再生能源电量，但是我国风能资源最丰富的地区往往处于电网末端，电网建设相对薄弱，风力发电上网的难题在短时间内难以解决。另外，由于风力发电的不稳定性会对电网产生影响，这也直接影响了电网企业接收风力发电的积极性。

风能是随机性的能源，其不稳定性会对电网的调度、管理带来不便。对风力发电而言，需要电网具备配套的预报措施和储能装置，需要具备调峰能力，需要整个电网走向智能化，这些都是风力发电在发展过程中遇到的难题。在技术层面也需要做很多的研发、测试工作，对电网、负荷及风力发电厂进行匹配、调度、储存和控制。我国发电厂和电网已经实现"厂网分离"，即发电与输变电分离，但用户和输电还没有能够完全实现电网供需的互动。只有在用电负载附近因地制宜地安装风力发电装置，才可以避免超高压、远距离的传输，避免大量的电能损耗。

1. 我国风力发电并网目前存在的问题

1）风力发电投资方、发电企业、电网企业和地方政府之间的沟通机制不通畅，造成风力发电开发规划与其他电源的建设规划、电网规划之间相互脱节，不能协调兼顾，不利于合理有序地开发风力发电和上网。

2）我国风资源丰富并规划建设大型风力发电基地的地区，除沿海地区外，其余地区的电力系统规模小、负荷水平低，风力发电的随机性、间歇性特点对电网安全稳定运行的影响十分明显，当地电网的风力发电消纳能力十分有限，风力发电的大规模开发必须解决近距离电能消纳市场的问题。

3）风力发电大规模并网对其他电源的调节性能提出了更高的要求。风力发电并网后，系统内其他电源除了需要满足负荷的变化外，还要能够平抑风力发电量的随机波动。

4）风力发电是一种随机性和间歇性的能源，中长距离单独输送风力发电的经济性很差，风力发电、火力发电整合外送是一种可以考虑的选择，需要深入研究风力发电和火力发电的配比关系。

5）风力发电、火力发电整合后跨区域远距离外送，通常需要通过特高压直流输电，因此将形成送端交流电网与直流外送通道构成的交直流混合系统。交直流混合系统的输送容量大，各种控制设备的性能千差万别，大系统联合控制的协调性要求更高。面对各种运行方式和故障组合，当控制设备之间的控制策略不匹配时，交直流混合系统各自发生故障的影响都可能在系统之间造成耦合和放大，从而扩大事故范围。

6）调峰调频安排困难。根据风力发电出力特性分析，风力发电场输出功率往往与地区负荷特性相反，也称之为风力发电的反调峰特性。由于风力发电的随机性和反调峰特性，电网必须为风力发电留出足够的备用容量以平衡风力发电功率的波动，大规模风力发电接入后往往会增加电网调度的难度，需要电网留有更多的备用电源和调峰容量。

7）风力发电并网可能降低系统稳定性。随着我国百万千瓦、千万千瓦级风力发电基地的建设，将会有几千台甚至上万台风力发电机组在同一接入点接入电网，风力发电输送线路长度可能达到几百甚至上千千米。当整个区域风力发电出力很小时，线路将产生大量的无功功率；当风力发电出力很大时，线路需要吸收大量的无功功率。风力发电出力的随机波动导致线路无功功率的流向和规模频繁变化。如果只依靠电网进行无功功率调节，无论从调节速度还是调节质量上均无法满足风力发电波动对电压的影响，造成电网电压稳定程度降低。

另外，当风力发电机组低电压穿越能力（即抗电网电压波动的能力）不足时，即使电网发生一个很小的故障，也可能使整个风力发电基地的风机在极短时间内全部切除，电网瞬间会缺失大量电力，电网的有功平衡遭到破坏，造成重大电网事故。

8）风力发电并网可能降低电能质量。双馈和直驱风机中的电力电子设备会给电网带来严重的谐波污染，当数千台风机接入同一个并网点时，谐波的叠加作用会放大风力发电对电网电能质量的影响。

9）电网的结构已难以满足风力发电"保证接入、优先调度、全额收购"的要求，电网架构的改造和加强任务艰巨、电网改造需要较长时间和巨额的投资。

2. 风力发电并网问题的解决方法

1）加强风力发电和其他电源与电网的协调综合规划。在国家主管部门的领导下，建立大型风力发电基地集中开发规划机制，不仅要考虑风能资源条件，还要考虑风力发电与其他电源和电网的统一协调。

为了提高本地电力系统平抑风力发电功率波动的能力，在风能资源丰富的地区应根据资源条件加强抽水蓄能电站和燃气电站等配套调峰电源的建设。在资源条件具备的地区，开展风力发电、水力发电和火力发电的联合开发，研究风力发电、水力发电和火力发电"打捆"外送的电源合理配比关系，增强风力发电大规模外送的技术可行性和经济可行性。

2）加强送端电网建设。加快推进风力发电外送通道的建设，积极推进跨省跨区域电网的互联，将风力发电送出的规划纳入中长期电网发展规划，适当超前建设电网，满足风力发电大规模开发的外送需求。

3）优化利用系统内的水力发电机组、火力发电机组的调节能力，有效平抑风力发电的随机波动。充分利用直流输电的快速调节能力，优化控制交流系统中的无功和电压调节等设备，提高系统整体控制的灵活性和协调性，保障系统安全、稳定、经济地运行。

4）加强交直流混合系统协调控制和水力、火力、风力发电机组联合运行的研究，提高系统运行的安全性和经济性。

5）建立风力发电场运行数据的统一管理和共享交换机制，避免重复投资，给风力发电大规模开发和接入电网带来便利。提高风能资源勘察、风力发电场功率预报等技术水平，促进统一管理及信息资源共享。

6）完善风力发电上网管理办法。风力发电上网管理办法应立足于全社会最低成本，协调风力发电场与电网运行，减少弃风，避免危及系统的安全运行。在某些特殊情况下限制风力发电场的输出功率，可以减少改造电网的投资，提高电网的利用率，从而提高风力发电开发、输送和消纳的整体社会效益。

（三）地质条件

如果地质条件好，就可以大幅度地节省风机基础、道路和建筑物的投资。

风力发电机组基础的位置最好是承载力强的基岩、密实的壤土或黏土等，并要求地下水位低，地震烈度小。

（四）交通条件

风能资源丰富的地区一般都在比较偏远的地区，如山脊、戈壁滩、草原、海滩和海岛等，必须拓宽现有道路并新修部分道路以满足风力发电机组大部件运输的要求。风机的安装需要大部件运输，同时也需要大型的吊装设备，有些部件长度可能超过40m，重量达到七八十吨，对交通条件有较高的要求。

风力发电场选址时应考虑交通条件，应便于设备运输，尽量减少道路建设投资成本。

（五）地形条件

选择场址时，场址地形应比较简单，便于大规模开发，有利于设备的运输、安装和管理。在主风向上要求尽可能开阔、宽敞，障碍物少、粗糙度低，对风速影响小。

对缺少测风数据的丘陵和山地，可利用地形地貌特征进行风能资源评估。地形图是表明地形地貌特征的主要工具，采用比例尺为1:50000的地形图，能够详细地反映出地形特征。

1）从地形图上可以判别出有较高平均风速的典型地形特征如下：

① 经常发生强烈气压梯度的区域内的隘口和峡谷。

② 从山脉向下延伸的长峡谷。

③ 高原和台地。

④ 强烈高空风区域内暴露的山脊和山峰。

⑤ 强烈高空风或温度/压力梯度区域内暴露的海岸。

⑥ 岛屿的迎风角和侧风角。

2）从地形图上可以判别出有较低平均风速的典型地形特征如下：

① 垂直于高处盛行风向的峡谷。

② 盆地。

③ 表面粗糙度大的区域，例如森林覆盖的平地等。

在选择风力发电机组安装位置时，必须要避开障碍物下游的扰动区，从理论上讲，扰动区的长度约为障碍物高度的17倍，所以在选址时，尽量避开障碍物，距离应在障碍物高度的10倍以上。

山地对风速影响的水平距离一般为：向风面为山高的5~10倍，背风面为山高的15倍，而且山脊越高，坡度越缓，在背风面影响的距离越远。根据经验，在背风面对风速影响的水平距离 L 大致是山高 h 与山的坡度半角 α 余切的乘积，即 $L = h \times \cot\alpha$。

（六）环境保护问题

虽然风能是干净、清洁的能源，但是在利用风力发电机组发电的过程中，还是不可避免地会对环境造成一些影响。下面这些问题应在风力发电场的选址过程中给予充分重视，才能保证在获得投资收益的同时获得良好的环境保护社会效益。

（1）噪声污染 国家标准对风力发电机组的噪声要求是，在输出功率为1/3额定功率时排放的噪声（等效声功率级）应不大于110dB（A），在对噪声有要求和限制的区域，机组排放的噪声应符合该区域所执行的相关标准的规定。

风力发电机组的噪声一部分是由空气动力产生的，另一部分是由机械运动产生的。2MW风力发电机组噪声实测数据见表1-1。

表1-1 2MW风力发电机组噪声实测数据

部件名称	齿轮箱	齿轮箱	发电机	轮毂	叶片	塔架	其他附件
噪声功率级/dB（A）	97.2	84.2	87.2	89.2	91.2	71.2	76.2
空气产生或结构产生	结构	空气	空气	结构	结构	结构	空气

1）机械噪声主要由机舱内的机械部件旋转产生，特别是齿轮箱和发电机。机械噪声可能是由空气产生的（如风冷发电机的风扇），或者通过风力发电机组的结构件传播并放大（如机舱、机舱底板、叶片和塔架等）。从表1-1可以看出，齿轮箱是主要噪声源。因此减小机械噪声的重要措施就是减小齿轮箱噪声。降低风力发电机组机械噪声的措施有：合理设计加工齿轮箱，采用抗振的安装和耦合来限制结构产生的噪声，机舱隔音，使用液体冷却发电机等。

2）空气动力噪声是由叶片旋转时叶片切开空气，旋转过后与空气再次汇合，所引起的风速变化造成的。空气动力噪声的大小大约与叶尖速度的五次方成正比。空气动力噪声目前只能靠限制叶片最高转速来降低而无法避免。

风力发电机组的噪声虽然可以采取一些措施降低一些，但无法从根本上消除。所以，在风力发电场选址时应与居民点保持足够的距离，以保证人们生活的安宁。

（2）光污染 当太阳位于风力发电机组后面时由于叶片旋转而造成的光影晃动称为光影闪烁。一般有10%的成年人和15%～30%的儿童会对光影闪烁有不适应的症状，光影闪烁还会干扰汽车、轮船和飞机驾驶人员的工作，造成事故而危及人的生命安全。光影闪烁的光污染问题目前从技术上无法解决。

研究表明，只要在风力发电场选址时能离开居民点、公路、机场和航道10倍风力发电机叶轮直径的距离，就能够起到防止持续的光影闪烁的影响。另外，这样的距离正好又符合噪声和视觉上的要求。

（3）电磁干扰 风力发电机组对电视广播、微波通信和雷达中使用的电磁信号都可能造成干扰。金属叶片、有金属梁的复合叶片或防雷网的复合叶片，在转动时对距离较近的电视机会造成重影或条纹状干扰。由于风力发电机本身所产生的电磁辐射很小，一般可以采用金属机舱屏蔽辐射。风力发电机组是一个暴露在电磁波中的物体，会向各个方向分散入射的能量，称为散射。风力发电机组的散射很复杂，目前还没有完善的评价方法，目前也只能在风力发电场选址时，用与居民点、微波通信塔、电视发射塔或雷达站保持足够距离的方法来处理。

（4）对动物的影响 动物保护组织对飞禽走兽碰撞风力发电机叶片、机舱与塔架，造成伤亡表示关切。目前没有办法在风力发电机设计、制造和使用中加以解决，也没有有关风力发电机对动物种群生存影响的评估。还有其他一些技术条件对场址的取舍意义重大，比如施工难度、电力送出成本、运输条件等。

二、风力发电场选址的方法

（一）资料分析法

1）收集初选风力发电场址周围气象台站的历史观测数据，主要包括：海拔、风速、风向、平均风速、最大风速、气压、相对湿度、年降雨量、气温、最高和最低气温以及灾害性天气发生频率的统计结果等。

2）在初选场址内搭建测风塔，并进行至少1年以上的观测，主要测量10m、70m、100m高度的10min平均风速和风向、日平均气温、日最高和最低气温、日平均气压以及10min脉动风速平均值。这些风速的测量主要是为了根据风机功率曲线计算发电量，并计算场址区域的地表动力学摩擦速度。

3）对测风塔数据进行整理分析，并将附近气象台站观测的风向、风速数据订正到初选场址区域。分析气象观测数据及场址地表特征，根据以下条件判断初选区域是否适宜建立风力发电场：

① 初选风力发电场地区风资源良好，年平均风速大于6.0m/s，风速年变化相对较小，30m高度处的年有效风力时数在6000h以上，风功率密度达到250W/m² 以上。

② 初选场址全年盛行风向稳定，主导风向频率在30%以上。风向稳定可以增大风能的利用率，延长风机的使用寿命。

③ 初选场址湍流强度要小，湍流强度过大会使风机振动受力不均，降低风机使用寿命，甚至会毁坏风机。

④ 初选场址内自然灾害发生频率要低，对于强风暴、沙尘暴、雷暴、地震、泥石流多发地区，不适宜建立风力发电场。

⑤ 所选风力发电场内地势相对平坦，交通便利，风力发电上网条件较好，并且最好远离自然保护区、人类居住区、候鸟保护区及候鸟迁徙路径等。

（二）实际调研法

资料分析法主要针对条件较好区域，若某些地区缺少历史测风数据且地形复杂，不适宜通过台站观测数据来修正到初选场址，可以通过以下方法对场址内风资源情形进行评估。

（1）风力造成的植物变形　植物因长期被风吹而导致永久变形的程度可以反映该地区风力特性的一般情况。特别是树的高度和形状能够作为记录多年持续的风力强度和主风向的证据。树的变形受多种因素的影响，包括树的种类、高度、暴露在风中的程度、生长季节和非生长季节的平均风速、年平均风速和持续的风向等。已经得到证明，年平均风速是与树的变形程度最相关的特性。

（2）受风力影响形成的地貌　地表物质会因风吹而移动和沉积，形成干盐湖、沙丘和其他风成地貌，从而表明附近存在固定方向的强风。例如，在山的迎风坡岩石裸露，背风坡砂砾堆积。在缺少风速数据的地方，研究风成地貌有助于初步了解当地的风况。

（3）向当地居民调查了解　有些地区由于气候的特殊性，各种风况特征不明显，可通过对当地长期居住居民的询问调查，定性了解该地区风能资源的情况。

三、风力发电场选址的步骤

对风能资源的正确评估是风力发电场建设取得良好经济效益的关键，一些风力发电场建设因风能资源评价失误，使建成的风力发电场达不到预期的发电量，造成很大的经济损失。因此风力发电场的选址必须对某一地区进行风能资源评估，这是风力发电场建设前期所必须进行的重要工作。

（一）风能资源的初评估

（1）资料收集及整理分析　从地方各级气象台站及有关部门收集有关气象、地理及地质数据资料，对其进行分析和归类，从中筛选出具有代表性的完整的数据资料，能反映某地风气候的多年（10 年以上，最好是 30 年以上）平均值和极值，如平均风速和极端风速、平均气温和极端（最低和最高）气温、平均气压、雷暴日数以及地形地貌等。

（2）风能资源普查分区　对收集到的资料进行进一步分析，按标准划分风能区域及其风功率密度等级，初步确定风能可利用区。参照国家风能资源分布区划，在风资源丰富地区内候选风能资源区，每一个候选区域应具备以下特点：有丰富的风能资源，在经济上具有开发利用的可行性；有足够大的面积，可以安装一定规模的风力发电机组；具备良好的场地形、地貌，风况品位高。

接下来，将候选风能资源区再次进行筛选，以确认其中具有开发前景的场址。在此阶段，非气象学因素，比如交通、通信、并网、土地投资等因素对该场址的取舍起着关键的作用。

以上筛选工作需要搜集当地气象台站的有关气象资料，灾害性气候频发的地区应该重点分析其建场的可行性。

（二）风力发电场的宏观选址

风力发电场的宏观选址又称为区域的初步甄选。建设风力发电场最基本的条件是要有能量丰富、风向稳定的风能资源。区域的初步甄选是根据现有的风能资源分布图及气象站的风资源情况，结合地形从一个相对较大的区域中筛选出较好的风能资源区域，并到现场进行踏勘，结合地形地貌和树木等标志物，在比例尺为 1∶10000 的地形图上确定风力发电场的开发范围。

风力发电场的宏观选址遵循的一般原则是：根据风能资源调查与分区的结果，选择最有利的场址，力求增大风力发电机组的出力，提高供电的经济性、稳定性和可靠性；最大限度地减少各种因素对风能利用、风力发电机组使用寿命和安全的影响；全面考虑场址所在地对电力的需求及交通、电网、土地使用、环境等因素。根据风能资源普查结果，初步确定几个风能可利用区，分别对其风能资源进行进一步分析，对地形地貌、地质、交通、电网及其他外部条件进行评价，并对各风能可利用区进行相关比较，从而选出并确定最合适的风力发电场场址。这一般通过利用收集到的该区气象台、站的测风数据和地理地质资料并对其分析、到现场询问当地居民、考察地形地貌特征（如长期受风吹而变形的植物、风蚀地貌）等手段来进行定性，从而确定风力发电场场址。

（三）风力发电场的风况观测

一般气象台站提供的数据只是反映较大区域内的风气候，而且，数据由于仪器本身精度的问题，不能完全满足风力发电场的精确选址及风力发电机组微观选址的要求。因此，为正确评价已确定风力发电场的风能资源情况，取得具有代表性的风速风向资料，了解不同高度处风速风向变化的特点，以及地形地貌对风的影响，有必要对现场进行实地测风，为风力发电场的精确选址及风力发电机组微观选址提供最准确有效的数据。实地测风包括风速、风向的统计值和温度、气压，这一工作需要通过在场区设立单个或多个测风塔进行，而测风塔的数量应依地形和项目的规模而定。

安装测风塔的要求如下：

1）为进行精确的风力发电机组微观选址，进行现场测风，取得足够的精确数据。一般来说，至少取得一年的完整测风资料，以便对风力发电机组的发电量做出精确的估算。风力发电场场址初步选定后，应根据有关标准在场址中安装测风塔。

2）测风塔应尽量设立在最能代表并反映风力发电场风能资源的位置。具体要求是：根据现场地形情况，结合地形图，在地形图上初步选定可安装风力发电机组的位置，测风塔要立于安装风机较多的地方，若地形较复杂要分片布置测风塔，测风塔附近应无高大建筑物、树木等障碍物，且地形不能太陡，与单个障碍物距离应大于障碍物高度的3倍，与成排障碍物间的距离应保持在障碍物最大高度的10倍以上；如果测风塔必须设立在树木密集的地方，则至少应高出树木顶端10m；测风塔的位置应选择在风场主风向的上风向位置。

3）测风塔数量应根据风场地形复杂程度而定。对于地形较为简单、平坦的风场，可选择一处安装测风设备；对于地形较为复杂的风场，要根据地形分片布置测风点。

4）测风高度最好与风机的轮毂高度一样，应不低于风机轮毂高度的2/3，为确定风速随高度的变化，得到不同高度下可靠的风速值，一座测风塔上应安装多层测风仪。

5）每个风力发电场场址需要安装一套气压传感器和温度传感器，它们在塔上的安装高度应为2～3m。测风设备的安装和管理应严格按气象测量标准进行。测量内容为风速（m/s）、风向（°）、气压（MPa）和温度（℃）。

（四）区域风资源的评估

对测风资料进行代表性、一致性和完整性分析。测风时间应保证至少一年，测风资料有效数据完整率应大于90%，资料缺失的时段应尽量小（小于一周）。

根据风场测风数据处理形成的资料和长期站（气象站、海洋站）的测风资料，按照国家标准《风电场风能资源评估方法》（GB/T 18710—2002）计算风力发电机组轮毂高度处的年平均风速、平均风功率密度、风力发电场测量站全年风速；绘制风力发电场测量站全年风速和风功率年变化曲线图，全年风向、风能玫瑰图，各月风向、风能玫瑰图；计算风力发电场测量站的风切变系数、湍流强度、粗糙度，通过与长期站的相关计算数据整理出一套反映风力发电场长期平均水平的代表数据。

综合考虑风力发电场地形、地表粗糙度、障碍物等，合理利用风力发电场各测量站订正后的测风资料，利用专业风资源评估软件，绘制风力发电场预装风力发电机组轮毂高度风能资源分布图，结合风力发电机组功率曲线计算各风力发电机组的发电量。

按照国家标准《风力发电机组 设计要求》（GB/T 18451.1—2012）计算风力发电场预装风力发电机组轮毂高度处湍流强度和50年一遇10min平均最大风速，提出风力发电场场址风况对风力发电机组安全等级的要求。

根据以上处理所形成的各种数据，对风力发电场风能资源进行综合评估，以判断风力发电场是否具有开发价值。

（五）风力发电场风力发电机组微观选址

风力发电机组具体安装位置的选择称为微观选址。作为风力发电场选址工作的重要组成部分，需要充分了解和评价特定的场址地形、地貌、地质及风况特征后，再匹配于风力发电机组性能进行发电经济效益和载荷分析计算。场址选定后，根据地形情况、外部因素和现场实测风能资源分析结果，在场区内对风力发电机组进行定位布局。

风力发电机组安装间距会对风力发电机组之间产生一定的影响。建设风场，风力发电机组之间必然会产生相互干扰的问题，受风力发电机组尾流中产生的气动干扰的影响，下游风轮所在位置的平均风能量及时间量将会减少，从而造成发电量下降。同时，由于尾流中附加的风剪切和湍流作用，使风轮受到附加的气动脉动载荷，风轮结构会产生振动，增加疲劳损伤度。

实际上将各风力发电机组安装间距扩展到没有尾流的距离是不现实的，因此，在进行多台风力发电机组安装间距选择之前，必须要参考风向及风速分布数据，同时也要考虑风力发电场长远发展的整体规划、征地、设备引进、运输安装投资费用、风力发电机组尾流作用、环境影响等综合因素。现实的选择是：安装间距要满足风场总体效益最大化的目标，同时满足适当的限制条件。通过对国内外风力发电场多年建设经验的分析，风力发电机组安装间距在盛行风向上选择为风轮直径的 5~7 倍，在垂直盛行风向上选择为风轮直径的 3~5 倍较为合适。

另外，机群布局方式可根据场址的具体地形条件进行规划，例如，场址是沿山脊走向，布局就顺着山脊的走势排列。场址是平坦的，就可采用稍有几何规则的排列。

最后，对准备开发建设的场址进行具体分析，做好以下工作：确保风能资源特性与待选风力发电机组设计的运行特性相匹配；进行场址的初步工程设计，确定开发建设费用；确定风力发电机组输出对电网系统的影响；评价场址建设、运行的经济效益；对社会效益进行评价。

复习思考题

1. 风力发电场建设前期准备工作有哪些内容？
2. 风力发电项目建议书的 7 项主要内容是什么？
3. 风力发电项目投资的主要风险有哪些？
4. 可行性报告财务评价应包括哪些具体内容？
5. 风电行业风险的防范措施有哪些？
6. 影响风力发电场选址的主要因素是什么？
7. 风力发电场选址的方法有哪几种？
8. 风力发电场选址的步骤包括哪些内容？
9. 风能资源初评估的步骤有哪些？
10. 针对风能资源的风力发电场选址原则有哪些？
11. 电网连接目前存在哪些问题？解决并网难需要采取哪些措施？
12. 风力发电场选址对地质、交通条件有什么要求？
13. 怎样从地形图上判定平均风速高或低？
14. 风力发电场选址面临哪些环保问题？如何解决？

第二章　风力发电机组的选型与部件运输

同一功率的风力发电机组，由于设计不同及适用的风况不同，因此在同一风力发电场不同型号的机组实际出力（发电量）会有很大差异，而且同功率不同型号的机组价格也会有一定差别。只有选择与自己风力发电场风况相匹配的风力发电机组，才能获得良好的经济效益。通过本章的学习，应了解机组选型的意义和原则，熟悉影响风力发电机组选型的主要因素、机组部件运输方式的选择要求，掌握机组部件装卸时的要求和方法。

第一节　风力发电机组的选型

目前我国风力发电每千瓦发电能力的成本大约在 7000 元，而海上风力发电场的成本更高，由于其支撑结构要求更加坚固，所发电能需要铺设海底电缆输送，加之建设和维护工作需要使用专业船只和设备，所以海上风力发电的建设成本一般是陆上风力发电的 2~3 倍。机组设备的投资占整个风力发电项目投资的 80% 左右，所以风力发电机组的选型至关重要。

一、风力发电机组选型概述

（1）风力发电机组选型的意义　由于风力发电场基本上都建设在人烟稀少的荒漠、滩涂、草原或海岛，因此土地成本很低，以前风力发电机组的造价大约占到风力发电场整个投资的 85%。目前随着风力发电机组设备制造产业竞争的加剧，风力发电机组的每千瓦价格已下降很多，风力发电机组的造价仍然占到风力发电场整个投资的 75%。所以风力发电机组的价格是决定风力发电场投资额的决定性因素。风力发电机组选型不仅影响风力发电场投资，还影响投产后的发电量和运营成本，最终影响上网电价。在风力发电项目固定资产投资中，风力发电机组的选型具有重大意义。

与其他发电方式相比，风力发电有以下特点：第一，风力发电机组的输出受风力发电场风速分布的影响；第二，风力发电虽然运行费用较低、建设工期短，但建场的一次性投资大；第三，风力发电项目需要相对较长的资本回收期，投资风险较大。在投资建设风力发电项目时，以上因素都影响着整个项目的投资效益、运行成本和运行风险。因为风力发电设备选型同时决定了建场投资和发电量，风机选型就是要在这两者之间选择一个最佳配合，这就是风力发电机组与风力发电场的优化匹配。

（2）风力发电机组选型的原则　风力发电机组选型的原则之一是"性能价格比最优"，即以最低的价格购买到性能、质量最好的风力发电机组产品。不同类型风力发电机组产品的性能、环境适应性、故障率、安装成本、维护成本、修理成本有很大差异，因此必须谨慎地进行风力发电机组产品的选型。

风力发电机组选型的原则之二是以"发电成本最小"作为指标，因为它考虑了风力发电的投入和产出效益。在一些特殊情况下，如果风力发电机组的发电量相差不大，则风力发电机组选型时发电成本最小原则就可转化为容量系数最大原则。

二、影响风力发电机组选型的主要因素

（一）与风能资源有关的因素

风力发电设备选型技术指标目前依据的主要是风力发电的相关标准和规范，因此必须关注这些标准和规范中与风能资源紧密相关的参数。

（1）风力发电场风能资源与风力发电机组额定风速的关系　风力发电设备选型的一个重要技术指标就是确定其额定风速。通过对风能利用效率的原理分析，理论上陆地上风力发电场的风力发电机组应选取的额定风速为 $12 \sim 13 \mathrm{m/s}$，而海上风力发电场的风力发电机组应选取的额定风速为 $15 \sim 16 \mathrm{m/s}$。因为风力发电机组安装在海上时要求的额定风速相对比较高，可以越来越大型化；而安装在陆地上的风力发电机组却不能一味求大，单机功率过大的风力发电机组即使采用了先进技术（如加大其低风速的捕风性能），但由于其实际风速较低而额定风速较高，也不能充分发挥其性能，因而得不偿失。

我国已经投入运营的风力发电场发布的资料显示，风力发电机组大部分时间都是在额定风速以下运行的，进入额定风速区后，同功率机型之间的出力差别不大。不同风力发电机组的出力差别则主要集中在额定风速以下的区间，因此对额定风速的确定直接关系到风力发电机组的出力指标。

风能的捕获能力和利用效率也是影响风力发电机组出力的指标。实践中，风力发电机组的额定风速与风力发电场的年平均风速越接近，则风力发电机组的满载发电效率越高。

（2）风力发电场风能资源与风力发电机组极限风速的关系　风力发电设备选型的另一个重要技术指标就是确定其极限风速，它关系到风力发电机组的安全性。因此，应保证风力发电机组在风力发电场的极限风速条件下不会破坏，机组的结构强度和刚度都必须按极限风速的要求进行设计。若风力发电场的极限风速超过风力发电机组的极限风速，则风力发电机组可能被破坏。若盲目追求安全性，不恰当地选择极限风速过高的风力发电机组产品，则会毫无意义地增加投资。

（3）风力发电场风能资源与风力发电机组切出风速的关系　风力发电设备选型的再一个重要技术指标就是确定其切出风速，因为由额定风速到切出风速之间风力发电机组处于满功率发电状态，选择切出风速高的产品有利于多发电。但切出风速高的产品在额定风速至切出风速阶段的控制需要增加投入，投资者必须根据风力发电场的风能资源特点综合考虑利弊得失。一般情况下，若风力发电场在切出风速前的一段风速出现概率大于 50%，则选择切出风速高的产品较好。

（二）与风力发电机组类型有关的因素

（1）定桨距与变桨距　定桨距是指桨叶与轮毂是固定连接的，桨距角不能改变，即当风速变化时，桨叶的迎风角度不能随之变化。定桨距机型叶翼本身具有失速特性，当风速高于额定风速时，气流的攻角增大到失速条件，使桨叶的表面产生涡流，效率降低，用于限制发电机的功率输出。定桨距机型为了提高风力发电机组在低风速时的效率，一般采用大/小发电机的双速发电机设计。在低风速段运行的，采用小发电机使桨叶具有较高的气动效率，进而提高发电机的运行效率。

定桨距机型具有生产时间长、结构简单可靠、成本较低、技术成熟的优点。其缺点是叶片重量大（与同尺寸变桨距叶片比较），桨叶、轮毂、塔架等部件受力较大，在额定风速至

切出风速区间利用失速调节功率的效率较低。

变桨距调节型风力发电机组安装在轮毂上的叶片，通过调节可以改变桨距角的大小。在运行过程中，当输出功率小于额定功率时，桨距角保持在0°位置不变，不作任何调节；当发电机输出功率达到额定功率以后，调节系统根据输出功率的变化调整桨距角的大小，使发电机的输出功率保持在额定功率。随着风力发电控制技术的发展，当输出功率小于额定功率时，可以根据风速的大小，调整发电机的转差率，使其尽量运行在最佳叶尖速比，优化输出功率。

按照变桨距风力发电机的最大功率捕获原理，风力发电机从切入风速到额定风速这一过程中，通过变桨距技术可以实现风力发电机组工作在最优化的工况下。从实际风速分布统计情况来看，风力发电机组运行最多的时段也基本上集中在这一工况下，且这一工况下的出力最多，这是变桨距机组的优势。

变桨距调节的优点是桨叶及机组各个承力部件受力较小，桨叶及机组各个承力部件制作的较为轻巧，这样既可节省材料又可降低成本。桨距角可以随风速的大小进行自动调节，因而能够尽可能地多吸收风能并转化为电能，同时在高于额定风速段能保持满功率平稳输出。其缺点是结构及控制比较复杂，故障率相对较高。

（2）被动失速与主动失速　定桨距机型属于被动失速调节型风力发电机组，只有在风速高于额定风速时其叶片才具有失速特性。

主动失速调节型风力发电机组将定桨距失速调节型与变桨距调节型两种风力发电技术相结合，充分利用了被动失速和变桨距调节的优点，桨叶采用失速特性，调节系统采用变桨距调节。在低风速时，利用变桨距调节优化机组的输出功率，可以获取最大功率输出；当风力发电机组的输出超过额定功率后，叶片节距主动向失速方向调节，将功率控制在额定值以下，限制机组最大功率输出，随着风速的不断变化，叶片仅需要微调来维持失速状态。制动时，调节叶片使其顺桨制动，减小了机械制动对传动系统的冲击。

主动失速调节型机组在叶片设计上采用了变桨距结构。其调节方法是：在起动阶段，通过调节变桨距系统来控制发电机转速，将发电机转速保持在同步转速附近，寻找最佳并网时机，然后平稳并网；在额定风速以下时，主要调节发电机反向转矩使转速跟随风速变化，保持最佳叶尖速比以获得最大风能；在额定风速以上时，采用变速与桨距双重调节，通过变桨距系统调节限制风力发电机获取能量，保证发电机功率输出的稳定性，获取良好的动态特性；而变速调节主要用来响应快速变化的风速，减轻变桨距调节的频繁动作，提高传动系统的柔性。

（3）恒速恒频与变速恒频　大型风力发电机组所发出的电力都是需要并入电网的，并网的必要条件是风力发电机组所发出的电力必须与电网电压相同、频率相同，只有这样才能保证电网的安全稳定运行。

恒速恒频机型是早期生产的满足并网条件的风力发电机组，由于风能资源的不确定性和不稳定性及当时技术条件的限制，恒速恒频机型的恒速范围较窄，风能利用效率较低。

变速恒频是目前公认的最优化调节方式，也是未来风力发电技术发展的主要方向。变速恒频的优点是可以在大范围内调节运行转速，来适应因风速变化而引起的风力发电机组输出功率的变化，可以最大限度地吸收风能，因而效率较高；控制系统采取的控制手段可以较好地调节系统的有功功率、无功功率，但控制系统较为复杂。

（三）风力发电机组单机容量大小（功率）的影响

统计数据表明在单机容量为 0.25～2.5MW 的各种机型中，单位千瓦造价随单机容量的变化呈 U 形趋势，目前 600kW 风机的单位千瓦造价正处在 U 形曲线的最低点。随着单机容量的增加或减少，单位千瓦的造价都会有一定程度上的增加。单机容量大的机组的风轮直径、塔架高度、设备重量都会增加，导致机组成本增加。风轮直径和塔架高度的增加会引起风机疲劳载荷和极限载荷的增加，需要采用加强型设计，在风机控制方式上也要做出相应的调整，从而导致单位千瓦造价上升。风力发电机组的性能价格比并不是随单机容量的增加而提高的。

风力发电设备根据单机功率的划分，遵循的是一个由小到大的发展路线，在一个系列产品中，单机容量较小的比较大的风力发电机组研发时间早，产品更为成熟。所以，一些单机容量稍小但国产化多年且逐步成熟稳定的风力发电机，如 750kW 风力发电机，尽管风能利用效率理论上比不上同系列的 MW 级风力发电机，但由于其已经成熟、运行相对稳定，其可利用率反而更高，而且其价格更有竞争力，具有较高的性价比。

（四）风力发电机组的低电压穿越能力

风力发电机组的低电压穿越能力是指当电网因为各种原因出现瞬时的、一定幅度的电压降落时，风力发电机组能够不停机继续维持正常工作的能力。低电压穿越能力差的风力发电机组当电网出现电压降落时会出现保护性停机并自动切出电网，一台风力发电机组的切出将导致电网电压的进一步降落，致使整个风力发电机组全部停机。数量巨大的风力发电机组切出电网使电网中的电力供应失去平衡，导致整个电网造成崩溃。因此，风力发电机组的低电压穿越能力是风力发电机组选型的一项重要指标。

风力发电机组的低电压穿越能力因为关系到电网的运行安全，所以电网公司专门制定了风力发电机组的低电压穿越能力并网标准，以提高风力发电机组并网门槛的办法来保障电网的安全。因此低电压穿越能力是衡量风力发电机组并网性能的重要指标。

风力发电机组的低电压穿越能力与其生产年代的技术条件有关。定桨距恒速恒频机组是 20 世纪末的主流机型，其低电压穿越能力很差。变桨距双馈变速恒频机组是 21 世纪初的主流机型，其低电压穿越能力居中。新发展起来的变桨距直驱变速恒频机组具有较好的低电压穿越能力。这是因为大功率电子器件制造技术的进步，使全功率变流器及其控制技术得以大幅提升的结果。

（五）经济因素

风力发电机组选型的主要经济指标是上网电价、固定资产投资和设备利用率等指标。目前对影响风力发电项目投资较大的，如风力发电设备选型的组合对固定资产的影响、风力发电设备选型与风力发电项目投资规模效应之间的关系已经引起了重视。通过应用运筹学原理及对相关经济指标概率统计的设计，揭示了风力发电设备选型组合方案与风力发电项目投资规模效应之间的内在联系。国内各风力发电场资源状况不同，可选择的风机性能、工程造价及经营成本也不同。

（1）风力发电机组的有效运行时间　风力发电机的工作受到自然条件的制约，不可能实现全时间运转，即容量系数始终小于 100%。所以在选型过程中应力求在同样风能资源情况下，选用发电量最多的机型。风力发电的一次能源费用可视为零，因此可以得出结论，风力发电成本就是建场投资（含维护费用）与发电量之比，即单位发电量的投资与成本。节省建场投资又多发电，无疑是降低上网电价的有效手段之一。

只有当风力发电场的平均风速等于风力发电机组的额定风速时，风力发电机组的有效运行时间才能比较长，机组的利用率才会比较高。例如，某些风力发电项目，不管拟建场址区的风能资源情况如何，风力发电机组全部选用 1.5MW 级机组，而 1.5MW 级单机的额定风速多以 14m/s 左右为主，一个二级风能资源的风力发电场其年平均风速 70m 轮毂高度的实测风速还不到 6.6m/s，选用这样的风力发电设备，其年等效可利用小时数不可能达到 2000h，而选用额定风速较低的机组反而运行时间较长。

（2）上网电量　上网电量即风力发电机组的出力问题。一个风力发电场采用统一机型有利于维修和减少备品备件的数量，减少资金占用，但必然会在来风时全部机组同时发电并网，风小时全部机组同时停机切出，对电网产生巨大的冲击并影响电网的稳定运行。因此，电网企业对这样的风力发电场并网有很大的抵触情绪，直接影响了风力发电场的上网电量。

通过对风力发电机组选型的多方案比较，发现风力发电设备选型与风力发电项目规模相关联。采用不同的组合方案，对风力发电设备投资的控制、风力发电设备的可利用率等主要经济指标都能实现优化。一个风力发电场，尤其是包含成百上千台机组的大型风力发电基地，应选用不同的机型，避免出现全发全停现象。

（3）设备价格波动对风力发电投资所产生的影响　由于风力发电产业目前处于蓬勃发展的时期，风力发电设备市场竞争十分激烈。我国已由 2000 年以前的以进口机组为主，转变为以国产机组为主。风力发电机组的单位千瓦价格已由 2000 年以前的 12000 元以上，下降到接近 3000 元。由于风力发电设备价格的波动较大，风力发电项目投资回报问题已经成为影响风力发电项目投资的主要因素之一。

（4）运输、吊装与维修的影响　大型风力发电机组的吊装必需使用标称负荷为风力发电机组机舱重量 5 倍以上的起重机，起吊重量越大的起重机本身移动时对桥梁道路的要求也越高，起重机的日租赁费用以几十万元计，租金也很高。由于叶片长度达 40m 左右，运输转弯半径也较大，对项目现场的道路宽度、周围的障碍物均有较高要求，运输成本相当高。不同功率机组影响运输、吊装的数据见表 2-1。

表 2-1　不同功率机组影响运输、吊装的数据

机组功率/kW	单位千瓦价格/元	塔架高度/m	塔架重量/t	起重机标称载荷/t
600	3000	40	34	135
750	3500	55	57	200
1300	4000	68	93	300
1500	4500	85	155	400

大型风力发电机组维修成本高，一旦发生部件损坏，需要较强的专业安装队伍及吊装设备。若更换部件，将会造成较长的停机时间。而且单机容量越大，机组停电所造成的影响也越大。目前国内风力发电机组尚未标准化，如果机组生产企业破产倒闭将对维修需要的备品备件产生极大影响。

第二节　风力发电机组部件的运输

风力发电机组属于重型设备，体积和重量都很大，运输过程中超过一般规定的长度、宽

度和高度，因此运输费用也很高。一般机舱和轮毂由机组总装厂发运，叶片由生产厂发运，而塔架都在风力发电场附近的塔架生产厂订货，由塔架生产厂直接运抵风力发电场。

一、运输方式的选择

根据风力发电机组部件出厂包装尺寸、单件包装毛重以及发货地、目的地和途中的具体情况，目前采用以下运输方式：

1）水路船运与公路运输联运，主要受公路运输限高限宽的制约。

2）水路船运与铁路、公路运输联运，主要受铁路和公路运输限高限宽的制约。

3）铁路与公路运输联运，主要受铁路和公路运输限高限宽的制约。

4）公路运输，主要受公路运输限高限宽的制约。

采购我国自己生产的风力发电机组，一般在采购合同中都明确规定由生产厂代为组织运输，且直达风力发电场工地现场；若风力发电场业主选择自己组织运输，如采购国外生产的风力发电机组，在我国沿海指定港口接货时，则应预先确定运输方法，并做好相应的准备工作。

选择运输方法时需要考虑的因素有以下几点：

1）运输的途中时间：建设单位（业主）在风力发电场建设总进度计划中，一般确定了时间表，期望包括运输在内的各个工程分项目能尽量按计划实施。在国内运输风力发电机组，采用公路汽车运输的时间较短，而且可以直达工地现场。

2）运输费用：铁路运输费用一般低于公路汽车运输费用，运输距离越长，差距越明显；船运的费用又较铁路运输费用低。此外，铁路运输和船舶运输，途中发生交通意外事故的风险概率都比公路运输低。

3）运输风险：无论采用哪种运输方法，保证货物安全，不发生意外损坏事故是最重要的要求。而各种运输方法都不同程度地存在着各种潜在的风险，例如，由于发生意外交通事故造成损伤的风险，由于运力紧张或道路被洪水、泥石流、山体滑坡塌方等损坏堵塞造成的运输时间延迟的风险等。

4）货物装载超限：货物装载超过国家有关规定的长度、宽度和高度时，可能在运输途中遭遇困难，这种情况称为超限。兆瓦级风力发电机组的风轮叶片和塔架长度一般在30m以上，机舱包装一般在3m以上，塔架下法兰直径超过3m，这些都属于超限范围。

（1）船舶运输　船舶运输最大可以承运长度在100m以上，重量达到1000t以上（受大型浮吊最大起吊重量限制及码头起重机吨位限制），宽度和高度达到10～20m的大型设备（最大高度受所通过的桥梁高度制约）。因此，生产超大型设备的生产企业都建设在沿海或大江大河边，有些企业自己就有深水码头。如果企业没有深水码头，则设备的最大外形尺寸将受限于工厂到码头间的短途运输方式。

（2）铁路运输　铁路运输限高限宽主要受限于隧道规定的高度和宽度，长度则受限于路轨的最小转弯半径。为了保证运输安全，承运单位必须采取一定的措施，例如，运送超长的风轮叶片时，铁路部门要求一台（套）叶片占用三节平板车厢，以消除通过最小转弯半径铁路段时可能发生的碰剐危险。铁路运输尺寸的限制见表2-2。

表2-2　铁路运输尺寸的限制

限界级别	正常限界	一级超限限界	二级超限限界	超级超限
限制高度/mm	4800	4950	5000	建议不采用
限制宽度/mm	1700×2	1900×2	1940×2	—

（3）公路运输　大部件运输时，隧道限制尺寸为高5m、宽7.5m，城市地道桥的限制尺寸为高4.5m、宽6m，一级以上公路线缆下的限制尺寸为高5m。公路的路面宽度应在8m以上，以保证车辆足够的转弯半径需要。桥梁的承载能力因为设计不同有很大差异，必须通过勘察才能确定。

上面所说的限高，是包括车辆底盘在内从地面算起的总高度，采用专用的低底盘车辆或无底盘专用运输车辆，是运输大部件时唯一的选择，尽管运输费用比较高。

用户在选择运输方法时，需要综合考虑各有关因素的影响，进行多方案的综合分析和比较。

目前，国内运输风力发电机组，除必须采用船舶运输（例如，到海岛、沿海、沿江河等目的地）之外，采用公路运输方案的较多，除了综合各有关因素的影响外，其重要原因是：公路运输可省去其他运输方法中途多次装卸作业的麻烦。在采用公路运输方案时，用户应对道路路况做全面了解，并与承运单位对途中隧道和地道桥最高允许通过的装载高度、宽度，桥梁的最大允许载重量逐一落实，当通过低等级路面时，对公路的最小转弯半径、最大横坡角度、凹坑和鞍式路面、过水路面、公路上的线缆高度等认真考察，发现有不宜直接通过的情况时，提前做好应对措施。例如，运输超长风轮叶片和塔架时，采取平板车加单轴拖车的装载方法可消除后悬货物通过鞍式路面时与地面发生碰擦损伤的危险。

二、风力发电机组安装工位工作区间的布置

风力发电机组部件运抵风力发电机组安装工位后，必须按照预先设计好的安装工位工作区间的布置进行卸载，可以在起重机不移动的情况下，进行部件卸载和机组全部安装工作，因为大吨位起重机移动调整一次位置需要很多时间和费用，而且不利于提高工作效率。

合理的安装工位工作区间的布置如图2-1所示。

三、叶片的运输

（1）运输要求　叶片的运输环节包括往汽车上吊装、在汽车上固定、汽车行驶过程及从汽车上用起重机卸下几个过程。根据专业叶片维修企业反馈，很多叶片的损伤是在运输环节中造成的。尽管在运输环节中造成的微观损伤很小不易察觉，在挂机运行后，在交变应力和冲击载荷的双重作用下，细微的裂纹逐渐扩大以致叶片开裂，轻者无法正常工作，重者造成叶片报废。因此，叶片在装、卸及运输过程中必须注意以下问题：

1）对于叶片的薄弱部位（如后缘），在运输过程中应进行有效保护（如安装保护罩）。

2）在运输过程中，每个叶片至少需要有两个支撑点：一个支撑在叶根处，另一个支撑在叶片长度2/3（距叶根）处。

3）支撑叶片主体时，为了均匀承受载荷，需要使用与当地翼型基本一致的支撑垫板。

4）不允许水平放置叶片，即不允许叶片最大弦长外的弦线平行于地面。

5）在装卸及运输叶片过程中，避免叶片受力过于集中，内、外螺纹和配合处应当防止碰伤、堵塞等。

6）建议采用汽车运输叶片。

（2）吊装注意事项

1）吊装叶片时，应采取叶片前缘向下的方式。吊点位置后缘应使用后缘防护罩，其长度应不小于500mm。

2）吊装叶片时，不允许在叶片下面垫加硬性支撑物，以免造成结构纤维形成损伤。

3）在吊装过程中，需要转动叶片时，在叶片后缘应使用后缘防护罩，其长度不小于500mm。

4）对于有叶尖制动系统的叶片，在吊装时，不允许将叶尖和主体之间的连接轴作为吊装点。

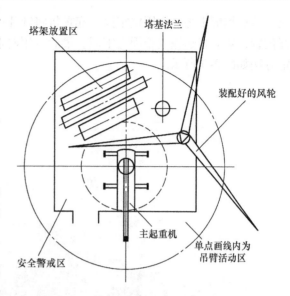

图 2-1　合理的安装工位工作区间的布置

5）用起重机装卸叶片时必须使用吊带起吊叶片，严禁直接使用金属吊具接触叶片。因为玻璃钢叶片表面的硬度较低，金属索具会损伤叶片表面。而吊带表面硬度低于叶片，且吊带与叶片的接触面积很大，可以很好地避免应力集中对叶片造成的损害。

6）用起重机装卸叶片时吊带必须准确地悬挂在叶片生产厂标定的位置，以免装卸叶片时出现滑移或倾覆。吊带两侧应有拉绳，用于控制叶片位置避免叶片旋转。

7）起重机装卸叶片时，起吊和落下时加速和减速过程应缓慢，过快的加速和减速过程将会使细长的叶片产生剧烈的抖动，振动力会造成叶片的粘接面内部产生微观裂纹埋下隐患。吊卸叶片时更要注意不要使叶片与承接的支架产生撞击。

（3）叶片运输的固定方法　运输叶片时要对叶片起封并对金属部件重新油封包装，并使用专门为此型号叶片制作的叶片运输支架支撑和固定牢固，保证叶片在运输过程中不损坏。对于叶片的薄弱部位，在运输过程中应进行衬垫并安装适当的保护罩。叶根运输支架如图 2-2 所示。

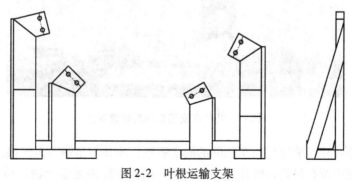

图 2-2　叶根运输支架

叶片在运输车辆上的装载方法为：首先使用叶片吊梁和两条吊带将叶片吊起，使叶根部与叶根运输支架上的安装孔对准，穿入螺栓并紧固。将叶尖落在垫好柔软衬垫物的运输支架上，然后用绑带将叶尖固定牢固。起重机将叶片连同运输支架一同吊装在运输车辆上，调整好位置，然后将运输支架固定牢固。最后，用起重机松钩去除吊带。叶片在运输车辆上的固定方法如图2-3所示。

图2-3　叶片在运输车辆上的固定方法

（4）叶片在安装现场的卸载

1）从运输车辆上卸载叶片时，可以用吊带同两台起重机配合吊起，也可以使用吊梁加两条吊带使用一台起重机进行起吊。叶片在安装现场的卸载方法如图2-4所示。

图2-4　叶片在安装现场的卸载方法

2）首先去除叶片运输支架与车辆间的固定装置，使其与车辆脱离连接。

3）利用起重机所有吊具将叶片及运输支架一同提升脱离运输车辆，马上将运输车辆开走。起重机将叶片吊至安装工位工作区间布置图指定的位置，必须便于风轮的组装。

4）如果马上组装，起重机使用吊具起吊至吊带刚刚张紧，然后松开叶尖部分的绑缚带，再松开并取下叶根固定螺栓，即可把叶片吊至轮毂处组装。

在装、卸叶片及运输过程中，避免叶片受力过于集中，内、外螺纹和配合处应当防止碰伤、堵塞等。

四、轮毂的运输

轮毂在运输时应采用必要的防振、防撞措施，并在导流罩的外面套上防护罩，以避免碰伤、雨淋和有害气体的侵蚀。

安装前现场卸载轮毂的方法如下：

1）轮毂应卸载在安装工位工作区间的布置图上的指定位置，以方便风轮的组装和吊装。

2）卸载轮毂前应先平整场地，场地平整后测量水平度，水平度合格后方可卸载轮毂。如果现场是沙质软地，平整场地后应铺上钢板作为轮毂的支撑平台。

3）从运输车辆上准备卸载轮毂前，应在被称为"象脚"的位置下放置木块作为支撑。利用起重机将轮毂平稳地安放在支撑物上。

4）调整轮毂轴线与水平面垂直，以保证叶片螺栓顺利地穿过法兰进行连接。

五、塔架的运输、储存与卸载

1. 塔架的运输与储存

塔架可以分段运输或套装运输，无论采用何种运输方式都应有衬垫物和牢固的固定设施，以免相互碰撞。

1）塔架最大直径不超过 3.6m 的，一般采用平板拖车运输，直径超过 3.6m 的必须使用专用拖车进行运输。专用拖车运输塔架的场景如图 2-5 所示。

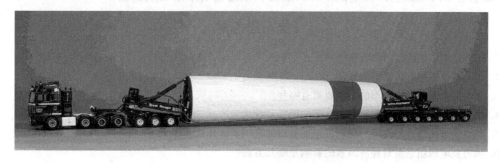

图 2-5　专用拖车运输塔架的场景

2）单件运输超过 30t 时，应在明显部位标上重量及重心位置。

3）塔架的各接合面及螺孔应有特殊的保护措施，以免受损。

4）塔架可露天单独存放，但应避免腐蚀介质的侵蚀。

2. 塔架的卸载程序

1）塔架的卸载应首先去掉运输罩。整理好运输罩以便运回塔架生产厂重复使用。

2）检查塔架油漆的破损情况，若有破损必须在吊装前清理好并修补破损的油漆。因为安装好塔架后，将很难达到这些区域。

3）安装吊具前，必须根据塔架随带的使用说明书，在塔架上标示出使用吊具或吊带应该悬挂的位置。

4）如果塔架有自带的专用吊具，塔架卸车时可使用两台起重机同时起吊。同时，应检查两台起重机上的两条吊索的垂直度和平行度，以避免塔架在卸车时出现滑动。

5）如果现场没有专用吊具，可以使用吊带卸载塔架。两根吊带的要求为：长度为15m，宽度为250mm，单根载重量不小于50t。吊带卸载塔架的方法如图2-6所示。

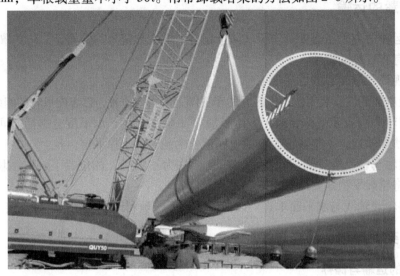

图2-6　吊带卸载塔架的方法

6）一旦塔架吊离运输车辆，应马上把运输车辆开走。

7）如果不能马上安装，需要将塔架放置在安装工位工作区间布置图指定的位置。需要在地面上塔架两端法兰部位垫枕木并固定好，以防止塔架滚动或受损。

复习思考题

1. 风力发电机组选型的影响有哪些？
2. 风力发电机组有什么选型原则？
3. 影响风力发电机组选型的主要要素有哪些？
4. 风力发电机组选型与风能资源有关的因素是什么？
5. 风力发电机组选型与风力发电机组类型有关的因素是什么？
6. 风力发电机组选型对经济因素的影响是哪几方面？
7. 风力发电机组部件运输方式主要有哪几种？各有什么特点？
8. 选择机组部件运输方法需考虑哪些因素？
9. 船舶运输、铁路运输和公路运输各自货物装载超限的尺寸是多少？
10. 画出风力发电机组安装工位工作区间的布置图。
11. 叶片吊装注意事项有哪7项？
12. 叶片在安装现场卸载注意事项有哪4项？
13. 叶片运输的6条要求是什么？

第三章 风力发电机组的基础与施工

风力发电机组的基础是其主要承载部件，随着风力发电机组功率和高度的增加，机组基础消耗的材料越来越多，施工工程量越来越大，风力发电机组基础在风力发电机组设计和施工中的重要性越来越明显。通过本章的学习，应了解风力发电机组基础的相关知识，熟悉风力发电机组基础的施工方法，掌握机组基础施工中的关键技术。

第一节 塔架基础

塔架的基础实际上就是整个风力发电机组的基础，因为风力发电机组的全部构件都安装在塔架顶端。对塔架基础的要求是，在受到极限风力作用的条件下，塔架基础必须保证风力发电机组不发生倾覆。

一、风力发电机组对基础的要求

风力发电机组的基础用于安装、支承风力发电机组，平衡风力发电机组在运行过程中所产生的各种载荷，以保证机组安全、稳定地运行。因此，在设计塔架基础之前，必须对机组的安装现场进行工程地质勘察，充分了解和研究地基土层的成因、构造及其物理力学性质等，以确定地基土层的承载能力及施工注意事项。这是进行塔架基础设计的先决条件。同时，还必须注意到，由于风力发电机组的安装，将使地基中原有的应力状态发生变化，还需要应用力学的方法来研究载荷作用下地基的变形和强度问题。因此，应使地基基础的设计满足以下 3 个基本条件：

1）要求作用在地基上的载荷不超过地基允许的承载能力，以保证地基在防止整体破坏方面有足够的安全储备。

2）控制基础的沉降，使其不超过地基允许的变形值，以保证风力发电机组不因地基的变形而损坏或影响机组的正常运行。

3）满足塔架在安装时的连接尺寸和结构要求。

在风力发电机组基础的设计中，风力发电机组对基础所产生的载荷主要应考虑机组自重与在风载荷作用下的倾覆力矩。

二、塔架基础的分类

由于风力发电机组型号与自重不同，要求基础承载的载荷也各不相同。风力发电机组基础均为现场浇注钢筋混凝土独立基础。根据风力发电场场址工程地质条件和地基承载力以及基础荷载、尺寸大小的不同，从结构形式看，常用的基础可分为平板块状基础、桩基础和桁架式塔架基础三种。

（一）平板块状基础

平板块状基础，即实体重力式基础，应用广泛。对基础进行动力分析时，可以忽略基础的变形，并将基础作为刚性体来处理，而仅考虑地基的变形。按其结构剖面又可分为"凹"形和"凸"形两种，其结构如图3-1所示。底座盘上的回填土是基础的一部分，这样可节省材料，降低费用。

在地面以下几米至几十米设置一定面积的平板块状基础，平板块比塔架底面积大很多，利用机组、基础及基础上覆盖层重量的偏心反作用力来抑制倾覆力矩。平板块上有一个比塔架底面积稍大一些的柱状承台，用于和塔架连接。平板块的形状常用正方形、六角形、八角形或圆形。常用的三种平板块状基础的结构如图3-2所示。

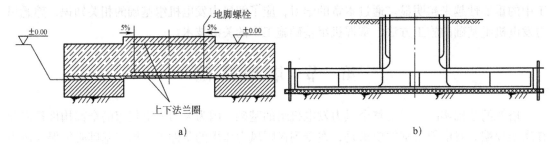

图3-1　凹形和凸形平板块状基础

a）凹形基础结构　b）凸形基础结构

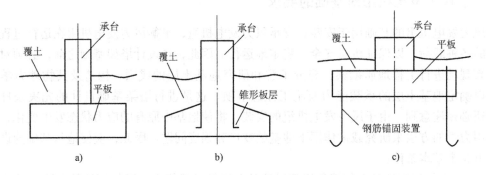

图3-2　常用的三种平板块状基础的结构

a）均匀平板块　b）嵌入锥形板层的桩塔　c）岩石锚牵引固定平板块

图3-2a所示为均匀平板块，当岩床距离地面较近时选用。平板块必须有足够的厚度和合理的钢筋网。图3-2a所示平板块上面为锥形，可以节省材料。图3-2c所示将平板块用岩石锚固装置固定在岩层上，可以减小埋深及平板面积，但施工难度较大。

（二）桩基础

在地质条件较差的地方，柱状的桩基础比平板块状基础能更有效地利用材料。从单个桩基础受力特性看，又分为摩擦桩基础和端承桩基础两种。桩上的载荷由桩侧摩擦力和桩端阻力共同承受的为摩擦桩基础，其特点是桩很长，平面板块梁面积较小。桩上载荷主要由桩端阻力承受的则为端承桩基础，其特点是桩较短，平面板块梁面积较大。桩基础常用的三种结构形式如图3-3所示。

图3-3a所示为框架式桩基础，是桩基群与平面板块梁帽的组合体，它是将几个至几十个圆柱形桩，利用一个平板块形梁帽把它们连接起来，梁帽上设计有与塔架连接的承台组成的基础。倾覆力矩由桩在垂直和侧面的载荷两者抵消，侧面载荷由施加在每个桩的顶部力矩

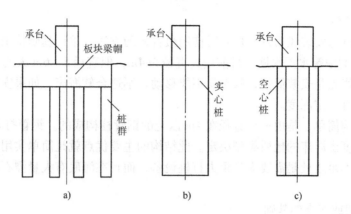

图 3-3　桩基础常用的三种结构形式
a) 框架式桩基础　b) 混凝土实心单桩基础　c) 混凝土空心复合桩基础

产生，所以要求钢筋必须在桩和梁帽之间提供充分连续的力矩。多桩基础可以使用桩基钻孔机，高效率地打出几十米深的桩孔。

以 850kW 风力发电机组的基础为例，设计采用 6 个深约 42m，ϕ600mm 的全笼抗拔型钻孔灌注桩，用于地基处理，上置外接圆 ϕ12m、高 2m 的等六边形基础承台；在总厚度为 3m 的基础承台中埋设有一个重约 5t 的圆筒式塔架预埋件，用于实现上部高 65m 塔架与基础形成插入式连接，并要求一次浇捣成形。

图 3-3b 所示为混凝土实心单桩基础，由一个大直径混凝土圆柱和其上面的与塔架连接的承台组成，适用于水平面很低，且开挖施工坑边缘不会塌方时采用，但混凝土消耗量大、成本高。

图 3-3c 所示为空心复合桩，它比混凝土实心单桩基础节省材料，但施工难度大，适用条件与混凝土实心单桩基础相同。

（三）桁架式塔架基础

桁架式塔架基础的特点是腿之间的跨距相对很大，并且还可以使它们使用各自独立的基础。一般在现场使用螺旋钻孔机钻孔后浇注混凝土桩，防止倾覆的作用力在桩上被简单地上提和下推，上提力和下推力被桩表面的摩擦力所抵消。桁架式塔架桩基础结构如图 3-4 所示。

组成塔架基础的角钢框架，应提前进行组装，然后在给桩灌注混凝土时就地浇注。角钢框架应设置好间隔和倾斜度，以便上部桁架的安装。

三、海上风力发电机组的基础

近海风力发电场风力发电机组的维护及安装费用昂贵，相关费用是建设类似陆地风力发电场费用的 4 倍。降低风力发电机的基础费用是降低海上风力发电场建设费用的关键因素之一。海上风机基础常见的有单桩基础、三脚架或多支架基础、沉降基础和浮运式基础 4 种。

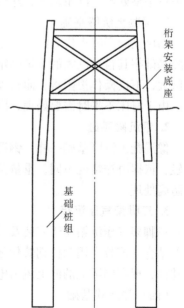

图 3-4　桁架式塔架桩基础结构

（一）单桩基础

单桩基础是近海安装风力发电机组时使用最普遍的方法。单桩基础特别适于浅水、滩涂及 20～25m 以内的中等水深水域。目前最大直径为 4m，但直径 5～6m 大的基础有望很快面世。单桩基础的优点是安装简便，缺点是不能移动，不适合软海床。如果安装地点的海床是岩石，钻的洞应有一定深度。

单桩基础结构简单，是由一根直径在 4m 以上的钢管柱构成的。钢管打入海床下 20m 以上的深度，其深度由海床的地质类型决定。此结构的主要优点就是简单实用，而且不需要对海床进行处理，不足之处是需要大型重力打桩设备，而且在海底有大量漂石时安全性大大降低。

（二）三脚架或多支架基础

这种基础特别适用于水深 30m 以上的水域。这种基础是由呈三角形布置的三根钢管桩构成的。钢管桩的直径在 2m 以上，桩顶为一个金属结构的承台把三根单桩连接起来，类似于一个小型石油钻井平台。这种基础非常坚固，应用范围广泛，但费用昂贵，很难移动，并且像单桩基础一样，不太适合软海床。

三脚架基础吸取了石油工业的一些经验，采用了重量轻、价格合算的三角钢管套，将其嵌入海底，这样就使塔架下面的钢桩分布着一些钢架，这些框架分掉了塔架对于三个钢桩柱的压力，一般将这三个钢管桩打入海底下 10～20m 深处。

（三）沉降基础

沉降基础适用于深度不太大的软海床海区，其结构类似一条船，下部是一个中空的箱体，上部有安装风力发电机组的承台。沉降基础运输方便，用拖船将其拖至安装水域即可。在安装水域向中空的箱体内充入海水，使其沉至海底。利用沉箱的自重及沉箱内海水的重量和与嵌入软海底的贴合面固定自身，并抵抗风力发电机组的倾覆力矩。当海床表面不平时需要进行平整处理，沉箱巨大，建造费用高是其弱点。

1. 混凝土沉降基础

用巨大的混凝土作为沉箱，依靠混凝土本身重力的作用，使风机处于垂直状态。混凝土沉降基础靠其自身巨大的重量固定风机，这种基础安装简便，适合所有海床状况。但由于重量巨大，不仅操作很困难，而且投资巨大，制造和运输费用较高。

由于海床不平时需要处理，因此，国际上在水深超过 10m 的地方禁止使用这种技术。

2. 钢沉降基础

像混凝土沉降基础一样，钢沉降基础也是依靠自身重量固定风力发电机，这种基础重量较轻，依据海洋情况不同，重量范围仅为 80～110t，易于安装及运输，钢沉箱必须进行可靠的防腐处理。

3. 三脚架气压沉箱

三脚架气压沉箱易于安装及移动，适合于更深的水域。重力＋钢筋基础可以说是上述两者的结合，该技术用圆柱钢管代替钢筋混凝土，将其嵌入到海底的扁钢箱里。由于该技术的优越性，现在国际上的海上风力电场多采用这种技术。

（四）浮运式基础

浮运式基础适合于 50～100m 的水深，其本质就是一艘发电船，在海上风力发电场水域将其锚固即可发电，可以极大地扩大近海风力发电场的范围。这种基础费用较低，但是这种基础不稳定,只适合风浪小的海域。存在的问题是风力发电机组会在一定范围内漂浮移动,输送电缆也被拖着不停移动,容易出现故障。另一个问题是齿轮箱及发电机等做旋转运动的机械长期处于巨大的加速度作用下,会降低风力发电机组的使用寿命,并有翻沉的风险,因此采用较少。

目前海上使用最多的,也是最可靠的打桩基础主要有4种:单桩基础、钢筋混凝土基础、重力+钢筋基础和三脚架基础。

四、基础与塔架的连接方式和接地

（一）基础与塔架（机身）的连接方式

基础与塔架（机身）的连接方式可分为地脚螺栓式和法兰筒式两种类型。地脚螺栓式连接方式塔架用螺母与尼龙弹性平垫固定在地脚螺栓上,地脚螺栓用混凝土事先浇筑在基础的承台上。法兰筒式的塔架法兰与基础段法兰用螺栓对接,基础的法兰筒用混凝土浇筑在基础的承台上。地脚螺栓形式又分为单排螺栓、双排螺栓、单排螺栓带上下法兰圈等。

（二）基础与塔架的接地

基础与塔架的接地是整个风力发电机组接地保护的基础。良好的接地将确保风力发电机组和人员免受雷击、漏电的伤害,确保机组控制系统的可靠运行。

1）塔架与地基接地装置,接地体应水平敷设。塔内和地基的角钢基础及支架要用截面规格为 25mm×4mm 的扁钢相连作为接地干线,塔架做一组,地基做一组,两者焊接相连形成接地网。

2）接地网的形式以闭合型为佳。当接地电阻不能满足要求时,可以引入外部接地体。

3）接地体的外缘应闭合,外缘各角要作成圆弧形,其半径不宜小于均压带间距的 1/2,埋设深度应不小于 0.6m,并敷设水平均压带。

4）整个接地网的接地电阻应小于 4Ω。

第二节 风力发电机组基础的施工

基础的施工属于建筑安装行业的钢筋混凝土施工作业范畴,国家对于陆地和海上钢筋混凝土施工分别有土建和水工钢筋混凝土施工规范和标准,在此只讲一下风机塔架基础施工所特有的问题。例如,风力发电机组基础的施工场景如图 3-5 所示。

一、风力发电机组基础的施工组织设计

施工组织设计是制定施工计划的技术文件,是指导施工的主要依据。风力发电工程施工组织设计的内容应包括:施工总体说明、准备工程、风力发电机组基础、风力发电机组设备安装、集电系统、升压站、房屋建筑等单位工程及施工进度计划。

（一）施工组织设计的主要任务

1）从施工的全局出发,做好施工部署,选择施工方法和机具。

2）合理安排施工顺序和交叉作业,从而确定进度计划。

3）合理确定各种物资资源和劳动资源的用量,以便组织供应。

4）合理布置施工现场的平面和空间。

图 3-5　风力发电机组基础的施工场景

5）提出组织、技术、质量、安全、节约等措施。

6）规划作业条件方面的施工准备工作。

（二）编制施工组织设计的主要依据

编制施工组织设计，应具备以下资料：

1）设计文件。

2）设备技术文件。

3）中央或地方主管部门批准的文件。

4）气象、地质、水文、交通条件、环境评价等调查资料。

5）技术标准、技术规程、建筑法规及规章制度。

6）工程用地的核定范围及征地面积。

（三）施工组织设计的编制原则

1）严格执行基本建设程序和施工程序。

2）进行多方案的技术经济比较并选择最佳方案。

3）尽量利用永久性设施，减少临时性设施。

4）重点研究和优化关键路径，合理安排施工计划，落实季节性施工措施，确保工期。

5）积极采用新技术、新材料、新工艺，推动技术进步。

6）合理组织人力和物力，降低工程成本。

7）合理布置施工现场，节约用地，文明施工。

8）制定环境保护措施，减少对生态环境的影响。

二、施工组织编制的总体说明

（一）土建工程施工应收集的资料

1）收集与风力发电机组基础有关的水文、地质、地震、气象资料，厂区地下水位及土壤渗透系数；厂区地质柱状图及各层土的物理力学性能；不同时间的江湖水位、汛期及枯水期的起讫及规律；雨季及年降雨日数；寒冷及严寒地区施工期的气温及土壤冻结深度；有关防洪、防雷及其他对研究施工方案、确定施工部署有关的各种资料；与基础相关的配套工程，如交通、输变电等。

2）施工地区情况及现场情况，例如水陆交通运输条件及地方运输能力；基础所用材料的产地、产量、质量及其供应方式；当地施工企业和制造加工企业可能提供服务的能力；施工地区的地形、地物及征（租）地范围内的动迁项目和动迁量；施工水源、电源、通信可能的供取方式、供给量及其质量状况；地方生活物资的供应状况等。

3）类似工程的施工方案及工程总结资料。

（二）质量措施

特殊工程及采取新结构、新工艺的工程，必须根据国家施工及验收规范，针对工程特点编制保证质量的措施。在审查工程图样和编制施工方案时就应考虑保证工程质量的办法。一般来说，保证质量技术措施的内容主要包括以下 4 个方面：

1）确保放线定位正确无误的措施。

2）确保地基基础，特别是软弱基础、坑穴上的基础及复杂基础施工质量的技术措施。

3）确保主体结构中关键部位施工质量的措施。

4）保证质量的组织措施，如人员培训、编制操作工艺卡、质量检查验收制度等。

（三）安全措施

对于风力发电机组基础施工的安全措施应包括以下内容：

1）根据基坑、地下室深度和地质资料，保证土石方边坡稳定的措施。

2）脚手架、吊篮、安全网、各类洞口防止人员坠落的技术措施。

3）外用电梯、井架及塔吊等垂直运输机具有拉结要求及防倒塌的措施。

4）安全用电和机电设备防短路、防触电的措施。

5）易燃易爆有毒作业场所的防火、防爆、防毒的技术措施。

6）季节性安全措施，如雨季防洪、防潮、防台风、防雨，冬季防冻、防滑、防雷、防火、防煤气中毒措施。

7）现场周围通行道路及居民防护隔离网等措施。

8）使用安全工器具时检查验收的安全措施。

三、风力发电机组基础施工方案的编制

确定风力发电机组基础施工过程的施工方法是编制施工方案的核心，直接影响施工方案的先进性和可行性。施工方法的选择要根据设计图样的要求和施工单位的实际状况进行。将工程划分为几个施工阶段，确定各个阶段的流水分段。

有了施工图样、工程量、单位工程的分部分项工程的施工方法及分段流水方式后，再根据工期的要求考虑主要的施工机具、劳动力配备、预制构件加工方案，以及土建、设备安装的协作配合方案等，制定出各个主要施工阶段的控制日期，形成一个完整的施工方案。

（一）单位工程的分部分项工程（主导施工过程）施工方法的选择

1）主导施工过程包括土石方工程，钢筋混凝土和混凝土工程，厂区房屋基础土石方、基础混凝土、房屋结构主体工程，现场垂直、水平运输和装修工程等。

2）单位工程的分部分项工程的施工方法，要根据不同类型工程的特点及具体条件拟定。其内容要简单扼要，突出重点。对于新技术、新工艺和影响工程质量的关键项目，以及工人还不够熟练的项目，要编制得更加详细具体，必要时应在施工组织设计以外单独编制技术措施。对于常规做法和工人熟练的项目不必详细拟定，只要提出在工程上的一些特殊要求即可。

（二）编制风力发电机组基础施工方法

由于风力发电机组的基础布置面较分散，基础点位多，所以基础施工可采取流水作业的方法进行施工。采用流水作业的基本方法主要有以下几个方面：

1）由于每个风力发电机组基础的工程量相同，将整个基础工程划分为若干个施工段。

2）将整个施工段分解为若干个施工过程（或工序）。

3）每一施工过程（或工序）都由相应的专业队负责施工。

4）各专业队按照一定的施工顺序，依次先后进入同一施工段，重复进行同样的施工内容。

（三）风力发电机组基础施工段的划分

合理划分施工段是组织流水作业施工的关键。施工段的数目必须根据工作面的大小，设备、材料的供应及能够投入的劳动力数量等具体条件来确定。一般来说，流水段的划分应保证各专业队有足够的工作面，同时又利于其他后续工种早日进入。

1）对风力发电机组基础土石方工程量进行计算，并确定施工方法，算出施工工期。

2）确定风力发电机组基础基坑采用人工开挖或机械开挖的放坡要求。

3）选择石方爆破方法及所需机具和材料。

4）选择排除地表水、地下水的方法，确定排水沟、集水井和井点布置及所需设备。

5）绘出土石方平衡图。

6）风力发电机组基础混凝土和钢筋混凝土工程的重点是搞好模板设计及混凝土和钢筋混凝土施工的机械化施工方法。

7）对于重要的、复杂工程的混凝土模板，要认真设计。对于房屋建筑预制构件用的模板和工具式钢模、木模、反转模板及支模方法，要认真选择。

8）风力发电机组基础所用的钢筋加工，尽量在加工厂或现场钢筋加工棚内完成，这样可以发挥除锈、冷拉、调直、切断、弯曲、预应力、焊接（对焊、点焊）的机械效率，保证质量，节约材料。

9）风力发电机组基础现场钢筋采用绑扎及焊接的方法进行安装。钢筋应有防偏位的固定措施。焊接应采用竖向钢筋压力埋弧焊及钢筋气压焊等新的焊接技术，这样可节约大量钢材。

10）对于风力发电机组基础混凝土的搅拌，不论是采用集中搅拌还是采用分散搅拌，其搅拌站的上料方式和计量方法，一般应尽量采用机械或半机械上料及自动称量的方法，以确保配合比的准确。由于施工现场的环境影响，搅拌混凝土过程中的防风措施要考虑周到。

11）对于风力发电机组基础混凝土浇筑，应根据现场条件及混凝土的浇筑顺序、施工缝的位置、分层高度、振捣方法和养护制度等技术措施要求一并综合考虑选择。

四、风力发电机组基础施工各项措施的编制

（一）降低成本措施的编制

降低成本的措施应根据施工方案，结合工程实际情况进行编制，并计算有关经济指标。可按分部分项工程逐项提出相应的节约措施，如合理进行土方平衡，以节约土方运输和人工费用；综合利用塔吊，减少吊次，以节约台班费；提高模板精度，采用整装整拆，加速模板周转，以节约木材、钢材；混凝土砂浆加掺和料、外加剂，以节约水泥；采用先进的钢筋焊接技术，以节约钢材；构件、半成品扩大预制拼装或采用整体安装，以节约人工费用、机械费用等。对各项节约措施，分别列出节约工料的数量与金额数字，以便衡量降低成本的效果。

（二）施工技术措施的编制

施工组织设计中除一般的施工方案、施工方法外，若采用新结构、新材料、新工艺，以及深基础，水下和较弱地基等项目，应单独编制施工技术措施。施工技术人员应掌握以下内容：

1）掌握新结构、新工艺的详细图样。

2）掌握施工方法的特殊要求及工艺流程。

3）水下及冬雨季施工措施。

4）技术要求和质量安全注意事项。

5）材料、构件和施工机具的特点、使用方法及需用量。

6）确保基础结构中关键部位施工质量的措施。

7）保证质量的组织措施，如人员培训、编制操作工艺卡及行之有效的质量检查制度等。

五、单位工程施工进度计划

（一）编制单位工程施工进度计划的步骤

1）划分施工过程并计算工程量。

2）确定劳动量和建筑机械台班数。

3）确定各分项工程的工作日及其相互搭接。

4）编制施工进度计划。

（二）分项工程的划分

1）按施工的先后顺序划分，工作量大、占工期长的工序应单独立项。

2）穿插配合施工较复杂的施工过程，应细分，不应漏项。

3）为了减少项目，次要过程可以并入主要施工过程，不宜单独立项。

4）分项的划分，宜与预算项目对口。

（三）计算工程量

确定施工工艺过程和流水段以后，应分段确定各工艺过程的工作量。可采用施工预算的数据并按照实际需要进行调整。

（四）编制施工进度计划的基本原则

1）在坚持合理施工顺序的前提下，宜将各个施工阶段衔接起来。

2）宜使用同一工种的施工班组连续施工。

3）根据关键路径安排进度，其余的施工过程应结合关键路径进行安排。

4）编制时将各分项工程联系起来汇总成单位工程进度计划，形成进度计划的初步方案。

5）初步方案形成后尚需调整，应检查施工顺序是否合理，劳动力、生产机械等使用有无较大的不均衡现象，技术间歇、平衡衔接是否合理。

施工进度计划的编制和调整的程序见《风力发电工程施工组织设计规范》（DL/T 5384—2007）的附录 B。

六、风力发电机组基础施工的特点及注意事项

风机基础承台上预埋件的水平度偏差，按相对高差计算时应不大于 ±1~2mm，塔架越高，允差越小。因为塔底根部连接法兰（即预埋件上部法兰）水平度的微小倾斜，就会造成塔体顶部中心与垂直轴线之间的严重位差，从而使塔体垂直方向载荷偏移，影响塔体的垂直稳定性能。也就是说，预埋件上部连接法兰的水平度是确保塔体安全的重要指标，也是施工方案予以重点考虑的技术关键。

（一）基坑开挖与坑底处理

1. 基坑开挖与钻桩孔

基坑开挖是塔架基础施工的第一步，基坑开挖应按风力发电机组制造厂商提供的图样要求进行。因为塔架基础开挖工作量大，一般采用机械开挖。开挖过程中必须根据土质条件，进行合理的安全支撑，防止边坡塌方造成不必要的人员、设备或工时损失。

在钻桩孔过程中规定，必须按一定的时间间隔对桩机的水平度和高层位置进行跟踪测量，发现数据超标应及时修正，以保证桩孔对水平面的垂直度。

2. 坑底处理

基坑挖好后，坑底应夯实并找平，然后根据图样要求进行防渗层施工。

对于松软地层，坑底夯实后，应在混凝土垫层下部摊铺一定厚度的大块毛石，以提高坑底的承载能力，减少浇注时的不均匀沉降。提高施工垫层混凝土厚度，敷设足够的钢筋与桩基钢筋笼相连接。

（二）绑扎钢筋与支模板

1）钢筋的加工应在现场钢筋场进行，主钢筋采用闪光对焊连接，板块钢筋采用冷搭接。基础底板钢筋施工完毕后进行承台插筋施工，插筋时应保证位置准确。基础板块钢筋及承台插筋施工完毕，应组织一次隐蔽工程验收，合格后方可浇筑混凝土。

2）承台上的型钢、法兰或地脚螺栓应与钢筋网连接牢固，并要浇入混凝土内。由于承台钢筋层数、排数较多，绑扎时应自内向外分层分排绑扎。一种基础法兰与钢筋的连接如图3-6所示。

3）承台与平板块连接钢筋绑扎时，承台部分的钢筋自平板块内伸出，有竖向、斜向及曲线形，竖向及斜向钢筋以插筋形式伸出，伸出长度应使钢筋接头错开 $30d$，错开数量以 50% 为准；曲线部分与直线部分焊接，接头数量及错开距离按规范实施。

4）支模板应按照相关标准进行，基础板块和承台用组合钢模板支模，不合模数部位采用木模板支模。

图 3-6　基础法兰与钢筋的连接

5）将基础板块上表面的标高加以明显标记，供浇注混凝土时找平时参考使用。模板内表面应涂水性蜡质脱模剂以保证拆模后不发生粘皮现象。

（三）混凝土浇注

塔架基础体积很大，大体积混凝土的施工技术要求比较高，特别在施工中要防止混凝土因水泥水化热引起的温差而产生温度应力裂缝。因此，需要从材料选择、技术措施等有关环节做好充分的准备工作，才能保证基础底板大体积混凝土浇注施工的顺利进行。

1. 现场准备工作

1）基础板块钢筋及承台插筋分段施工完成后，应进行隐蔽工程的验收。

2）浇筑混凝土时预埋的测温管及保温所需的塑料薄膜、草席等应提前准备好。

3）项目经理部应与建设单位联系好施工用电，以保证混凝土振捣及施工照明用电。

4）管理人员、施工人员、后勤人员、保卫人员等应昼夜排班，坚守岗位，各负其责，保证混凝土连续浇注的顺利进行。

2. 混凝土材料的选择

1）水泥：考虑普通水泥水化热温度较高，特别是应用到大体积混凝土中，大量水泥水化热不易散发，使混凝土内部温度过高，与混凝土表面产生较大的温差，使混凝土内部产生压应力，表面产生拉应力。当表面拉应力超过早期混凝土抗拉强度时就会产生温度应力裂缝，因此最好采用水化热温度比较低的矿渣硅酸盐水泥，标号为 525#，通过掺入合适的添加剂可以改善混凝土的性能，提高混凝土的抗渗能力。

2）粗骨料：采用碎石，粒径为 5～25mm，含泥量不大于 1%。选用粒径较大、级配良好的石子配制的混凝土，和易性较好，抗压强度较高，同时可以减少用水量及水泥用量，从而使水泥水化热减少，降低混凝土温升。

3）细骨料：采用中砂，平均粒径大于 0.5mm，含泥量不大于 5%。选用平均粒径较大的中、粗砂拌制的混凝土比采用细砂拌制的混凝土可减少用水量 10% 左右，同时相应减少水泥用量，使水泥水化热减少，降低混凝土温升，并可减少混凝土收缩。

4）粉煤灰：粉煤灰对降低水化热、改善混凝土和易性有利，但掺加粉煤灰的混凝土早期极限抗拉值均有所降低，对混凝土抗渗抗裂不利，因此粉煤灰的掺量控制在10%以内，且采用外掺法，即不减少配合比中的水泥用量，按配合比要求计算出每立方米混凝土所掺加的粉煤灰量。

5）减水剂：每立方米混凝土添加减水剂2kg，减水剂可降低水化热峰值，对混凝土收缩有补偿功能，可提高混凝土的抗裂性。

3. 混凝土配合比

混凝土配合比应通过试配确定。按照国家现行标准《混凝土结构工程施工质量验收规范》《普通混凝土配合比设计规程》及《粉煤灰混凝土应用技术规范》中的有关技术要求进行设计。

粉煤灰采用外掺法时，仅在砂料中扣除同体积的砂量。另外应考虑到水泥的供应情况，以满足施工要求。

4. 浇注混凝土

1）浇注混凝土前应将基槽内的杂物清理干净。

2）浇注混凝土时，应采用"分区定点、一个坡度、循序推进、一次到顶"的浇注工艺。浇注时先在一个部位进行，直至达到设计标高，混凝土形成扇形向前流动，然后在其坡面上连续浇注，循序推进。确保每层混凝土之间的浇注间歇时间不超过规定的时间，也便于浇注完的部位进行覆盖和保温。

混凝土浇注应连续进行，间歇时间不得超过6h，若遇特殊情况，混凝土在4h后仍不能连续浇注时，需采取应急措施。即在已浇注的混凝土表面上插入12根短插钢筋，长度1m，间距50mm，呈梅花形布置。同时将混凝土表面用塑料薄膜加草席覆盖保温，以保证混凝土表面不受冻。

3）混凝土浇注时在出灰口处配置3~4台振捣器，因为混凝土的坍落度比较大，在几米厚的板块内，可斜向流淌距离与厚度相近，2台振捣器主要负责下部斜坡流淌处振捣密实，另外1~2台振捣器主要负责顶部混凝土振捣。振捣时间以混凝土粗骨料不再显著下沉，并开始泛浆为准，以避免欠振或过振。

4）由于混凝土坍落度比较大，会在表面钢筋下部产生水分，或在表层钢筋上部的混凝土产生细小裂缝。为了防止出现这种裂缝，在混凝土初凝前和混凝土预沉后采取二次抹面压实措施。

5）现场每浇注100m³（或一个台班）制作3组试块，一组作为7天强度试块，一组作为28天强度试块并归技术档案资料用，一组作为14天强度试块备用。

除上述的常规混凝土浇注注意事项外，塔架基础上与塔架对接的预埋件上部法兰水平度偏差的保证，也是塔架基础混凝土浇注的关键技术。

设计规定，预埋件上部法兰水平度偏差按相对高差计算时应不大于±1~2mm，以保证较高的塔体垂直度。针对基础承台必须一次浇捣成形的设计工艺要求，施工方案中应考虑将预埋件通过三点高约2m的支腿，事先放置在与承台下底面标高相同的厚度约为200mm的混凝土垫层上，并利用与支腿连接的调节螺杆把预埋筒体上法兰平面的水平度调整到±2mm范围内，然后再进行承台混凝土浇捣成形。

要在施工中较好地解决承台混凝土浇捣过程中预埋筒体倾斜问题，从施工工艺的角度说，最好的方法就是将承台分上、下二次浇捣，即在风机供应商提供的标准基础下部，按其对地基的承载要求，先进行打桩，并浇捣用以承载标准基础承台的地基板块梁；然后，再以地基板块梁作为浇捣标准基础承台的作业垫层，用以固定预埋筒体。这样与桩基构成整体的地基板块梁（厚约 1m 的作业垫层），就有足够的承载能力来保持水平基准的稳定。从风力发电机组供应商提供的标准基础结构与施工工艺要求看，建立于标准基础上的风力发电机组，只要其地基的承载能力符合要求，其抗倾覆能力就是足够的。

若设计上要求必须一次完成浇捣成形，那么，垫层的不均匀沉降将是不可避免的。建议在承台混凝土浇捣至调节螺栓将被淹没前，暂停混凝土浇捣，提供一段足够使沉降稳定的时间，待观测到沉降基本稳定，且对水平度进行调整或按经验给予一定超调以后，再继续剩余的混凝土浇捣，直至完成。

5. 大体积混凝土温升与测温

对基础混凝土进行温度检测：基础混凝土内部中心点的温升峰值高，该温升值一般略小于绝热温升值。一般在混凝土浇注后 3 天左右产生，以后趋于稳定不再升温，并且开始逐步降温。规范规定，对大体积混凝土养护，应根据气候条件采取控温措施，并按需要测定浇注后的混凝土表面温度和内部温度，将温差控制在设计要求的范围内；当设计无具体要求时，温差不宜超过 25℃。表面温度的控制可调整保温层的厚度。

1）基础板块混凝土浇注时应设专人配合预埋测温管，测温管的长度分为两种规格，测温线应按测温平面布置图进行预埋。预埋时，测温管与钢筋绑扎牢固，以免产生位移或损坏。每组测温线中有 2 根（即不同长度的测温线）线在其上端用胶带做上标记，这样便于区分深度。测温线用塑料带罩好，绑扎牢固，不准使测温端头受潮。测温线位置用保护木框作为标志，便于保温后查找。

2）配备专职测温人员，并按两班考虑。对测温人员要进行培训，测温人员应认真负责，按时按孔测温，不得遗漏或弄虚作假。测温记录要填写清楚、整洁，换班时要进行交接。

3）测温工作应连续进行，每小时测量一次，持续测温至混凝土强度达到要求，并经技术部门同意后方可停止测温。

4）测温时发现混凝土内部最高温度与表面温度之差达到 25℃或温度异常时，应立即通知技术部门和项目技术负责人，以便及时采取必要措施。

5）测温时应采用液晶数字显示电子测温仪，以保证测温及读数准确。

6. 混凝土养护工艺

1）混凝土浇注及二次抹面压实后应立即覆盖保温，先在混凝土表面覆盖两层草席，然后在上面覆盖一层塑料薄膜。

2）新浇注的混凝土水化速度比较快，盖上塑料薄膜后可进行保温保养，防止混凝土表面因脱水而产生干缩裂缝，同时可避免草席因吸水受潮而降低保温性能。其中板块和承台的垂直部位是保温的难点，要特别注意盖严，防止造成温差较大或受冻。

3）停止测温的部位经技术部门和项目技术负责人同意后，可将保温层及塑料薄膜逐层掀掉，便于混凝土散热。

4）顶面覆盖养护：覆盖保水养护方法适合于大于 28 天的长间歇顶面养护。具体方法是，在养护顶面全面覆盖养护材料，如隔热被、风化砂或土等，给覆盖材料浸水并始终保持覆盖材料处于水饱和状态，即可满足养护要求。

覆盖洒水养护适合于夏季正常实施的顶面养护。由于顶面蒸发较快，仅采取洒水养护不能满足要求，因此对顶面覆盖材料洒水养护效果较好。

5）有条件时可进行长期流水养护。根据现行水工混凝土施工规范，混凝土浇筑后养护时间一般为14天，重要部位养护到设计龄期。喷淋管养护适合于四周垂直面或长间歇期平面养护。方法是沿仓位边线在模板上口铺设喷淋管。喷淋管是在1/2in钢管的管壁上钻一排均匀分布的细孔，使用时，将管两端封堵，水雾通过细孔喷出，洒在养护面上。给喷淋管不停地通水，便可保持长流水养护。

（四）基础覆土的回填

1）堆筑时对堆土进行分层夯实，以减少自然密实量，缩短自然密实过程。

2）尽可能早一点堆筑，使之有尽量多的时间完成自然密实，要求经历较大的降雨或浇水。

（五）主要管理措施

1）拌制混凝土的原材料均需进行检验，合格后方可使用。同时要注意各项原材料的温度，以保证混凝土的入模温度与理论计算基本相近。

2）在混凝土搅拌站设专人掺入添加剂，掺量要准确。

3）施工现场对混凝土要逐车进行检查，测定混凝土的坍落度和温度，检查混凝土量是否相符。严禁混凝土搅拌车在施工现场临时加水。

4）混凝土浇注应连续进行，间歇时间不得超过3~5h。

5）质检部门设专人负责测温及保养的管理工作，同时配置专职养护人员，实行挂牌上岗。养护实施的记录由专职养护人员及时记载，并做到真实、详尽，发现问题应及时向项目技术负责人汇报。

6）加强混凝土试块制作及养护的管理，试块拆模后及时编号并送入标养室进行养护。

复习思考题

1. 风力发电机组对基础的要求有哪些?

2. 塔架基础分为哪3类?

3. 桩基础有哪3种结构形式?

4. 海上风电机组的基础的几种形式是什么?

5. 基础与塔架连接方式有哪两种?

6. 基础与塔架的4项接地要求是什么?

7. 风力发电机组基础的施工组织设计要求的内容是什么?

8. 施工组织设计的6项主要任务有哪些?

9. 编制施工组织的6个依据是什么?

10. 施工组织设计的编制有哪8个原则?

11. 施工组织编制的总体说明包括哪些内容?

12. 土建工程施工应收集的3类资料的要求是什么?

13. 施工组织质量措施的4项要求是什么?

14. 施工组织安全措施的8项要求有哪些?

15. 基础施工方案的编制包括哪些内容？

16. 编制风力发电机组基础施工方法的要求是什么？

17. 风力发电机组基础施工段划分的 11 条要求是什么？

18. 风力发电机组基础施工各项措施的编制包括哪些内容？

19. 风力发电机组施工技术措施的 7 项内容是什么？

20. 编制单位工程施工进度计划的步骤有哪些？

21. 风力发电机组分项工程的 4 个划分原则是什么？

22. 编制施工进度计划的 5 项基本原则是什么？

23. 基础施工的特点及注意事项包括哪些内容？

24. 基坑开挖及坑底处理的内容有哪些？

25. 钢筋绑扎与支模板的 5 条要求是什么？

26. 混凝土浇注工作包括哪些内容？

27. 混凝土浇注现场准备工作的 4 项内容是什么？

28. 混凝土材料的选择要求有哪些？

29. 混凝土浇注的 5 项注意事项是什么？

30. 大体积混凝土温升与测温要求有哪些？

31. 混凝土养护的 5 条工艺要求是什么？

32. 混凝土浇注的 5 项主要管理措施是什么？

第四章 风力发电机组的现场安装与装配

并网型风力发电机组属于重型发电设备,整个设备高达 100m 以上,重量在数百吨,因此风力发电机组的装配不可能在生产厂全部完成。因为若在生产厂完全装配好,到风力发电场的运输问题目前根本无法解决。所以风力发电机组的装配是在生产厂进行部分装配,而未装配的部分必须在风力发电场安装时再进行现场装配。通过本章的学习,应了解现场安装的施工组织设计,安装方案、施工顺序和施工措施的编制方法,吊装机械的选用及吊装方案;掌握现场安装的质量和安全措施,塔架、机舱、风轮和叶片及电气设备的装配、吊装、安装与检验方法;熟悉风力发电场布置的特点及安装现场要求,设备验收与库房管理方法,风力发电机组的调试与验收要求。

第一节 风力发电机组安装的施工组织准备

兆瓦级风力发电机组现场安装需要使用 300t 以上的超长臂履带式起重机,一天费用在 30 万元以上。1.5MW 双馈机组的整个机头重量在 100t 左右,拆掉轮毂后体积在 8.5m × 3.5m × 3.5m 以上,运输时需要使用重型车辆。此外还需要场地、道路和人、财、物的保障。机组的安装施工是一个庞大的系统工程,需要做好充分的组织准备。

一、现场安装的施工组织

(1) 现场安装的施工组织设计 现场安装的施工组织设计应按照机组基础施工的施工组织设计要求进行。风力发电机组设备安装应做好以下工作:

1) 设计图样、图样会审、现场条件和施工条件的调查等。

2) 现场调查,收集所需要的资料。

3) 了解与设备安装施工现场有关的风速、雨量、低温期、雷电等气候资料。

4) 了解与机组安装相关的工程情况,如机组基础施工、输变电工程、机组到货等。

5) 了解参与或可能参与本工程建设的有关单位的情况,例如,建设单位、主(辅)施工单位的情况及施工任务的划分,设计单位及其施工图交付进度,设备制造厂家及其主要设备交付进度,可承担工厂化施工的单位及其能承担的施工项目、数量、交付进度。

6) 了解风力发电机组设备、安装交通运输条件及当地运输能力,当地有关材料的产地、产量、质量及其供应方式,当地施工企业和制造加工企业可能提供服务的能力。

7) 了解主要材料、设备、吊装机具的技术资料和供应状况。

8) 了解地方施工队伍和劳动力的数量及其技术状况。

(2) 质量和安全措施 现场安装的质量和安全措施要求与机组基础施工完全相同,风力发电机组设备安装的安全技术要求应符合《风力发电机组 装配和安装规范》(GB/T 19568—2017)中的规定,以下两点需要特别注意:

1) 风力发电机组塔架、风力发电机组主体、主变压器及相关设备的吊装和安装的高空防坠落安全措施。

2）设备安装过程中的安全应急预案。

（3）风力发电机组安装施工顺序　风力发电机组设备安装可根据到货进度、工期要求、工作面的大小，设备、材料的供应及能够投入的劳动力数量等具体条件划分若干施工段。

确定单台机组安装施工顺序时应遵循的原则如下：

1）各施工过程之间存在的客观工艺关系。

2）施工方法和施工机械对施工顺序的影响。

3）施工组织和劳动力连续作业及人力平衡的要求。

4）施工质量和安全要求。

5）工艺间隔和季节性施工要求。

（4）安装施工方案的编制方法　施工方案和施工方法的选定是标准施工组织设计的中心环节，应根据工程的特点，工期要求，材料、构件、机具、劳动力的供应情况，协作单位的施工配合条件，以及现场具体条件等进行全面周密的考虑。

施工方法的选择要根据设计图样的要求和施工单位的实际状况进行。

1）根据施工图样、工程量、主导工序的施工方法及分段流水方式、工期的要求、主要的施工机具、劳动力配备、预制构件加工方案以及设备安装的协作配合方案等，确定各个主要阶段的控制日期，提出施工方案。

2）根据不同类型风力发电机组设备安装特点及具体条件，确定设备安装的施工方法。

（5）设备安装各项施工措施的编制　编制设备安装施工技术措施主要包括以下内容：

1）风力发电机组塔架、机舱、风轮吊装的施工方法应符合设备要求。

2）风力发电机组塔架、机舱、风轮装卸、摆放的方法，应根据所需的机具设备型号、数量及对道路的要求选定。

3）风力发电机组塔架、机舱、风轮吊装，应按设备的外形尺寸、重量、安装高度、场内道路、安装场地条件，确定吊装方案。

4）吊装施工应根据吊装顺序、机械位置、行驶路线以及大型构件的制作、拼装、就位场地的具体条件制定施工方案。

5）根据当地气候条件，确定冬季、雨季、风季施工技术措施。

6）根据吊装需用的材料、构件和施工机具的需用量、使用方法要求来确定吊装措施。

变电所设计和箱式变电站技术条件的编制应符合《35～220kV无人值班变电站设计规程》（DL/T 5103—2012）和《高压/低压预装箱式变电站选用导则》（DL/T 537—2002）中的有关要求。

（6）现场安装单位工程施工进度计划的编制方法及要求　与机组基础施工单位工程施工进度计划编制方法及要求完全相同，详见第三章。

二、风力发电机组现场安装的要求

（1）风力发电机组在风力发电场布置的要求　风力发电机组在风力发电场内的布置，应根据场地的地形、地貌及场内已有设施的位置来综合考虑，以充分利用场地范围，对拟定的风力发电机组布置方案，需用风力发电场评估软件进行模拟计算，尽量减少尾流影响，进行经济比较，选择最佳方案，标出各风力机组的地图坐标，主要应满足以下要求：

1）风力发电机组一般都布置的紧凑、规则、整齐，有一定规律，以方便场内配电系统的布置，减少输电线路的长度。

2）风力发电机组按照矩阵布置，每行必须垂直风能主导方向，同行内风力发电机组之间的距离不小于风轮直径的3倍，行与行之间的距离不小于风轮直径的5倍，各列风力发电机组之间交错布置。

3）风力发电机组布置要考虑防洪问题，布置点要躲开洪水流经场地。风力发电机组与场内架空线路要保证一定的安全距离。

4）风力发电机组布置点的位置要满足机组塔架、风轮吊装时的安全距离，以及运行维护的场地要求。

5）风力发电机组维护时，工作人员从机舱放下的吊装绳索，在风力或其他外力作用荡起后要有一定的安全距离。

6）风力发电机组正常运行时，要与输电线路有一定的安全距离，以保证输电线路的安全运行。

7）风力发电机组作为建筑物，其与场内的穿越公路、铁路、煤气石油管线等设施的最小距离，要满足有关国家法律、法规的有关规定。

8）风力发电机组与人员居住建筑物的最小距离，需满足国家有关噪声对居民影响的法律、法规的有关规定。

（2）对安装基础的要求

1）安装风力发电机组的地基，应按照通过有效批准程序的技术文件进行施工，并且能够保证承受其安装后最大工作状态的强度。

2）安装地基应用水平仪校验，地基与塔架接触面的水平度不大于1mm，以满足机组安装后塔架与水平面的垂直度要求。

3）地基连接法兰和相应构件位置应准确无误，并牢固地浇筑在地基上。

4）地基应有良好的接地装置，其接地电阻应不大于3.5Ω。

（3）现场安装对风力发电机组的要求

1）组装后的部件、组件经检验合格后，方能到现场安装。

2）组装后的部件、组件运到安装现场后，应进行详细检查，防止在运输中碰伤、变形、构件脱落、松动等现象。不合格的产品不允许安装。

（4）对安装人员的要求

1）现场安装人员应具有一定的安装经验。

2）关键工序上的工作人员，如吊装工、焊接及焊接检验人员、电工等应持有当地省、市劳动部门颁发的上岗证，方可上岗。

（5）风力发电机组安装的安全措施

1）风力发电机组开始安装前，施工单位应向建设单位提交安全措施、组织措施、技术措施，经审查批准后方可开始施工。安装现场应成立安全监察机构，并设立安全监督员。

2）风力发电机组安装之前应制定施工方案，施工方案应符合国家及上级安全生产规定，并报有关部门审批。

3）风力发电机组安装现场的道路应平整、通畅，所有桥涵、道路能够保证各种施工车辆安全通行，应提出对道路的宽度、最小转弯半径、最大承载能力的要求，应考虑当地的道路高度。大型零部件在运输时应采取有效措施，以保证运输的安全。

4）风力发电机组安装场地应满足吊装需要，并应有足够的零部件存放场地。

5）施工现场临时用电应采取可靠的安全措施。

6）施工现场应设置警示性标牌、围栏等安全设施。安全防护区应有警告标志。

7）安装现场的工作人员应佩带安全装备，如安全鞋、安全帽、工作服、防护手套、听觉防护（需要时）、防护镜（需要时）和安全带等。

8）高空作业的现场地面不允许停留闲杂人员，不允许向下抛掷任何物体，也不允许将任何物体遗漏在高空作业现场。

三、编制安装计划

（1）安装计划的编制依据

1）风力发电场建设总进度表。

2）风力发电机组制造商随机提供的安装手册。

3）风力发电机组制造商、技术人员在施工现场提出的建议。

4）风力发电场施工现场的地形地貌、交通、气象和安装地点的地质状况等资料。

5）所填写的风力发电机安装报告。

（2）安装计划的主要内容

1）待安装的风力发电机组的型号规格、台数、设备编号及安装地点位置。安装现场平面布置图。

2）风力发电机组的安装进度计划表。

3）起重机使用计划、运输计划。

4）安装作业的主要技术、组织措施计划。

5）劳动力计划、成本计划。

6）材料、物资及安装施工机具设备供应计划。

7）安全措施计划及安装保险。

（3）编制风力发电机组的安装进度表

单台风力发电机组的安装进度见表4-1。

表4-1 单台风力发电机组的安装进度

工作时段		工序序号	工序名称	使用大型设备	所需工作时间/h	开始工作时间	结束工作时间	用户代表	安装班组	监理工程师	说　明
第一天	上午	1	吊装生产准备	—	0.5	7：30	8：00	—	Z1	—	1. 本安装进度计为1.5MW风力发电机组。主起重机为400t汽车吊，辅起重机为50t汽车吊
		2	吊装控制柜	辅起重机	0.5	8：00	8：30	Y1	Z1	J1	
		3	吊装塔架下段	主起重机	1.5	8：30	10：00	Y1	Z1	J1	
		4	吊装塔架中段	主起重机	1.0	10：00	11：00	Y1	Z1	J1	
		5	吊装塔架上段	主起重机	1.0	11：00	12：00	Y1	Z1	J1	
		6	组装风轮	辅起重机	3.0	8：00	11：30	Y1	Z1	J1	
	中午		午饭	—	0.5	12：00	12：30	—	—	—	
			午休	—	0.5	12：30	13：00	—	—	—	

（续）

工作时段		工序序号	工序名称	使用大型设备	所需工作时间/h	开始工作时间	结束工作时间	用户代表	安装班组	监理工程师	说　明
第一天	下午	7	吊装机舱	主起重机	1.5	13：00	14：30	Y1	Z1	J1	2. 本安装进度计划若遇大风、雨雪等天气，时间应顺延
		8	吊装风轮	主起重机辅起重机	1.5	14：30	15：00	Y1	Z1	J1	
		9	起重机转场	—	2.0	15：00	17：00	Y1	Z1	—	3. 若为多台机组安装，就重复施行本计划，n 台机组的安装共需 n+1 天的时间
第二天	上午	10	生产准备	—	0.5	7：30	8：00	Y1	Z2	J2	
		11	放电缆	—	5.0	8：00	12：00	Y1	Z2	J2	
		12	电气接线	—	5.0	11：00	12：00	Y1	Z2	J2	
	中午		午饭	—	0.5	12：00	12：30	—	—	—	
			午休	—	0.5	12：30	13：00	—	—	—	
	下午	11	放电缆	—	—	13：00	15：00	Y1	Z2	J2	
		12	电气接线	—	—	13：00	17：00	Y1	Z2	J2	

注：Y——用户代表代码；Z——安装班组代码；J——监理工程师代码。

四、设备验收与库房管理

（一）设备验收

（1）风力发电机组的包装　风力发电机组出厂时通常包含以下几个包装：

1）风轮叶片。

2）风轮轮毂（部分机型的轮毂在出厂前已在主轴上安装完毕）。

3）机舱带盖总成。

4）控制柜总成。

5）塔架及其连接用高强度螺栓副。

6）其他（除上述总成、大件外的所有其他配套附件，如动力电缆、控制电缆、风速风向仪及其支架、外置式齿轮油散热器及其油管、液压系统管路零配件、各种规格的高强度螺栓副、密封胶、防松胶、长效润滑脂、备用油品油料和个别传感器等）。

7）随机专用及通用工具、随机备品配件等。

8）随机技术文件与手册等。

通常1）至4）所列，均各自单独包装；6）采用集装箱包装（内有各零配件的小木箱若干）；2）和5）通常由国内配套厂直接发来，不再经主机厂转运（主机厂自己生产叶片随主机包装）；7）一般装于集装箱内；8）由押运人员直接交给用户。当同时发运的风力发电机组超过一台时，可能采用并装或混装的方式，或整车装风轮轮毂。

（2）入库验收　用户的库房物资保管员在技术人员的配合下，应按以下程序进行设备验收。

1）按本次货票检查包装箱数和箱号。

2）开箱，按装箱清单逐一清点箱内零配件、物品的品名、规格、数量，查看外观有无破损或锈蚀。

3）填写验收入库单，除填写品名、规格、数量外，还要注明有无损坏，以及需要记录的其他事项。

4）当发现有丢失、损坏现象时，应填写报告单并报有关部门，向承运、供货商通知补缺，在影响到安装进度时可向责任方索赔。

（二）库房管理

（1）入库　所有已验收的设备、零部件、配件、工具、油品等，均应按规定编号入库。对包装完好或近期将要安装的，在保证安全存放的前提下，整台风力发电机组可全部用原集装箱包装安置在基础旁，以减少短途运输的麻烦；否则，除"风力发电机组的包装"中所列的1）、2）、3）、5）外，应全部进入库房规定的位置存放保管。

（2）保管　用户应建立健全库房管理的规章制度，保证库内物资账物相符、科学合理保管，符合安全、防火、防盗、防潮、防变质、防锈蚀、防尘的要求。

（3）出库　出库应办理领料手续，现场存放的，应由责任人办理保管及领用手续。

第二节　风力发电机组的现场安装与装配

一、风力发电机组的安装要求

（一）安装前的准备工作

1）风力发电机组安装前应检查并确认风力发电机组基础已通过验收并符合安装要求。

2）确认风力发电场输变电工程已通过验收。

3）确认安装当日气象条件适宜，地面最大风速不超过12m/s。

4）由制造厂技术人员与用户组织有关人员共同认真阅读和熟悉风力发电机组制造厂随机提供的安装手册。

5）以制造厂技术人员为主，组织安装队伍，并明确安装现场唯一的指挥负责人。

6）由现场指挥者牵头，制定详细的安装作业计划。明确工作岗位，责任到人，明确安装作业顺序、操作程序、技术要求、安装要求，明确各工序、各岗位使用的安装设备、工具、量具、用具、辅助材料、油料等，并按需要分别准备妥当。

7）安装现场应配备对讲机，准备常用的医药用品。

8）清理安装现场，去除杂物，清理出运输车辆进出通道。

9）塔架安装前应对地基进行清洗。清理基础环的工作表面（法兰的上、下端面和螺栓孔），在法兰接触面涂抹密封胶。对使用地脚螺栓的，应将地脚螺栓上的浇铸保护套去掉并清洗掉螺栓根部的水泥或砂浆，清理螺栓螺纹表面，去除防锈包装，加涂机油；对个别损伤的螺纹，要用板牙加以修复。

10）将要在地基上固定的构件按规定的位置固定好。

11）安装用的大、小起重机已按计划要求落实，并进驻现场。吊装机械所占位置的地面应平整密实。

12）办理风力发电机组出库领料手续，由各安装工序责任人负责，按作业计划与明细表逐件清点，并完成去除防锈包装清洁工作，运抵安装现场。

（二）吊装机械的选用及吊装方案

（1）吊装机械的选用　风力发电机组安装的吊装设备，应符合《电业安全工作规程（发电厂和变电所电气部分）》（DL 408—1991）、《电业安全工作规程（电力线路部分）》（DL 409—1991）、《电业安全工作规程　第1部分：热力和机械》（GB 26164.1—2010）的规定。

风力发电机组安装所用的吊装机械起吊吨位大，为保障吊装安全，吊装机械起吊吨位一般应在风力发电机组最大部件重量的5倍以上。风力发电机组安装所用的吊装机械起吊高度大，吊装机械的最小起吊高度应比风力发电机组安装后最高吊装件的上表面高2m以上。为吊装方便，要求吊装机械必须具备主钩和副钩，主钩和副钩应能分别操控。能用于兆瓦级风力发电机组安装的起重机购买价在3000万元以上，吨位越大、吊高越高，价格越高。能用于兆瓦级风力发电机组安装的起重机租赁价格也很高，一台200t的起重机日台班费用在30万元左右，一台500吨的起重机日台班费用在80万元左右，吊装机械的选择直接影响安装成本。

常用于风力发电机组安装的吊装机械有以下几种：

1）履带式起重机：这种起重机又称为履带吊或坦克吊。它的特点是：行走部分使用链轨式履带，行走速度慢；自身重量大，与地面接触面积大，稳定性好；移动灵活性差；因为无法自动调整水平，因此对地面水平度要求较高。

2）汽车式起重机：这种起重机又称为汽车吊。它的特点是：行走部分使用轮胎，行走速度快；自身重量较轻，占地面积小；轮胎在吊装作业时脱离地面，由支腿承受作用力，并且利用液压系统可以自动调整水平；移动灵活。

500t以上的自行汽车吊具有支腿受力监测系统，可用于吊装过程中在线监测对地面的作用力，适宜在地面承载能力无法预见的情况下使用。500t自行汽车吊4条支撑腿下的路基条件若出现差异而引起不同沉降，起重机具有的自动调整功能可及时进行水平修正，而履带吊若半边在永久道路上，半边在临时平台上，一旦二者出现不同沉降后果不堪设想。选用汽车吊，可以减少临时吊装的面积，对地面承载后难以预见的沉降量的控制要求相对较低，减少了起重作业中安全保障的不可预见性。

3）自爬升式起重机：这是一种专门为大型风力发电机组安装设计的专用起重机。这种起重机没有自行走能力，由吊臂、转台、自爬升装置等部分组成，运输时拆解成部件用汽车装运，达到安装现场后再组装使用。自爬升式起重机只能用于特定截面形状的塔架，通用性差；安装和工作时容易对塔架防腐层造成损伤。

（2）吊装方案的制定　吊装前，吊装指挥和起重机械操作人员要共同制定吊装方案，并绘制起重机械站位图。吊装指挥应向起重机械操作人员交代清楚工作任务。制定吊装方案时应考虑以下因素：

1）起重机械站位的地质条件及承载能力。

2）起重机械站位地方周围的环境条件，是否存在影响吊装作业的因素。

3）被吊装风力发电机组部件的体积、重量、重心位置及吊装索具。

4）气象条件对吊装的影响。

由于风力发电场均地处风力较大地区，风速经常超过起重机作业所允许的范围，而影响吊装计划的正常实施，选择合理的吊装时间是风力发电场建设中的一个关键。应了解并分析现场的风力资源数据，哪个时段风速相对较低，能够满足起吊要求，就把施工时间安排在该时段完成起吊难度较大的施工作业，而在其他时间安排塔内工作或地面工作，这样可以提高吊装效率。

（三）吊装的安全要求

1）吊装现场必须设专人指挥。指挥人员必须具有安装工作经验，执行规定的指挥手势和信号。

2）起重机械操作人员在吊装过程中负有重要责任。

3）应有吊装现场的风力发电机组和起重机在吊装过程中的位置图。

4）在平均风速大于10m/s时或雷雨天气时不允许进行起重作业。遇有大雾、雷雨天气、照明不足，指挥人员无法看清各工作地点，或起重机械驾驶人员看不到指挥人员时，不得进行吊装作业。

5）吊装前吊装人员必须检查起重机各零部件，正确选择吊具。

6）吊装前应认真检查风力发电设备，吊装物应固定牢靠，防止物品坠落，发生意外。

7）所有吊具调整工作应在地面进行，在起吊过程中，不得调整吊具。在吊绳被拉紧时，不得用手接触起吊部位，以免碰伤。不得在吊臂工作范围内停留。塔上协助安装指挥及工作人员不得将头和手伸出塔筒之外。

8）机舱、叶片、风轮的起吊风速不能超过安全起吊数值。安全起吊风速大小应根据风力发电设备的安装技术要求决定。

二、塔架安装

（一）塔架吊装要求

1）塔架起吊前应检查所固定的构件是否有松动和遗漏。

2）塔架的吊装方法是：塔架的下段与机舱是一台风力发电机组中重量最大的两个部件，吊装使用的起重机的标称吨位就是根据它们来选定的。为避免吊装时塔架被擦伤，还需配备一台小型重机配合"抬吊"，使塔架底面在竖立过程中脱离地面。一般塔架的吊装都是一次将塔架所有几段全部吊装完成。塔架吊装时，由于连接用的紧固螺栓数量多，紧固螺栓占用时间长，有可能在起重机不移动的前提下，起重机可穿插进行其他吊装作业。

图4-1　塔架的吊装方法

汽车吊移动比较方便，可采用流水作业方式一次连续吊装多台，以提高起重机利用率。特别是需要地平上调整法兰的，采用地脚螺栓的风力发电机组塔架，耗时更长。塔架的吊装方法如图4-1所示。

3）起吊塔架吊具必须齐全，最好使用塔架自带的吊具。起吊点要保持塔架直立后下端处于水平位置，并应使用导向绳导向。

4）塔架起吊后要缓慢移动，使塔架法兰孔对准对应的基础地脚螺栓或法兰孔位置后轻轻放下，并按照对称拧紧方法拧紧紧固件，以保证受力均匀。

（二）塔架吊装的步骤

1）风机运输车辆按照塔架底、中、上的顺序进入吊装现场，并且在将要吊装的塔架离开拖车后立即开动，让开吊装场地，使其他塔架的运输车辆到位。

2）检查塔架是否完整和损坏，清理塔架连接法兰表面的污迹和铁锈，检查塔架在运输过程中是否有面漆损伤，必要时在清洗完工后补漆或采取必要措施；检查塔架内爬梯、电缆通道固定是否牢固。同时在塔架平台上固定下一步工作所需要的部件、工具材料等。

3）分别固定两套底段上法兰的专用吊具及1套下法兰专用吊具。上法兰吊具安装在上法兰的9点钟和15点钟位置，使用卡环和钢丝绳挂钩，两绳夹角为29°，使用起重机主吊摆杆时，吊钩投影应在塔架上法兰平面上。下法兰吊具安装在下法兰12点钟位置，使用卡环和一根钢丝绳两股挂钩。

4）主起重机主吊和50t轮胎吊同时缓缓起钩，将塔架底端吊起离开拖车一段距离，检查起重机地基和机械情况无误后拖车离开吊装现场。底段塔架重量（包括内件、0.5t吊具）：1.5MW风机塔架底段重量（含吊具、附件）为51t，主吊使用半径为28m，额定负荷为48t，实际负荷塔架为22t+4.0t（包含吊具、吊钩和钢丝绳），负荷率为54%。钢丝绳60.5-NAT60×37SW+FC×8.2m的破断拉力为197t，两股起吊，起吊夹角为29°，安全系数为13.6。

50t轮胎吊使用12.8m主臂工况，半径为5m，额定负荷为39.8t，实际负荷为29t（包含吊具等），负荷率为72.8%。钢丝绳两股挂钩，安全系数为6.9。

5）两起重机同时徐徐吊起塔架底段离开运输车辆约1m后，运输车辆驶离施工现场；清洗塔架底段未清洗的表面污物，必要时补漆或采取必要措施。主起重机履带吊缓缓起钩并慢慢摆杆，50t轮胎吊配合履带吊摆杆直到塔架底段完全竖立为止，在竖直过程中，50t轮胎吊保持塔架底段的下法兰面不能接触地面；然后摘掉50t轮胎吊侧面的吊具。此时，主吊半径为20m，额定负荷为70t，实际负荷为55t（包含吊具、附件、吊钩等），负荷率为78.6%，钢丝绳安全系数为6.8。

6）履带吊起钩并将摆杆停留在基础环上方，然后落钩（如有需要，底段塔架下平台可先拆除），当塔架底段下法兰平面距基础环法兰平面约10cm时停止，利用对中螺栓将塔架下段安装在基础环上，注意两法兰零位标记一定要对正。落钩后安装预先设置好的螺栓（M36×265，10.9级）、涂垫片和螺母，注意螺栓必须由下向上穿，垫片内孔倒角必须朝向螺栓头和螺母。履带吊落钩过程中一定要平稳，调整塔架底部拴好的揽风绳以确保顺利就位。

7）使用液压扳手紧固高强度螺栓，液压扳手的力矩撑臂（位置60级可调）压在已经紧固的螺栓上，按升序在轴点Ⅰ~Ⅳ顺时针拧紧螺栓。使用另一套液压扳手在轴线Ⅱ~Ⅲ上顺时针同步拧紧螺栓。先用1400N·m的力矩，最后采用相同的步骤用2800N·m的力矩把螺栓拧紧。在预拧紧过程中用梅花扳手阻止螺栓随着螺母转动。

8）将螺栓全部拧紧后履带吊落钩，施工人员摘掉钢丝绳和专用吊具，整理塔架内部饰件和内部线路。

9）使用相同的方法将剩余的两段塔架吊装完毕。螺栓在连接法兰的穿入方向必须一致，拧紧力矩符合设计要求。

10）塔架安装结束后，开始连接每段爬梯接头，使其平直连接起来，并安装第一段塔架门前的进入梯子，用扭力扳手按设计要求的力矩值进行预拧紧，固定爬梯上所有螺栓使其达到要求的力矩。

（三）塔架安装工艺

（1）塔架与基础环连接

1）塔架吊装前，结构上不设下平台，控制柜直接放置在塔内砼基础上的，在吊装下段塔架前，应先使控制柜就位。控制柜安装在支撑平台上的，应先将支撑平台安装在塔内砼基础上，然后将塔底控制柜和变流器柜按图样要求安装在支撑平台上。

2）清洁塔架油漆表面，对漆膜破损处补漆处理；清理塔架下段下法兰端面及基础环上法兰端面，在基础环上法兰端面上涂密封胶。

3）根据风力发电机组安装手册，采用大吨位主起重机与小吨位副起重机双机抬吊塔架，预先将主副吊具固定于两端法兰上，通过吊具主起重机吊塔架小直径端，副起重机吊塔架大直径端，双机将塔架吊离地面后，在空中转90°，副起重机脱钩，同时卸去该端吊具。

4）下段塔架工作门按标记方位对正后，徐徐下放塔架，借助两根小撬杠对正螺孔后，在相对180°方位先插入两只已涂过 MoS_2 油脂的螺栓，手拧紧后，再将其余所有涂好 MoS_2 油脂的螺栓插入，用手拧紧，按对角拧紧法分两次拧紧螺栓至规定力矩。在第一次拧紧螺栓后去除主起重机吊钩。

5）塔架中、上段按上述双机抬吊方法依次安装，对接时注意对正塔内爬梯。塔架紧固连接后，用连接板连接各段间爬梯，并将上、中、下段间安全保护钢丝网按规定方法固定。

6）若不立即吊装机舱总成和控制柜时，应将工作门锁住。

（2）塔架通过地脚螺栓与基础连接

1）塔架吊装前首先将塔内控制柜安装好。清理基础表面，去掉地脚螺栓防锈包装，将所有地脚螺栓上的下调节螺母的上端面调至同一水平面。

2）塔架清洁后，按前述双机抬吊法使塔架纵轴线铅垂，借助小撬杠使塔架下法兰螺栓孔与所有螺栓对正，下放塔架使所有地脚螺栓插入下法兰孔中。

3）待下法兰下端面与下调节螺母接触后，将地脚螺栓总数的1/3上调节螺母拧入，稍放松起重机吊绳，并按对角拧紧法紧固至约相当70%的规定力矩。

4）塔架下段安装后检查垂直度，塔架中心线的垂直度应不大于塔架高度的1‰。用U形连通管法或经纬仪检验塔架上法兰上平面与水平面的平行度及纵轴线与水平面的垂直度，并用调节螺母调节，使其达到安装手册的标准要求后，紧固螺母，并把其余螺母全部上紧，去除起重机吊钩。

5）依次把中、上段塔架用双机抬吊法进行安装，并按规定拧紧力矩用对角拧紧法分两次紧固连接螺栓。

6）塔架安装后应检查其安装位置，如果误差较大应进行调整，防止挤压螺栓。重复4）的操作，复验平行度和垂直度，若未达到要求，采用调节地脚螺栓的方法使之达到要求。

7）按安装手册要求，进行二次混凝土浇筑，把塔架下法兰下端面与基础上平面之间的环状空间填满。应注意的是，要按工艺要求采用填加早凝剂的膨胀水泥，当浇筑采用手工捣固时应充分。

三、机舱的吊装与安装

（1）机舱的吊装注意事项

1）机舱安装前应对叶片、机舱、轮毂、延长段的重量、外形尺寸、重心位置列出详细的图和表进行说明。

2）机舱安装前应清理干净。打开铰链式机舱盖，或拆下水平剖分式机舱盖，清理机舱内底板表面的油污，搬去所有不相干的暂放物品，固定电力电缆和控制电缆。将轮毂前平盖板，机舱内各有关护罩、紧固螺栓等固定在机舱内。

3）清理塔架上法兰平面和螺孔，去除机舱运输时的固定螺栓，在塔架法兰上平面涂密封胶，在连接塔架与机舱偏航轴承的紧固螺栓表面涂 MoS_2 油脂，绑好稳定机舱用的导向拉绳。

4）挂好钢丝绳吊具，调整其长度，使机舱的偏航轴承下平面在试吊时处于水平位置，若调不出水平状态，应按安装手册提示，使用足够起重量的手动吊葫芦调平。

5）起吊机舱时，起吊点应确保无误。在吊装中必须保证有一名工程技术人员在塔架顶部平台协助指挥起重机司机起吊，起吊机舱必须配备对讲机。

6）起吊机舱至塔顶法兰上方，使两者位置大致对正，间隙约在 10mm 时，调整并确认机舱纵轴线与当时风向垂直。机舱的吊装示意图如图 4-2 所示。

图 4-2　机舱的吊装示意图

7）利用二只小撬杠定位先装上几只固定螺栓，并拧入螺母，缓慢下放机舱至间隙为零，但吊绳仍处于受力状态，用手拧紧所有螺栓后放松钢丝绳吊绳。

8）对螺纹紧固件的螺纹表面应进行润滑，按对角拧紧法分两次拧紧螺栓至规定力矩，去除钢丝绳。

9）装有水平剖分机舱盖的机舱，与机舱盖分先后两次吊装。

10）安装偏航制动器，接通液压油管。

（2）机舱吊装步骤

1）机舱是风力发电机组的核心部件，为整体组装供货，机舱净重 50～80t，安装附件（避雷针、测风设备等）后，总重增加 0.5t。打开机舱包装，检查机舱罩表面是否有污物和磨损，并做清洗和相应修补，检查机舱在运输过程中有无损伤，并做好记录和采取相应的处理措施。主吊将安装的工器具、材料等吊放至塔架顶端的平台上。

2）运输机舱的拖车进入指定位置（机舱的吊点到履带吊回转中心的距离为 20m）。使用机舱专用吊具将机舱从运输车辆上吊起并放置在平坦的地面上。如果地面不是平坦的，可在机舱底座下面垫上道木进行找平。履带吊使用 SW 型 91m 主臂工况，工作半径为 20m，额定负荷为 70t，实际负荷为机舱 58.5t（含附件）+ 吊钩和钢丝绳（4t）+ 吊具（0.5t），共 63t，负荷率为 91.4%。机舱吊装时应采用机舱的固定吊点。

3）使用过滤器总成泵将齿轮油注入齿轮箱内，直到油位上升到油表可见的高度。

4）从机舱的后壁上取下运输固定装置后，用螺栓和钢板在主机架旁安装机舱起重机，然后安装机舱侧面的玻璃与顶面玻璃钢。注意：前部进气口处是起吊部位，应在机舱就位后安装。

5）按照吊装手册的要求将冷却管安装在水冷系统的散热器上；使用棘轮扳手将测风仪总成安装在机舱的玻璃钢顶盖上。螺栓要使用胶粘剂。

6）将连接机舱和塔架法兰的螺栓使用润滑脂润滑后，放在机舱中。同时将液压扳手、55mm 两用扳手等安装机舱使用的工具和辅助装置放入机舱内。

7）履带吊使用专用吊具将机舱吊起 1m 左右，将运输支架拆掉并使用刷子、抹布和玻璃钢清洁剂清洁整个玻璃钢罩外部的污物、灰尘等，并修复因运输而受损的部位。将定位螺栓安装在偏航齿圈的螺纹孔中。两个定位螺栓的距离约为齿圈直径的 1/3。

8）履带吊将机舱缓缓吊起，在起吊过程中，要拉紧拴在齿轮箱法兰上的揽风绳，防止机舱意外转动。地面起重指挥人员随着机舱的起升指挥不方便时，由塔架上的施工人员接替指挥。待机舱下部完全超过塔架顶约 20cm 时，履带吊臂杆距机舱顶约 0.9m。塔架上指挥人员指挥起重机和揽风绳将机舱就位在塔架顶端，注意机舱齿轮箱法兰方向指向履带吊，以确保下一步风轮的安装。

9）待全部螺栓穿入螺孔并装好螺母后将导向螺杆更换为紧固螺栓。用 55mm 专用扳手、带 55mm 套筒的棘轮扳手拧紧。最后使用液压扳手将连接螺栓拧紧到 2800N·m 的力矩，然后使用扭力扳手（20～200N·m）将挡油圈安装到塔架法兰上。

10）按照吊装手册的要求去除油冷却器、冷却器通风管道和排气管道、排气盖之间的帆布袋，然后加入冷却液并检查其系统压力，最后将玻璃钢后壁上的电缆孔洞硅胶密封。

11）将齿轮箱上润滑冷却回路的回油管打开，然后把软管端放入一个 10L 的容器中并起动润滑油泵，大约泵出 5L 润滑油，对齿轮箱润滑冷却回路进行冲洗。恢复回油管后，加入齿轮油到正确的油位。

12）使用清洁剂清洁偏航齿轮，并用刷子涂抹润滑脂进行润滑。检查锁紧螺栓在 3 个锁紧孔位置的性能，如果有问题要进行修复。

13）使用履带吊吊起前部进气口处，安装在机舱上。

四、风轮和叶片的装配与安装

（一）风轮的组装

（1）风轮组装工艺 风轮的组装需要在吊装机舱前提前完成，在地面上将三个叶片与轮毂连接好，并调好叶片安装角，成为整体风轮；然后把装好全叶片的风轮起吊至塔架顶部高度后与机舱上的风轮轴对接安装。风轮组装的工艺如下：

1）风轮组装在风力发电机组安装现场进行。组装前安装点应清理干净、相对平坦，垫木、叶片支架及吊带、工具、油料均应备齐到现场，风轮轮毂、叶片均已去除外包装、防锈内包装，工作表面擦拭干净。

2）使用叶片专用吊具、吊带将叶片水平起吊到叶片根部与轮毂法兰等高，调节变桨轴承使其安装角标记与叶片上的安装角标记对准。要求轮毂迎风面与叶片前缘向上。

3）小心谨慎地分别把三支叶片上的连接螺栓穿入变桨轴承或轮毂的法兰孔中，确认各叶片安装角的相对偏差没有超过设计图样的规定后，按对角拧紧法分两次将连接螺栓拧紧至规定力矩。

4）安装前两支叶片时，轮毂连接螺栓上紧后，起重机不能松钩。松钩前需要利用支架分别将叶尖部分支撑好，提前松钩将会造成轮毂倾覆。当三支叶片全部安装完后，轮毂的受力处于平衡状态，这时可以去除叶尖下的全部支撑物。

5）对于利用叶尖进行空气动力制动的叶片，应安装调整好叶片的叶尖。

6）进行以上操作时，均应按安装手册在相关零件表面涂密封胶或 MoS_2 润滑脂。

（2）1.5MW 风轮组装实例

1）风机轮毂尺寸为：长×宽×高 = 4.1m×3.3m×4.62m，重 19t。叶片尺寸为：长×宽×高 = 37.5m×3.0m×3.0m，每个重 6t，共 3 个，组合后总重 37t。

2）清理叶轮组合场地（直径约 80m），用道木将轮毂放置处找平，并垫高约 0.75m。使用轮毂专用吊具，风机叶片由大型平板拖车进入现场，然后卸车。

3）对轮毂进行安装前的检查，清理 3 个轴承法兰平面和轮毂与低速轴连接法兰平面，检查有无损伤，做好相应的记录并采取相应的措施。将曲柄盖安装在轮毂罩的侧面部件上。将楔形盘吊起安装到叶片螺栓上，要注意楔形盘的正确安装位置。拆下工作位置和顺桨位置传感器。按照叶片安装到轮毂上的位置适当调整叶片的方位。

4）对叶片和轮毂进行组合，使用叶片专用吊具，在确定好的吊点处将叶片吊装到轮毂上。稍稍转动并加以控制，注意叶片的正确位置。使用 36mm 呆扳手。为了便于安装，要使用一个专用的控制柜，通过变桨轴承来调整。另外必须断开变桨电动机及其制动器，并与控制柜的电缆相连接。拆下临时的节距固定装置。检查叶片表面有无损伤，并做好记录。

5）叶片与轮毂连接前，应在叶片螺栓上涂抹润滑剂，使用液压扭力扳手按规定的力矩将叶片螺栓分三步拧紧：第一步拧紧力矩为 800N·m；第二步拧紧力矩为 1000N·m；第三步拧紧力矩为 1250N·m。在拆下吊具之前，要在叶片重心外部的下方加垫一个形状与叶片外形相适应且高度可调的支架，以保证叶片不能接触地面。

6）重复上述步骤，完成其他两个叶片和轮毂的组装工作，并在 3 个叶片上安装倒雨槽。

（二）整体风轮的吊装

（1）风轮吊装步骤 风轮的吊装采用两台起重机或一台起重机的主、副钩"抬吊"方法，由主起重机或主钩吊住上扬的两个叶片的叶根，完成空中90°翻身调向，松开副起重机或副钩后与已装好在塔架顶上的机舱风轮轴对接，具体步骤如下：

1）工作现场必须配备对讲机。保证现场有足够人员拉紧导向绳，以保证起吊方向，避免风轮叶尖碰着地面和塔架，以免损伤叶尖或触及其他物体。

2）用两副吊带分别套在轮毂两个叶根处，另一条吊带套在第三个叶尖部分，主要作用是保证在起吊过程中叶尖不会碰地。同时分别把三根导向绳拉绳在叶片上绑好，导向绳长度和强度应足够。叶片起吊示意图如图4-3所示。

图4-3 叶片起吊示意图

3）主起重机吊钩或主钩吊两个叶根吊带，副起重机吊钩或副钩吊第三个叶片吊带。首先水平吊起，在离开地面几米后副起重机吊钩或副钩吊带停止不动。在主起重机吊钩或主钩继续缓慢上升的过程中，使风轮从起吊时状态逐渐倾斜，当风轮轮毂高度超过风轮半径尺寸约2m时，副起重机吊钩或副钩缓慢下放使吊带滑出，风轮只由主起重机或主钩吊住，完成空中90°翻转。通过拉三根拉绳，使风轮轴线处于水平位置，继续吊升风轮使与机舱主轴连接法兰对接。风轮空中完成90°翻转的状态如图4-4所示。

4）安装人员系好安全带，由机舱开口处从外部进入风轮轮毂中心，松开机舱内风轮锁定装置，转动齿轮箱轴，使主轴与风轮轮毂法兰螺孔对正。

5）穿入轮毂与主轴的固定螺栓，完成固定螺栓的紧固工作。当已紧固的螺栓数超过总数一半（安装手册另有规定时按规定数）且其在圆周较均匀分布时，重新将风轮锁定，完成其余螺栓连接作业，并按规定力矩拧紧。

6）在轮毂内的安装人员撤回机舱，刹紧盘式制动器，松开并去除主吊带。

（2）1.5MW风轮吊装实例

1）使用刷子和抹布、清洁剂清洗整个叶片的玻璃钢表面。使用玻璃钢修补材料修复叶片的表面损伤。将叶轮螺栓及其必要的工具（包括55mm呆扳手、带55mm套筒的液压扭力扳手）放到机舱中。

2）使用清洁剂清洗叶轮与齿轮箱法兰连接的接触面，并在连接螺栓上涂润滑剂。使用履带吊和50t轮胎吊及专用吊带吊起叶轮。吊点必须事先由叶片供货商提供。将揽风绳固定在叶片上。将变桨电动机和制动与控制柜的连接电缆断开，并重新连接变桨电动机的电缆。松开轮毂和支架之间的螺栓连接。用两台起重机将叶轮提升一些，并用清洁剂清洗叶轮和齿轮箱法兰连接接触面，然后安装螺杆和定位螺栓，螺栓要使用黏结剂（仅用于螺杆）。

3）叶轮在吊装前应经过技术交底，明确分工职责后，开始吊装。提升叶轮，同时将其从水平位置旋转到竖直位置，通过两台起重机不同程度地提升来实现叶轮的旋转。主起重机慢慢地提升叶轮，辅助起重机只吊在叶轮的一个叶片上，控制其吊钩使朝下方的叶片的尖端离开地面2~3m。当叶轮达到竖直位置时，这时辅助起重机可以脱钩，主起重机将叶轮提升到齿轮箱法兰高度处。

图4-4　风轮在空中进行90°翻转

4）在定位螺栓的帮助下，将螺栓穿入齿轮箱法兰孔中，将叶轮安装到位。在提升过程中，叶轮由系在叶尖上的吊绳控制防止转动。在与齿轮箱传动轴连接时，必须使用系在第3根叶片上的吊绳，调整叶轮稍微前倾（约4°），以便于叶轮的安装。

5）当叶轮安装调整好并且第一批螺母拧紧之后，螺柱将定位螺栓替换下来。将剩余的叶轮螺栓安装在齿轮箱法兰上。要使用规定的齿轮箱润滑剂，在安装螺母后拆下叶片根部的吊具。使用液压扭力扳手利用2700N·m的力矩紧固螺母。最后将集电环体用螺栓（力矩为46N·m）安装在接头上，螺栓上要使用胶粘剂。

五、塔架内电气安装

电气安装一般采取流水作业方式，塔架安装好后立即进行塔架内电气安装，吊装好机舱后马上进行机舱内电气安装。这样做的目的是利用电力驱动风力发电机组的一些装置，为风力发电机组的安装提供一些方便。电气安装按以下要求进行：

1）电气系统及防护系统的安装应符合图样设计要求，保证连接安全、可靠，不得随意改变连接方式，除非设计图样更改或另有规定。

2）除电气设计图样规定连接内容外的其他附属电气线路的安装（如防雷系统）应按有关文件或说明书的规定进行。

3）控制柜就位：控制柜安装于钢筋混凝土基础上的，应在吊下段塔架时预先就位；控制柜固定于塔架下段下平台上的，可在放电缆前后从塔架工作门抬进就位。

4）铺设电缆之前应认真检查电缆支架是否牢固，然后放电缆使其就位。

5）电气接线。完成所有控制电缆、电力电缆及通信电缆的连接。

6）电气接线和电气连接应可靠，所需要的连接件，如插接件、连接线、接线端子等应能承受所规定的电（电压、电流）、热（内部或外部受热）、机械（拉、压、弯、扭）和振动的影响。

7）母线和导电或带电的连接件按规定使用时，不应发生过热、松动或造成其他危险的变动。

8）在风力发电机组组装时，发电机转向及出线端的相序应标明，应按标号接线，并在第一次并网时检查相序是否相同。

9）机舱至塔架底部控制柜的控制及电力电缆，应按国家电力安装工艺中的有关要求进行安装，应采取必要的措施来防止由机组运行时振动引起的电缆摆动和机组偏航时产生的绞缆。

10）各部位接地系统应安全、可靠；绝缘性能应不小于 $1M\Omega$。

六、安装检验项目及要求

安装检验是一项非常重要的工作，应给予高度重视，即设置专门检验员进行检验，以保证安装质量。具体安装检验项目及要求如下：

1）螺纹连接件的紧固力矩是否达到要求。

2）焊缝是否牢固，有无裂纹、夹渣等缺陷，连接强度是否可靠；钢焊缝手工超声波探伤方法和探伤结果分级应按《焊缝无损检测　超声检测　技术、检测等级和评定》（GB/T 11345—2013）执行；钢熔焊对接接头射线照相和质量分级应按《金属熔化焊焊接接头射线照相》（GB/T 3323—2005）执行。

3）机械零件的辐射保护。

4）电气设备的安装质量（如电缆铺设、接地设备和接地系统）。

5）液压系统管道是否泄漏。

6）塔架与地基、机舱与塔架的形位公差是否符合图样要求。

7）显示系统、警示标志是否清楚、齐全。

8）操作系统是否灵活、安全、可靠。

第三节　风力发电机组的调试与验收

一、安装现场调试

风力发电机组在工厂装配时都已经进行过台架调试试验，一般情况下机舱内的设备不会有什么问题。现场调试主要是解决叶片、轮毂、机舱、塔架、控制柜配套安装后可能出现的问题，应在调试结束后，使机组的各项技术指标全部达到设计要求。

（一）安装现场调试程序

1）调试前的检查。

风力发电机组安装工程完成后，调试工作由经过培训的人员或在专业人员的指导下进行。设备通电前的检查应满足下列要求：

① 现场清扫及整理工作完毕。

② 机组安装检查结束并经确认。

③ 机组电气系统的接地装置要连接可靠，接地电阻经测量应符合被测机组的设计要求，

并做好记录。

④ 测定发电机定子绕组、转子绕组等的对地绝缘电阻，应符合被测机组的设计要求，并做好记录。

⑤ 发电机等引出线的相序要正确，固定牢固，连接紧密；测量电压值和电压平衡性。

⑥ 使用扭力扳手将所有螺栓拧紧到标准力矩值。

⑦ 照明、通信、安全防护装置应齐全。

2）完成安装检查后，根据设备制造商规定的初次接通电源的程序要求接通电源。

3）起动机组前应进行控制功能和安全保护功能的检查和试验，确认各项控制功能和保护装置动作准确、可靠。

① 所有风力发电机组试验，应有两名以上工作人员参加。

② 风力发电机组调试期间，应在机组控制柜、远程控制系统操作盘处挂禁止操作的警示牌。

③ 按照设备技术要求进行超速试验、飞车试验、振动试验，正常停机试验及安全停机、事故停机试验。

④ 在进行超速的飞车试验时，风速不能超过规定数值。试验之后应将风力发电机的参数值设定调整到额定值。

4）检查风力发电机组控制系统的参数设定，控制系统应能完成对风力发电机组的正常运行控制。

5）首次起动宜在较低风速下进行，一般不宜超过额定风速。

（二）现场调试方法

调试工作应在调试前的检查完成后进行。

1. 风力发电机组的调试项目

按风力发电机组生产厂安装及调试手册规定，调试一般应包括以下项目：

1）检查主回路相序、断路器设定值和接地情况。

2）检查控制柜功能，检查各传感器、扭缆解缆、液压、制动器功能及各电动机起动运行状况。

3）调整液压系统压力至规定值。

4）起动风力发电机组。

5）定桨距机型叶尖排气，变桨距机型检查变桨距功能。

6）检查润滑系统、加热及冷却系统工作情况。

7）调整盘式制动器制动间隙。

8）设定控制参数。

9）安全链测试。

当某一调试项目一直不合格时，应停机，进行分析判断并采取相应措施（如更换不合格的元器件等），直至调试合格。

2. 调试报告

按风力发电机组生产厂安装及调试手册规定要求编写。

通常调试报告为固定项目的格式报告，采用"√"与"×"符号记录调试的结果状况，合格者用"√"符号标记，反之则用"×"。一些状态数据也可按实际数据记录。

下面以某机型风力发电机组现场调试报告为例来介绍调试报告的格式：

××××型风力发电机组现场调试报告 机组档案编号：×××

合格符号：√ 不合格符号：×

1) 调试时的环境条件：

① 10min 平均风速：_____（m/s）。

② 环境温度：_____（℃）。

2) 调试前各设备的状况：

① 偏航系统：自动偏航时偏航电动机不同转动方向时的功能检查（ ）

手动偏航时偏航电动机不同转动方向时的功能检查（ ）

② 齿轮箱：油位开关的性能（检查时风轮要锁定）（ ）

液压泵的工作性能（ ）

③ 发电机：发电机起动时的转动方向（ ）

发电机轴承温度：_____℃。

发电机绕组温度：_____℃。

④ 液压系统：叶尖工作压力的检查，调整（79~85bar）（ ）

机械制动器工作压力的检查，调整（ ）

⑤ 机械制动器制动块间隙（0.8~1mm）：_____mm。

制动器1及制动器2的功能（ ）

⑥ 开关额定值（参照电路图）

偏航电动机：I_{max} =（视实际机型而定）_____A。

齿轮液压泵：I_{max} =（视实际机型而定）_____A。

液压泵：I_{max} =（视实际机型而定）_____A。

提升机：I_{max} =（视实际机型而定）_____A。

偏航控制器中心位置设定（ ）

顺时针解缆设定（ ） 逆时针解缆设定（ ）

3) 计算机程序内各参数的设定（ ）

风轮最大转速：N_{max} =（视实际机型而定）_____r/min。

发电机最大转速：四极 Nf_{max}（5%）=1575r/min，六极 Nf_{max}（10%）=1100r/min。

大发电机最高温度：T =（实测值应不超过155℃）_____℃。

小发电机最高温度：T =（实测值应不超过155℃）_____℃。

齿轮油最高温度：T =（实测值应不超过100℃）_____℃。

10min 平均最大出力：P_{max} =（视实际机型而定）_____kW。

瞬时最大出力：P_{max} =（视实际机型而定）_____kW。

最大电压（10ms）：U_{max} =（视实际机型而定）_____V。

最大电压（50s）：U_{max} =（视实际机型而定）_____V。

最低电压（50s）：U_{min} =（视实际机型而定）_____V。

高频率：（200ms）f_{max} =（实测值应不高于51Hz）_____Hz。

低频率：（200ms）f_{max} =（实测值应不低于49Hz）_____Hz。

切出风速（10min 平均值）：v =（视实际机型而定）_____m/s。

最大风速：v=（视实际机型而定）　_____ m/s。

4）紧急停机

正常停机过程，叶尖动作或叶片顺桨时间：（实测值应不大于1~2s）_____ s。

叶片桨距角的设定与风力发电机组出力：

故障统计：

结论：

调试日期：　　　年　月　日至　月　日　　　调试人员：

二、试运行

当风力发电机组安装调试完毕后，在向业主（或用户）移交之前，两项重要的工作是风力发电机组值班员（运行维护人员）的操作培训和风力发电机组的试运行。

（一）试运行计划

由于风力发电机组在试运行前，系统安全保障措施未经过实际运行考核，试运行期间可能发生潜在的危险和问题，因此，必须首先制定风力发电机组"试运行检查与考核大纲"，同时对试运行期间可能发生的危险和问题做出预案。由于试运行是对风力发电机组的全面考验，必须使风力发电机组连续满负荷运行，所有可能的运行方式都需要演示，以发现系统各环节可能出现的问题。风力发电机组经过试运行的考验和磨合后，应做到系统对用户是安全的。最后由设计和施工单位起草"风力发电机组试运行情况报告"和"风力发电机组移交协议书"。

（二）试运行前控制系统的检查和试验要求

1）控制器内是否清洁、无垢，所安装电器的型号、规格是否与图样相符，电器元件安装是否牢靠。

2）用手操作的刀开关、组合开关、断路器等，不应有卡住或用力过大的现象。

3）刀开关、断路器、熔断器等各部分应接触良好。

4）电器辅助触点的通断是否可靠，断路器等主要电器的通断是否符合要求。

5）二次回路的接线是否符合图样要求，线段要有编号，接线应牢固、整齐。

6）仪表与互感器的电流与接线极性是否正确。

7）母线连接是否良好，绝缘子、夹持件等附件是否牢固可靠。

8）保护电器的整定值是否符合要求，熔断器的熔体规格是否正确，辅助电路各元件的接点是否符合要求。

9）保护接地系统是否符合技术要求，并应有明显标记。仪表计量和继电器等二次元件的动作是否准确无误。

10）用欧姆表测量绝缘电阻值是否符合要求，并按要求作耐压试验。

（三）试运行要求

1）风力发电机组经过通电调试后，进行试运行。

2）试运行按风力发电机组试运行规范进行。

3）试运行的时间依据制造商规定，但不应少于250h。

4）试运行期间应按表4-2的内容进行检查，并应符合产品技术要求。

表4-2　风力发电机组试运行期间应检查的内容

序号	零　部　件	检查内容
1	风轮/叶片	表面损伤、裂纹和结构不连续，螺栓预紧力、防雷系统状态
2	轴类零件	泄漏、异常噪声、振动、腐蚀、螺栓预紧力、齿轮状态
3	机舱及承载结构件	腐蚀、裂纹、异常噪声、润滑、螺栓预紧力
4	液压、气动系统	损伤、防腐、功能性侵蚀、裂纹
5	塔架、基础	腐蚀、螺栓预紧力
6	安全设施、信号和制动装置	功能检查、参数设定、损伤、磨损
7	电气系统和控制系统	并网、连接、功能、腐蚀、污物

5）试运行期间应根据设备制造商的规定对机组进行必要的调整。这些工作包括（但不限于）螺栓预紧，更换润滑油，检查零部件的装配和工作情况等。

6）应对试运行情况和控制参数及其结果进行记录。

7）试运行程序结束后，应按相应的试运行验收标准进行验收。

（四）试运行维护

1）试运行维护工作应由经过培训的人员或在专业人员的指导下完成。

2）机组的试运行和维护按《电压失压计时器技术条件》（DL/T 566—1995）、《风力发电场安全规程》（DL 796—2001）和《风力发电场检修规程》（DL/T 797—2012）的有关要求执行。

3）应按照制造商提供的产品说明书和运行维护手册的规定和要求，进行风力发电机组的操作和日常运行维护工作。

三、风力发电机组的验收

（一）验收程序

风力发电机组的验收分为预验收和最终验收。预验收主要考核机组的各项控制功能和安全保护功能，最终验收主要考核机组的可利用率、功率特性、电能质量和噪声水平。

1. 预验收

风力发电机组试运行期满后，确认风力发电机组的技术指标符合产品技术文件的规定时，供需双方签署预验收文件。

2. 最终验收

在合同规定的质量保证期满后，对风力发电机组的功率特性、电能质量、噪声、可利用率以及其他供需双方约定的内容进行验证，其结果应满足产品技术文件的规定。供需双方依据合同规定接受验收结果后签署最终验收证书。

（二）验收检验内容及试验方法

验收试验应在机组现场调试完成后（对竣工验收试验而言）或在机组质保期满后（对最终验收而言）由供需双方联合进行，必要时可委托第三方进行。

为保证验收能够及时顺利进行并通过综合性试验，验收试验要求的内容可在现场调试及试运行过程中进行，经供需双方同意，可将现场调试及试运行的结果作为验收试验的组成部分。

1. 螺栓连接的检查

（1）检查内容　应按制造商的规定对螺栓连接进行定期检查，目测螺栓表面是否存在锈蚀。对预紧力有控制要求的螺栓连接，应检查其预紧力是否有效。采用随机抽检的方式检查时，同一部位螺栓的抽检比例应不少于 10%。

（2）测量工具　预紧力可通过测量力矩的方法来验证，测量所使用的力矩测量工具应经过校准并在有效期内才可使用，其测量误差不应超过 ±2%。

（3）力矩标准　应按照制造商规定的程序和要求进行检查，也可按如下方法检查：

1）一般螺栓连接的检查力矩小于标称力矩的 20% 即可。抽检时若有松动，应按照标称力矩将同类螺栓全部拧紧。

2）关键螺栓连接按照 70% 的装配力矩值检查，在规定的预紧力作用下，螺栓不应松动。抽检时若发现松动，应将该螺栓连接副全部更换。

（4）其他注意事项

1）检查预紧力时，测试力矩应作用在螺母上。

2）更换锈蚀的螺栓、螺母。

3）环境温度宜在 -5℃ 以上。

2. 接地电阻的测量

（1）电极的布置　采用交流电流表—电压表法测量接地电阻，电极采用三角形布置，如图 4-5 所示。电压极与接地网之间的距离为 d_{12}，电流极与接地网之间的距离为 d_{13}，一般取 $d_{12} = d_{13} \geqslant 2D$，夹角 $\approx 30°$，D 为接地网最大对角线长度。测量时，沿接地网和电流极的连线移动三次，每次移动距离为 d_{12} 的 5% 左右，三次测得的电阻值接近即可。

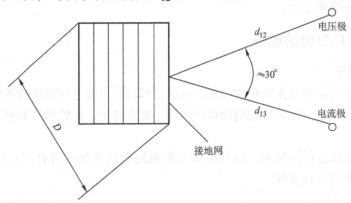

图 4-5　测量接地电阻电极的布置

接地电阻值应不大于设计要求，若无特殊规定，单台风力发电机组的接地电阻值应不大于 4Ω。

（2）接地电阻测量注意事项

1）测量时接地装置应与避雷线断开。

2）电压极、电流极应布置在与线路或地下金属管道垂直的方向上。

3）避免在雨后立即测量接地电阻。

4）允许采用其他等效的方法进行测量。

3. 控制功能的检查或试验

对风力发电机组控制器的控制功能进行下列检查和试验：

1）根据风速信号自动进行起动、并网和停机功能试验。

2）根据风向信号进行偏航对风调向试验。

3）根据功率或风速信号进行大、小发电机切换试验。

4）转速调节、桨距调节及功率调节试验（对于变速恒频机组）。

5）无功功率补偿电容分组投切试验（对于三相异步发电机机型）。

6）电网异常或负载丢失时的停机试验等。

7）制动功能试验，包括正常制动和紧急制动。

8）试验应按照制造商推荐的程序完成。

通过上述试验，确认各项控制功能准确、可靠。

4. 安全保护功能的检查和试验

（1）安全防护设施　检查机组的安全设施至少应包括：安全防护隔离装置；塔架爬梯防坠落装置；通道、平台；扶手、固定点；照明灯具；防火器材；电气系统防触电措施。上述装置的功能应满足设计要求。

（2）控制系统的安全保护功能　对风力发电机组的安全保护功能应进行检查和试验：

1）转速超出限定值的紧急关机试验。

2）功率超出限定值的紧急关机试验。

3）过度振动的紧急关机试验。

4）电缆的过度缠绕超出允许范围的紧急关机试验。

5）人工操作的紧急关机试验。

6）试验应按照制造商推荐的程序完成。

通过上述试验，确认各项安全保护功能准确、可靠。

5. 防腐检查

根据《机械产品环境参数分类及其严酷程度分级》（GB/T 14091—2009）确定机组的环境条件等级，采用金属喷涂或喷漆处理的结构应适应周围环境条件的要求。

采用目视比较法，检查外观防腐质量，要求防腐表面均匀，不允许存在起皮、漏涂、缝隙、气泡等缺陷，必要时可根据有关标准检查涂层的厚度和附着力。

6. 可利用率的评定

通常用可利用率指标来衡量风力发电机组的可靠性。可利用率的统计应从试运行结束后计算，即

$$可利用率(\%) = [(T_G - T_{WX})/T_G] \times 100\%$$

式中　T_G——规定时期的总小时数（h）；

　　　T_{WX}——因维修或故障情况导致风力发电机组不能运转的小时数（h），因外部环境条件原因的情况不作为故障处理。

可利用率指标应符合合同要求，但不应小于95%。

7. 机组功率特性测试

风力发电机组功率特性的测试方法按照《风力发电机组　功率特性测试》（GB/T 18451.2—2012）执行。

风力发电机组控制系统及监控系统所记录的功率和对应风速的统计数据，经适当修正后，可作为功率曲线的参考依据，但供需双方应达成一致。

8. 电能质量的测量与评估

风力发电机组电能质量的测试方法参照《风力发电机组　电能质量测量和评估方法》（GB/T 20320—2013）执行。

测试内容包括发电过程中的电压变化、电流变化、谐波、电压闪变、冲击电流等，其结果应符合设计要求。

9. 噪声测定

风力发电机组的噪声测试方法按照 IEC61400 - 11 执行。

在 10m 高度、8m/s 风速条件下测量的风力发电机组声功率级应不大于 110dB（A）。

（三）验收文件

应提供足够的资料，证明验收所要求的全部目的已经达到，验收资料和文件应包括工程概况，工程施工图，制造商提供的产品说明书、检查及试验记录、合格证件及安装、维护手册，安装报告、调试报告和试运行报告及验收报告等。

（1）工程概况　简要说明工程概况、工程实施与进度及参与工程单位情况等。

（2）工程竣工图　工程竣工图包括变更设计部分的实际施工图，设计变更的证明文件等。

（3）风力发电机组质量文件　由制造商提交的有效版本的产品说明书、运行和维护手册；以风力发电机组制造商名义提交的质量证书和经有关质量检验部门认可的产品合格证书，包括必要的检验试验报告。

（4）安装施工工程验收文件

1）由风力发电机组基础施工方提交的基础施工竣工验收资料。

2）由风力发电机组安装施工方提交的安装工程竣工验收资料。

（5）风力发电机组调试、试运行报告　由风力发电机组制造商提交的调试及试运行报告。

（6）验收试验报告　分别列出试验项目名称、条件、原始数据、表格，经整理、修正、计算和处理得出结果，并绘制出必要的特性曲线，出具正式的试验报告。

（7）最终验收结论和建议　根据有关试验结果，对机组性能指标和技术参数按照技术文件和合同要求进行认真评价，本着科学、真实、可信的原则得出最终验收结论。对工程建设过程中出现的问题进行分析总结，提出改进意见或建议。

注：根据需要，可在验收文件中附加必要的资料、报告、证明或图片。

（四）交付

试运行完成后，向用户提交安装检验报告和试运行验收报告，由用户验收。

安装的质量保证应符合《质量管理体系　要求》（GB/T 19001—2016）的要求。通过现场验收，具备并网运行条件。

复习思考题

1. 风力发电机组设备安装应收集的资料有哪 8 类？
2. 风力发电机组现场安装的施工组织包含哪些内容？
3. 确定单台机组安装施工顺序应遵循的 5 项原则是什么？
4. 编制设备安装施工技术措施主要包括哪 6 项内容？

5. 风力发电机组现场安装的 5 项要求是什么?

6. 现场安装场地有哪 8 条布置要求?

7. 风力发电机组安装基础的 4 项要求是什么?

8. 风力发电机组安装的 8 项安全措施是什么?

9. 现场安装对机组的要求有哪两条?

10. 对风力发电机组安装人员的两条要求是什么?

11. 风力发电机组安装计划编制的 5 项依据是什么?

12. 风力发电机组安装计划的 7 项内容是什么?

13. 风力发电机组设备验收的要求有哪两项?

14. 风力发电机组出厂时通常分为几部分进行包装?

15. 风力发电机组入库验收程序的 4 个步骤是什么?

16. 安装现场库房管理包括哪些工作?

17. 风力发电机组安装前准备工作的 12 条要求是什么?

18. 风力发电机组吊装机械有哪几种? 如何选择?

19. 风力发电机组影响吊装方案制定的 4 个因素是什么?

20. 风力发电机组吊装的安全要求有哪 8 条?

21. 风力发电机组塔架吊装的 10 个步骤有哪些要求?

22. 风力发电机组塔架安装工艺方法有哪几种?

23. 风力发电机组塔架与基础环连接安装的 6 条工艺要求是什么?

24. 风力发电机组塔架通过地脚螺栓与基础连接安装的工艺要求有哪些?

25. 风力发电机组机舱吊装的 10 项注意事项内容有哪些?

26. 风力发电机组机舱吊装的 13 个步骤是什么?

27. 风力发电机组风轮组装的 6 个工艺步骤包括哪些内容?

28. 风力发电机组整体风轮吊装工艺的 6 个步骤是什么?

29. 风力发电机组塔架内电气安装有哪 10 条要求?

30. 风力发电机组安装检验项目的 8 项要求是什么?

31. 风力发电机组安装现场调试程序步骤及其内容有哪些?

32. 风力发电机组安装现场调试前的检查项目有哪 7 项要求?

33. 风力发电机组安装现场控制功能和安全保护功能的检查和试验有哪 4 条要求?

34. 风力发电机组的 9 个调试项目是什么?

35. 风力发电机组试运行前控制系统的检查和试验的 10 项要求是什么?

36. 风力发电机组试运行有哪 7 项要求?

37. 风力发电机组验收程序分为几步?

38. 风力发电机组验收检验的内容包括哪些项目?

39. 风力发电机组验收文件包括哪些图样和文件?

第五章 风力发电机组各系统的试验

制动系统、液压系统和控制系统都是影响风力发电机组整体性能的系统，只有在风力发电机组现场安装工作全部完成后才能进行其功能的全部试验，因此将这一部分内容放在此处讲解。通过本章学习应了解制动系统、液压系统和控制系统的试验要求，熟悉各个系统的试验内容，掌握各个系统的试验操作方法。

第一节 制动系统的试验

制动系统关系到风力发电机的安全，而制动系统的一些关键部件（如制动器、液压系统等）又是由配套企业生产的，这些零部件要在现场装配后才形成完整的制动系统，因此制动系统必须经过严格的试验才能投入使用。试验机构和人员应有相应的资格证明，试验时应遵守相应的安全操作规程。

一、制动系统的试验准备

（一）试验条件

1）试验场地应有出现速度为 15~25m/s 风的概率，并应避免复杂的地形和障碍物。

2）试验应避免在特殊的天气（如雨、雪、结冰等）条件下进行。

3）空载试验可在符合试验工艺条件的车间进行，运行试验应在符合规定条件的风力发电场进行。

4）试验机组应随附有关技术数据、图样、使用说明书、安全操作规程、产品质量合格证等。

5）试验机组的装配与安装应符合安装使用说明书或相关标准的规定。

（二）试验准备

编制试验大纲并按规定程序进行确认；试验大纲应符合风力发电机组的安全操作规程。检查控制系统的控制逻辑及仪器仪表工作是否正确。记录试验时环境条件的有关数据：温度、湿度、气压、风速。

（三）试验用仪器与仪表

试验用仪器与仪表均应在计量部门检验合格的有效期内使用，并允许有一个二次校验源进行校验。试验中采用的仪器与仪表应满足下列要求：

1）温度传感器、风速传感器、风向传感器、气压传感器按《风力发电机组 功率特性测试》（GB/T 18451.2—2012）中的规定使用。

2）压力表根据机组的液压系统压力范围确定，准确度不大于 1%。

3）转速测量仪，测量准确度不大于 0.25r/min，转速范围为 800~1600r/min。

4）秒表的量程应大于 3min，计时准确度小于 0.5s/min。

5）塞尺应根据需要选定，准确度应小于 0.01mm。

6）指针式扭力扳手要根据测量部位的力矩大小来确定规格和准确度。

二、制动系统的试验内容和方法

试验进行的顺序为：外观检查→装配质量检查→空载试验→运行试验。外观检查和装配质量检查可平行进行，而后两项试验则必须在前面的试验项目检查合格后方可进行。试验内容和方法如下：

（一）外观检查

1）检查下列零部件的表面状况是否完好、清洁：叶尖、叶片、变桨距机构、轮毂、主轴、齿轮箱、联轴器、发电机、制动器、制动盘。

2）检查下列零部件的装配状态是否符合设计要求：叶尖旋转机构、变桨距机构、机械制动器、制动盘、联轴器、齿轮箱、发电机、液压系统。

3）绝缘和保护检查包括：电缆绝缘层有无剥落；电缆接头有无裸露；电气装置的固定是否符合设计要求，外壳是否完好。

4）密封和渗漏检查应按装配技术要求进行。此检查为目视检查，要求检验人员应有丰富的经验并对机组有相当的了解。检查部位包括：液压管路的接头处、液压缸、液压阀、液压泵站。同时应检查液压装置的外壳是否完好，固定是否符合设计要求。

（二）装配质量

1. 紧固力矩检查

紧固力矩检查应在规定装配状态下进行；检验时所使用的指针式扭力扳手应与检测的力矩相适应；检查项目应使用指针式扭力扳手按紧固件的数量进行随机抽检。当紧固件的数量少于8个时进行全检；当紧固件的数量大于8个少于24个时，随机抽检1/2但不少于8个；当紧固件的数量大于24个少于36个时，随机抽检至少12个；当紧固件的数量大于36个时，随机抽检1/4但不少于18个；检验过程中，如果出现不合格项，该部位的紧固件的紧固力矩应进行全部检查。紧固力矩检查的部位如下：叶片与轮毂、轮毂与主轴、主轴与齿轮箱、齿轮箱与联轴器、联轴器与发电机、发电机与机架、主轴承座与机架、齿轮箱与机架、液压站与机架、塔架与基础、偏航轴承及偏航驱动装置、叶尖制动液压缸、变桨距机构、机械制动装置、液压系统管路与接头，以及电气装置的连接、电缆及导线的紧固状态。

2. 装配精度

装配精度检查应在额定紧固力矩和规定装配状态下进行；非制动状态下的摩擦副间隙，用塞尺测量贴合部位的最大间隙和最小间隙；制动状态下的摩擦副的接合状况用着色法进行检验；变桨距机构和叶尖旋转机构的活动间隙应根据具体结构组成确定检验方法；制动力矩调整机构的调整状态按制动器的使用说明进行检验。装配精度检验部位和内容如下：机械制动器在非制动状态下的摩擦副间隙、机械制动器在制动状态时摩擦副的接合状况、变桨距机构在自由状态时的活动间隙、叶尖旋转机构在释放状态时的活动间隙、制动器力矩调整机构的调整状态。

3. 机械机构的灵活性检查

机械机构的灵活性检查应在额定紧固力矩和规定装配状态下进行。本项检查应由经验丰富的专业人员检验，判定下列机械机构的活动是否正常和是否存在卡滞现象：叶尖旋转机构、变桨距机构、制动器退距机构、制动器随位装置、制动器补偿机构。

（三）空载试验

1. 液压系统的工作状况试验

（1）系统压力　起动风力发电机组，待运行稳定后通过观察压力表或相关信号，记录系统压力和各子系统的压力，必要时调至额定压力。

（2）运行状态　在风力发电机组正常运行且液压系统压力正常状态下，分别调节相关系统的压力至额定值以下，观察并记录系统的响应。

2. 电气系统的检验

（1）控制信号的响应　在风力发电机组正常运行条件下，人为设置或通过控制系统设定有关的控制信号，观察并记录制动系统的响应。

（2）报警信号的响应　在风力发电机组正常运行条件下，人为设置或通过控制系统设定有关的报警信号，观察并记录制动系统的响应。

（3）反馈信号的响应　在风力发电机组正常运行条件下，人为设置与制动装置相关的触发信号，观察并记录制动系统的响应。

（4）状态信号的显示　在风力发电机组正常运行条件下，观察并记录制动系统相关装置的状态与状态信号显示得是否一致。

3. 操作模式的有效性检验

（1）自动控制模式　在风力发电机组正常运行条件下，将操作模式设为自动模式，试验并记录该模式下各种制动系统控制功能的响应。

（2）人工操作模式　在风力发电机组正常运行条件下，将操作模式设为人工操作模式，试验并记录该模式下各种制动系统的响应。

（3）自动模式屏蔽　在风力发电机组正常运行条件下，将自动模式设置为屏蔽状态，试验并记录自动模式下制动系统的响应。

4. 控制逻辑的有效性试验

（1）正常控制逻辑　将风力发电机组设置为自动控制模式，待运行稳定后人为设置正常控制逻辑的触发报警信号，观察并记录其运行状态及制动系统的响应。

（2）安全控制逻辑　将风力发电机组设置为自动控制模式，待运行稳定后人为设置安全控制逻辑的触发报警信号，观察并记录其运行状态及制动系统的响应。

（3）控制逻辑触发　在上述试验的过程中，观察并记录各种报警信号触发的控制逻辑是否与设计的触发条件一致。

（四）运行试验

1. 操作模式试验

（1）人工操作模式下制动系统的响应　将操作方式设为人工模式，起动风力发电机组，分别起动该模式下的各种控制功能，记录各种控制功能的系统响应。

（2）自动控制模式下制动系统的响应　将操作方式设为自动模式，起动风力发电机组，观察并记录其运行状态和系统的各种响应，条件允许时可在低速状态人为触发紧急制动。

（3）自动控制模式下的屏蔽试验　将自动控制切断或屏蔽，起动风力发电机组，观察并记录风力发电机组在自动控制模式下制动系统的响应。

上述试验至少进行三次，试验结果按《风力发电机组　制动系统　第2部分：试验方法》（JB/T 10426.2—2004）中附录B表B.1填写。

2. 控制方式试验

（1）正常控制逻辑下制动系统的响应　将风力发电机组设为自动控制模式，观察并记录其运行状态和制动系统的响应，条件允许时可人为设置正常控制逻辑的触发信号。

（2）安全控制逻辑下制动系统的响应　将风力发电机组设为自动控制模式，观察并记录其运行状态和制动系统的响应，条件允许时可人为设置安全控制逻辑的触发信号。

（3）控制逻辑的触发条件试验　将风力发电机组设为自动控制模式，观察或人为设置适当的报警信号，记录制动系统的响应。

上述试验至少进行三次，试验结果按《风力发电机组　制动系统　第 2 部分：试验方法》（JB/T 10426.2—2004）中附录 B 表 B.1 填写。

3. 工作方式试验

（1）正常制动方式的制动过程　在风力发电机组正常工作时，观察或人为设置适当的报警信号触发正常制动。记录一级制动装置和二级制动装置的投入顺序和投入过程。

（2）紧急制动方式的制动过程　在风力发电机组正常工作时，观察或人为设置适当的报警信号触发紧急制动。记录一级制动装置和二级制动装置的投入顺序和投入过程。

（3）两种制动方式的兼容性　在风力发电机组正常工作时，先投入正常制动，在正常制动过程中触发紧急制动，观察并记录制动系统的响应。

上述试验至少进行三次，试验结果按《风力发电机组　制动系统　第 2 部分：试验方法》（JB/T 10426.2—2004）中附录 B 表 B.1 填写。

4. 制动性能试验

制动性能试验应在风速大于 15m/s，且风力发电机组工作于额定功率附近的条件下进行。制动性能试验如下：

（1）正常制动方式的制动时间　在风力发电机组正常工作时，进行正常制动，用秒表读取从制动命令发出到风轮完全静止的时间，并记录。

（2）紧急制动方式的制动时间　在风力发电机组正常工作时，进行紧急制动，用秒表读取从制动命令发出到风轮完全静止的时间，并记录。

上述试验至少进行五次，取其算术平均值作为相应的制动时间，试验结果按《风力发电机组　制动系统　第 2 部分：试验方法》（JB/T 10426.2—2004）中附录 B 表 B.1 填写。

5. 协调性试验

协调性试验一般用于风力发电机组生产厂家的样机检验或用户有此项要求时。协调性试验如下：

（1）偏航状态下的协调性　在风力发电机组正常工作时的偏航状态下，分别进行正常制动和紧急制动；在制动状态下触发偏航控制信号，观察并记录制动系统的响应。

（2）解缆状态下的协调性　在风力发电机组的解缆状态下，人工起动风力发电机组；在机组正常工作状态触发解缆控制信号，观察并记录制动系统的响应。

本项试验至少进行三次，试验结果按《风力发电机组　制动系统　第 2 部分：试验方法》（JB/T 10426.2—2004）中附录 B 表 B.1 填写。

三、实验结果的处理

1）对于不符合《风力发电机组　制动系统　第 1 部分：技术条件》（JB/T 10426.1—

2004）和设计要求的试验项目，允许通过调试使该项目符合要求。

2）制动系统各项试验内容的试验结果，应按要求记录在规定的试验记录表中。

3）被试验的风力发电机组按照本部分试验完毕后，应立即写出被试验的风力发电机组制动系统的试验报告。试验报告格式按《风力发电机组　制动系统　第2部分：试验方法》中（JB/T 10426.2—2004）附录C填写。

第二节　偏航系统的试验

风力发电机组的试验、调试和检验工作是相互穿插、同步进行的。试验不合格的项目就必须进行调试，调整后再次进行试验，试验项目达到技术要求，则检验合格。若仍不能达到技术要求，还需要继续调试，如此循环往复一直调试到检验合格为止。

一、偏航系统的试验条件

（一）试验场地

1）试验时，试验场地的风速应为5~25m/s。

2）试验场地应避免复杂的地形和障碍物，并且有5~25m/s的风速出现的概率。

3）试验应避免在特殊的天气（如雨、雪、结冰等）条件下进行。

（二）被试验风力发电机组

1）被试验机组应随附有关技术数据、图样、安装说明书和运输、维护说明书等。

2）被试验机组应随附产品合格证。

3）被试验机组的安装应符合安装使用说明书和相关标准的规定。

4）被试验机组应符合《风力发电机组　设计要求》（GB/T 18451.1—2012）的相关要求。

（三）试验用仪器与仪表

试验中所使用的仪器、仪表和装置均应在计量部门检验合格的有效期内使用。允许有一个二次校验源（仪器制造厂或标准实验室）进行校验。对仪器与仪表的要求如下：

1）风速仪为《风力发电机组　功率特性测试》（GB/T 18451.2—2012）中6.2规定的风速仪。

2）风向测试仪为《风力发电机组　功率特性测试》（GB/T 18451.2—2012）中6.3规定的风向测试仪。

3）温度传感器为《风力发电机组　功率特性测试》（GB/T 18451.2—2012）中规定的温度传感器。

4）气压传感器为《风力发电机组　功率特性测试》（GB/T 18451.2—2012）中规定的气压传感器。

5）计时器的测量范围不小于1h，计时精度不大于15s/d。

6）压力表的测量范围为0~20MPa，准确度为±100Pa。

7）风向标应与被试验机组的风向标完全相同。

8）罗盘使用普通精度，记号笔一般等级即可。

9）塞尺的测量范围根据需要选用，准确度小于0.01mm。

10）测量装置要求如下：

① 角度测量装置的测量范围为0°～180°，准确度为±0.1°。

② 角度测量辅助装置的测量范围为0°～180°，准确度为±0.1°。

二、偏航系统的试验内容和方法

（一）试验前的准备工作

1. 记录试验环境条件

1）按照《风力发电机组　功率特性测试》（GB/T 18451.2—2012）中6.2的规定测取试验时的风速并记录。

2）按照《风力发电机组　功率特性测试》（GB/T 18451.2—2012）中6.3的规定测取试验时的风向并记录。

3）按照《风力发电机组　功率特性测试》（GB/T 18451.2—2012）中6.4的规定测取试验时的温度值并记录。

4）按照《风力发电机组　功率特性测试》（GB/T 18451.2—2012）中6.4的规定测取试验时的大气压值并记录。

2. 偏航系统的外观检查

1）检查偏航系统各部件的安装、连接和装配间隙是否符合图样工艺和有关技术标准的规定并记录。

2）检查偏航系统各部件表面是否有污物、锈蚀、损伤等并记录。

3）检查偏航系统各零部件的机械加工表面和焊缝外观是否有缺陷并记录。

（二）偏航系统的检验

偏航系统的检验应在风力发电机组台架总装完成后，进行空载试验。测试方法按照《风力发电机组偏航系统　第2部分：试验方法》（JB/T 10425.2—2004）进行。

1. 检验项目

（1）外观检查　偏航系统应安装、连接正确，符合图样工艺和技术标准规定；要求表面清洁，不得有污物、锈蚀和损伤。加工面不得有飞边、毛刺、砂眼、焊渣、氧化皮等缺陷。要求焊缝均匀，不得有裂纹、气泡、夹渣、咬肉等现象。

（2）地理方位检测装置的标定　地理方位检测装置的标定应在风力发电机组调试阶段进行标定，要求误差小于5°。

（3）偏航动作测试　要求正反向转动均匀平稳，不得有异常噪声和振动。

（4）偏航转速测试　要求实际平均转速与设计额定值偏差不超过5%。

（5）偏航定位精度测试　要求偏航动作完成后，风轮轴线与风向偏差的最大值不大于5°。

（6）偏航阻尼测试　要求实际总阻尼力矩与设计的额定值偏差不超过5%。

（7）偏航制动力矩测试　要求实际总制动力矩不小于设计额定值。

（8）解缆动作测试　分别对初期解缆、终极解缆和扭缆保护进行测试，要求动作准确可靠，不得有误动作。

2. 测试判定准则

偏航系统规定的检测项目要求必须100%进行，对于不合规定要求的检验项目，需对被测机组的偏航系统进行调试，直到测试项目符合本标准的规定要求；若调试后仍不满足规定要求，则判定为不合格。只有检验合格者才允许出厂并进行试验。

（三）地理方位检测装置标定试验

1）本试验应在被试验机组安装调试阶段进行。

2）在被试验机组的适当位置上画一条与风轮轴线平行的直线，或其水平投影与风轮轴线水平投影平行的直线。

3）将罗盘放置在该条直线上，并且使罗盘正北方向刻度线与该条直线重合，读出该直线与罗盘正北方向刻度线的夹角 α，然后手动操作偏航系统使 α 小于5°。

4）在被试验机组控制系统相关部分中进行设置，此时的标定方向即为地理方位检测装置的正北方向。

（四）偏航系统偏航试验

1. 偏航系统顺时针偏航试验

起动被试验机组后，使被试验机组处于正常停机状态，然后手动操作使偏航系统向顺时针方向偏航，偏航半周后，使偏航系统停止运转。这一操作至少重复三次，观察顺时针偏航过程中偏航是否平稳、有无异常情况发生（如冲击、振动和惯性等），记录顺时针偏航结果。

2. 偏航系统逆时针偏航试验

起动被试验机组后，使被试验机组处于正常停机状态，然后手动操作使偏航系统向逆时针方向偏航，偏航半周后，使偏航系统停止运转。这一操作至少重复三次，观察逆时针偏航过程中偏航是否平稳、有无异常情况发生（如冲击、振动和惯性等），记录逆时针偏航结果。

（五）偏航系统偏航转速试验

起动被试验机组后，使被试验机组处于正常停机状态，然后手动操作使偏航系统顺时针运转一周，再逆时针运转一周，然后复位。这个循环应反复三次。在每一个循环中，记录偏航系统顺时针运转一周所用的时间和逆时针运转一周所用的时间。偏航系统的平均偏航转速按照《风力发电机组偏航系统　第2部分：试验方法》（JB/T 10425.2—2004）的4.5.1的计算方法计算。

（六）偏航系统偏航定位偏差试验

1）将与被试验机组风向标完全相同的风向标安装于被试验机组控制系统的相应接口上，用该风向标替代被试验机组的风向标。

2）将该风向标安装于角度测量辅助装置上。

3）在被试验机组偏航系统和机舱的适当部件上安装角度测量装置。

4）使风向标的起始位置处于零点，并确认风向标和角度测量装置的安装是否正确。确认后，起动被试验机组，使被试验机组处于自动状态。

5）手动操作在风向标上任意取一个不同的角度，使被试验机组进行自动偏航一个角度，反复操作三次。

6）在角度测量装置上读出或人工计算出相对于任意取定角度的偏航角度，并将取定角度和偏航角度的数值记录在《风力发电机组偏航系统　第2部分：试验方法》（JB/T 10425.2—2004）的附录A的偏航系统试验原始数据记录表中。

7）按照《风力发电机组偏航系统　第 2 部分：试验方法》（JB/T 10425.2—2004）的 4.5.2.7 的计算方法进行数据处理，偏航系统偏航定位偏差取三个差值中的最大值。

（七）偏航系统偏航阻尼力矩试验

起动被试验机组后，使被试验机组处于正常停机状态，用压力表检查液压站上偏航阻尼调定机构的调定值是否与机组设计文件中规定的使用值相一致，然后在偏航制动器上安装压力表。待安装完毕后，确认压力表安装是否正确。确认压力表安装正确后，手动操作使偏航系统偏航任意角度并停止，反复运转三次。记录偏航过程中偏航制动器上安装的压力表的数值。按照《风力发电机组偏航系统　第 2 部分：试验方法》（JB/T 10425.2—2004）的 4.6 的计算方法进行数据处理，即可得到偏航阻尼力矩值。

（八）偏航系统偏航制动力矩试验

起动被试验机组后，使被试验机组处于正常停机状态，检查液压站上调定的偏航制动压力值是否与机组设计文件中规定的压力值相一致，然后在偏航制动器上安装压力表。待压力表安装后，确认压力表安装是否正确。确认压力表安装正确后，手动操作使偏航系统偏航任意角度，然后使偏航系统制动锁紧，反复运转三次。检查液压回路各个连接点是否有泄漏现象，并记录偏航制动时，偏航制动器上的压力表的压力值，取三个压力值中的最小值，按照《风力发电机组偏航系统　第 2 部分：试验方法》（JB/T 10425.2—2004）的 4.7 的计算方法进行数据处理，即可得到偏航制动力矩值。

（九）偏航系统解缆试验

1. 偏航系统初期解缆试验

在满足试验机组初期解缆的工况下，起动被试验机组后，使被试验机组处于正常停机状态。手动操作使偏航系统偏航到满足初期解缆的触发条件。确认后，观察被试验机组是否自动进行解缆并最终复位，记录试验结果。

2. 偏航系统终极解缆试验

起动被试验机组后，使被试验机组处于正常停机状态，并屏蔽偏航系统初期解缆触发条件。手动操作使偏航系统偏航到满足终极解缆的触发条件。观察被试验机组是否自动进行终极解缆并最终复位，记录试验结果。

（十）偏航系统扭缆保护试验

起动被试验机组后，使被试验机组处于正常停机状态，并屏蔽偏航系统初期解缆和终极解缆触发条件。手动操作使偏航系统偏航到满足扭缆保护的触发条件，观察被试验机组是否紧急停机，并记录结果。

三、试验结果的处理

偏航系统各项试验内容的原始数据应按《风力发电机组偏航系统　第 2 部分：试验方法》（JB/T 10425.2—2004）的规定，记录在偏航系统试验原始数据记录表中。记录表的格式和内容参见《风力发电机组偏航系统　第 2 部分：试验方法》（JB/T 10425.2—2004）的附录 A。

对于不符合《风力发电机组偏航系统　第 2 部分：试验方法》（JB/T 10425.2—2004）要求的试验项目，允许进行调试，使其满足技术要求。

被试验机组按照上述要求试验完毕后，应随即由试验机构写出被试验机组偏航系统试验报告。试验报告的格式和内容参见《风力发电机组偏航系统　第2部分：试验方法》（JB/T 10425.2—2004）的附录B。

第三节　控制系统的试验

控制系统试验的目的是为了验证风力发电机组控制系统及安全系统是否满足相关技术条件规定或设计规范要求，以保证风力发电机组运行时的稳定、可靠及安全。

一、恒速恒频控制系统的试验条件

（一）试验环境

进行并网型风力发电机组控制器及安全系统外场联机试验，其场地选择应满足《风力发电机组　功率特性测试》（GB/T 18451.2—2012）中对场地的要求。

（二）试验准备

1）被试验机组应附带《失速型风力发电机组　控制系统　技术条件》（GB/T 19069—2017）规定的技术文件。

2）被试验机组安装调试完毕，经检验应符合有关标准的要求。

3）检查被试验机组上的各类传感器及其安装规程是否符合其本身的标准规定，其性能和精度是否满足系统检测、控制和安全保护要求。

4）控制器出厂前已调试完毕，各项参数应符合相关机组的控制与监测要求；各类传感器调整完毕，整定值亦应符合相关机组检测与保护要求。

5）当机组出厂前进行控制器试验时，宜使用试验台进行机舱台架试验。

（三）测量仪器

试验用仪器与仪表应在计量部门检定有效期内使用，允许有一个二次校验源（制造厂或标准计量单位）进行校验。所需试验仪器与仪表见表5-1。

表5-1　控制系统试验用设备

序号	名　称	量　程	准确度或灵敏度	规　格
1	万用表	AC 0～1000V，DC 0～1000V	0.5级	—
2	钳形电流表	AC 0～1000A，DC 0～1000A	0.5级	—
3	绝缘电阻表	0～500MΩ，0～1000MΩ	5级	—
4	双踪数字存储示波器	输入电压：0～250V（带有10倍衰减器）	灵敏度：2mV/div	频带响应：0～200MHz
5	四线瞬态记录器	输入电压：0～250V（带有10倍衰减器）	灵敏度：2mV/div	频带响应：0～500MHz
6	工频耐压试验设备	技术性能应符合GB/T 17627.2—1998的要求	—	—
7	电磁兼容测试仪	技术性能应符合有关标准的要求	—	—

二、恒速恒频控制系统的试验内容和方法

（一）试验前的检查

1. 一般检查

一般检查主要包括检查电器零件、辅助装置的安装、接线以及柜体质量是否符合相关标

准和图样的规定。

1) 检查控制器内是否清洁，所安装电器的型号、规格是否与图样相符，电器元件安装是否牢靠。

2) 用手操作刀开关、组合开关、断路器等，不应有卡住或用力过大的现象。

3) 刀开关、断路器、熔断器等设备的电气连接和触头部分应接触良好。

4) 检查电器辅助触头的通断是否可靠，断路器等主要电器的通断是否符合要求。

5) 检查二次回路的接线是否符合图样要求，线段要有编号，接线应牢固、整齐。

6) 检查仪表与互感器的电流比与接线极性是否正确。

7) 检查母线连接是否良好，其支持绝缘子、夹持件等附件是否牢固可靠。

8) 检查保护电器的整定值是否符合要求，熔断器的熔体规格是否正确，辅助电路各元件的连接是否符合要求。

2. 电气安全检验

电气安全检验主要包括：控制柜和轮毂控制箱等电气设备的绝缘水平检验、接地系统检查和耐压试验。上述各项检查与试验分别遵照《低压系统内设备的绝缘配合　第1部分：原理、要求和试验》（GB/T 16935.1—2008）、《接地系统的土壤电阻率、接地阻抗和地面电位测量导则　第1部分：常规测量》（GB/T 17949.1—2000）、《低压电气设备的高电压试验技术　第一部分：定义和试验要求》（GB/T 17627.1—1998）和《低压电气设备的高电压试验技术　第二部分：测量系统和试验设备》（GB/T 17627.2—1998）的要求进行，主要内容如下：

1) 保护接地系统是否符合技术要求，接地端应有明显标记。计量表和继电器等二次元件的动作是否准确无误。

2) 用绝缘电阻表（摇表）测量绝缘电阻值是否符合要求，按要求作耐压试验。

（二）控制功能试验

1. 面板控制功能试验

按照试验机组操作说明书的要求和步骤，进行下列试验：

1) 机组运行状态参数的显示、查询、设置及修改，通过面板显示屏查询或修改机组的运行状态参数。

2) 人工起动：

① 起动：通过面板相应的功能键命令试验机组起动，观察发电机并网过程是否平稳。

② 立即起动：通过面板相应的功能键命令试验机组立即起动，观察发电机并网过程是否平稳。

3) 人工停机：在试验机组正常运行时，通过面板相应的功能键命令试验机组正常停机，观察风轮叶片扰流板是否甩出，变桨距叶片是否顺桨，机械制动器是否有效。

4) 面板控制的偏航：在试验机组正常运行时，通过面板相应的功能键命令试验机组执行偏航动作，观察偏航过程中机组运行是否平稳。

5) 面板控制的解缆：通过面板相应的功能键进行人工扭缆或解缆操作。

2. 自动监控功能试验

1) 自动起动：在适合的风况下，观察机组起动时发电机并网过程是否平稳。

2) 自动停机：在适合的风况下，观察机组停机时发电机脱网过程是否平稳。

3）自动解缆：在出现扭缆故障的情况下，观察机组自动解缆过程是否正常。

4）自动偏航：在适合的风向变化情况下，观察机组自动偏航过程是否正常。

3. 机舱控制功能试验

按照试验机组操作说明书的要求和步骤，进行下列试验：

1）人工起动：

① 通过机舱内设置的相应功能键命令试验机组起动，观察发电机并网过程是否平稳。

② 通过机舱内设置的相应功能键命令试验机组立即起动，观察发电机并网过程是否平稳。

2）人工停机：观察风轮叶片扰流板是否甩出，或叶片是否顺桨，机械制动器是否有效。

3）人工偏航：在试验机组正常运行时，通过机舱内设置的偏航按钮命令试验机组执行偏航动作，观察偏航过程中机组运行是否平稳。

4）人工解缆：在出现扭缆故障的情况下，通过机舱内相应功能按钮进行人工解缆操作。

4. 远程监控功能试验

1）远程通信：在试验机组正常运行时，通过远程监控系统与试验机组的通信过程，检查上位机收到的机组运行数据是否与下位机显示的数据一致。

2）远程起动：将试验机组设置为待机状态，通过远程监控系统对试验机组发出起动命令，观察试验机组的起动过程是否满足人工起动的要求。

3）远程停机：在试验机组正常运行时，通过远程监控系统对试验机组发出停机命令，观察试验机组是否执行了与面板人工停机相同的停机程序。

4）远程偏航：在试验机组正常运行时，通过远程监控系统对试验机组发出偏航命令，观察试验机组是否执行了与面板人工偏航相同的偏航动作。

（三）安全保护试验

1. 风轮转速超临界值

模拟方法是：起动小发电机，拨动风轮过速开关，使其从常闭状态断开，观察停机过程和故障报警状态。

2. 机舱振动超极限值

模拟方法是：分别拨动摆锤振动开关常开、常闭触头的模拟开关，观察停机过程和故障报警状态。

3. 过度扭缆（模拟试验法）

模拟方法是：分别拨动扭缆开关常开、常闭触头的模拟开关，观察停机过程和故障报警状态。

4. 紧急停机

模拟方法是：按下控制柜上的紧急停机开关或机舱里的紧急停机开关，观察停机过程和故障报警状态。

5. 二次电源失效

模拟方法是：断开二次电源，观察停机过程和故障报警状态。

6. 电网失效

模拟方法是：在机组并网运行时，在发电机输出功率低于额定值的 20% 的情况下，断开主回路断路器，观察停机过程和故障报警状态。

7. 制动器磨损

模拟方法是：拨动制动器磨损传感器限位开关，观察停机过程和故障报警状态。

8. 风速信号丢失

模拟方法是：在机组并网运行时，断开风速传感器的风速信号，观察停机过程和故障报警状态。

9. 风向信号丢失

模拟方法是：在机组并网运行时，断开风速传感器的风向信号，观察停机过程和故障报警状态。

10. 大发电机并网信号丢失

模拟方法是：大发电机并网接触器吸合后，将接触器的反馈信号线断开，观察停机过程和故障报警状态。

11. 小发电机并网信号丢失

模拟方法是：小发电机并网接触器吸合后，将接触器的反馈信号线断开，观察停机过程和故障报警状态。

12. 晶闸管旁路信号丢失

模拟方法是：晶闸管旁路接触器吸合后，将接触器的反馈信号线断开，观察停机过程和故障报警状态。

13. 1 号制动器故障

模拟方法是：强制松开高速制动，相应的同步触头吸合后，拨动制动释放传感器的模拟开关，观察停机过程和故障报警状态。

14. 2 号制动器故障（定桨距被动失速机型）

模拟方法同 1 号制动器故障。

15. 叶尖压力开关动作（恒速恒频机型）

模拟方法是：拨动叶尖压力开关，观察正常停机过程。

16. 齿轮箱油位低

模拟方法是：拨动齿轮油位传感器的油位低模拟开关并维持数秒（具体时间见机组操作说明书），观察停机过程和故障报警状态。

17. 无齿轮箱油压

模拟方法是：起动齿轮油泵，拨动齿轮油压力低模拟开关并维持数秒（具体时间见机组操作说明书），观察停机过程和故障报警状态。

18. 液压油位低

模拟方法是：拨动液压油位传感器的油位低模拟开关并维持数秒（具体时间见机组操作说明书），观察停机过程和故障报警状态。

19. 解缆故障

模拟方法是：分别拨动左偏和右偏扭缆开关并维持数秒（具体时间见机组操作说明书），观察停机过程和故障报警状态。

20. 发电机功率超临界值

模拟方法是：调低功率传感器电流比或动作条件设置点，观察机组动作结果及自复位情况。

21. 发电机过热

模拟方法是：调低温度传感器动作条件设置点，观察机组动作结果及自复位情况。

22. 风轮转速超临界值

模拟方法是：使机组主轴升速至临界转速，观察风轮超速模拟开关动作结果，机组停机过程和故障报警状态。

23. 过度扭缆（台架试验法）

模拟方法是：控制机舱转动，使之产生过度扭缆效果，当扭缆开关常开、常闭触头的模拟开关动作时，观察停机过程和故障报警状态。

24. 轻度扭缆（CCW 顺时针）

模拟方法是：控制机舱转动，使之产生轻度扭缆效果，当扭缆开关常开、常闭触头的模拟开关动作时，观察停机过程和故障报警状态。

25. 轻度扭缆（CCW 逆时针）

模拟方法是：控制机舱转动，使之产生轻度扭缆效果，当扭缆开关常开、常闭触头的模拟开关动作时，观察停机过程和故障报警状态。

26. 风速测量值失真（偏高）

模拟方法是：在机组并网运行时，使发电机负载功率低于 0.15% 额定功率，使风速传感器产生持续数秒（具体时间依机组操作说明书的规定）高于 8m/s 的等效风速信号，观察停机过程和故障报警状态。

27. 风速测量值失真（偏低）

模拟方法是：在机组并网运行时，使发电机负载功率高于 20% 额定功率，使风速传感器产生持续数秒（具体时间依机组操作说明书的规定）低于 3m/s 的等效风速信号，观察停机过程和故障报警状态。

28. 风轮转速传感器失效

模拟方法是：在机组并网运行时，使发电机转速高于 100r/min，断开风轮转速传感器信号后，观察停机过程和故障报警状态。

29. 发电机转速传感器失效

模拟方法是：在机组并网运行时，使风轮转速高于 2r/min，断开发电机转速传感器信号后，观察停机过程和故障报警状态。

（四）发电机并网和运行试验

1. 软并网功能试验（异步交流发电机机型）

使机组主轴升速，当异步交流发电机转速接近同步转速（一般为同步转速的 92% ~ 99%）时，并网接触器动作，发电机经一组双向晶闸管与电网连接，控制晶闸管的触发单元，使双向晶闸管的导通角由 0° 至 180° 逐渐增大，调整晶闸管导通角打开的速率，使整个并网过程中的冲击电流不大于技术条件的规定值。暂态过程结束时，旁路开关闭合，将晶闸管短接。

在上述试验过程中，通过瞬态记录器记录波形参数和并网过程中的冲击电流值，同时观察并网接触器和旁路接触器的动作是否正常。

2. 补偿电容器投切试验（异步交流发电机机型）

在机组并网运行时，通过调整异步感应发电机的输出功率，在不同负载功率下观察电容补偿投切动作是否正常。

3. 小发电机/大发电机切换试验（异步交流发电机机型）

在机组并网运行时，通过由小到大增加发电机负载功率，观察小发电机/大发电机切换过程。

在上述试验过程中，通过瞬态记录器记录波形参数和并网过程中的冲击电流值，同时观察并网接触器、旁路接触器及电容补偿投切动作是否正常。

4. 大发电机/小发电机切换试验（异步交流发电机机型）

在机组并网运行时，通过由大到小减少发电机负载功率，观察大发电机/小发电机切换过程。

在上述试验过程中，通过瞬态记录器记录波形参数和并网过程中的冲击电流值，同时观察并网接触器、旁路接触器及电容补偿投切动作是否正常。

（五）抗电磁干扰试验

风力发电机组控制系统的抗电磁干扰试验按照有关标准规定进行，所用的干扰等级可根据预期的使用环境选定。当存在高频电磁波干扰的情况下，各类传感器应不误发信号，执行部件应不误动作。

（六）其他试验

其他试验包括试验机组设计、制造单位或机组供需双方商定的其他试验，以及国家质量技术监督部门确定的其他试验。

（七）试验报告

试验报告内容及格式按《失速型风力发电机组　控制系统　试验方法》（GB/T 19070—2017）的要求书写。

三、变速恒频控制系统的试验条件

1. 试验环境

（1）并网型变速恒频风力发电机组控制系统　为满足并网型变速恒频风力发电机组控制系统的试验要求，应对变速恒频风力发电机组控制系统进行模拟测试、地面联机试验或现场测试。

1）模拟试验平台：模拟风力发电机组各类传感器信号，对控制系统的逻辑控制功能和信号模拟输出进行测试。

2）地面联机试验平台：包括控制系统、变流器的风力发电机组机舱在生产车间安装完好的情况下，由整机测试拖动平台工作，实现地面联机调试的目的。

3）现场测试试验：通常在风力发电机组安装完成，电气测试符合机组运行要求的状态下，进行风力发电机组控制系统的现场测试。

（2）并网型变速恒频风力发电机组电气变桨距控制系统　为满足并网型变速恒频风力发电机组电气变桨距控制系统的试验要求，应对变速恒频风力发电机组电气变桨距控制系统进行模拟测试、地面联机试验或现场测试。

1）模拟试验平台：模拟风力发电机组控制系统信号以及电气变桨距控制系统的负载信号，对电气变桨距控制系统的运行控制、电动机伺服控制功能进行测试。

2）地面联机试验平台：包括控制系统、电气变桨距控制系统的风力发电机组机舱在生产车间安装完好的情况下，电气变桨距控制系统接受控制信号，实现地面联机调试的目的。

3）现场测试试验：通常在风力发电机组安装完成，电气测试符合机组运行要求的状态下，进行风力发电机组电气变桨距控制系统的现场测试。

具体试验项目见《风力发电机组　变速恒频控制系统　第1部分：技术条件》（GB/T 25386.1—2010）。

2. 试验准备

试验机组应满足机组控制系统和电气变桨距控制系统的试验条件。检查安装在试验机组上的各类传感器及其安装规程是否符合其本身的标准规定，其性能和精度是否满足系统检测、控制和安全保护要求，设定值应符合风力发电机组检测与保护的要求。

3. 试验仪器

试验用仪器、仪表应在校核有效期内。所需试验仪器、仪表见《风力发电机组　变速恒频控制系统　第2部分：试验方法》（GB/T 25386.2—2010）的附录A。

四、变速恒频控制系统的试验方法

1. 电气测试

检查电器元件、辅助元件的安装、接线以及柜体质量是否符合相关标准和图样的规定。

2. 绝缘耐压测试

按《半导体变流器　通用要求和电网换相变流器　第1-1部分：基本要求规范》（GB/T 3859.1—2013）中7.2的规定进行试验。

3. 一般功能测试

（1）控制系统

1）塔底控制试验：

① 风力发电机组运行状态显示和参数的设置与修改。

② 手动起动：

a. 起动：操作人机界面相应的起动功能键，观察机组起动过程。

b. 快速起动：在测试状态下，操作人机界面相应的快速起动功能键，观察机组起动过程。

③ 手动关机：在试验机组正常运行时，操作人机界面相应的关机功能键，观察机组关机过程。

④ 手动偏航：在测试状态下，闭合安全链，操作人机界面相应的功能键，执行偏航动作，观察偏航方向是否与要求的方向一致，偏航角度是否准确，偏航过程中手动关机是否平稳。

⑤ 手动复位：操作复位键，观察机组是否清除故障标志，进入待机状态。

⑥ 手动解缆：在试验机组发生扭缆时，操作人机界面手动解缆键，观察机组是否能够按照操作指令进行解缆操作。

2）顶部控制试验：操作过程同"塔底控制试验"。

3）远程控制试验：操作过程同"塔底控制试验"。

4）自动控制试验：

① 自动起动：在满足自起动条件的情况下，观察变流器、变桨距系统工作状态及并网过程。

② 自动关机：观察机组脱网、叶片顺桨的过程是否正常。

③ 自动解缆：观察机组在扭缆情况下是否能够自动解缆及解缆过程是否正常。

④ 自动偏航：在风向发生改变时，观察机组自动偏航过程是否正常。

（2）电气变桨距控制系统　依照试验机组"电气变桨距控制系统操作说明书"的要求和步骤，进行下面的试验。

1）变桨距系统运行状态参数的显示、查询、设置或修改；通过人机界面查询或修改机组的运行状态参数。

2）手动起动：通过人机界面相应的功能键命令变桨距系统起动。

3）手动顺桨：在试验机组正常运行时，通过人机界面相应的功能键命令机组正常关机。

4）速度控制：通过人机界面可以分别对三个桨叶的运行方向和快慢速率进行点动控制。

5）位置控制：通过人机界面可以分别对三个桨叶进行位置控制，以及可以设置桨叶变桨速度和给定的位置。

6）位置区间往复运动控制：通过人机界面可以分别对三个桨叶进行位置区间的运动控制，还可以设置桨叶的变桨速度和位置区间及到达位置后的停滞时间。

7）校验：通过人机界面设置对桨叶进行0°或者顺桨角度校验，并可通过桨叶在正常运行区间内的三轴运行，对三个桨叶的角度进行修正。

4. 协调控制试验

（1）与变流器协调

1）通信试验（I/O控制）：正常通电后，观察变流器与控制系统之间能否进行正常通讯。通过人机界面或计算机观察变流器的状态信息以及测量数据，验证显示是否正确且数据一致，通信中断后能否发出有效的保护指令。

2）功能试验：在通信正常的情况下，控制系统发出起动、并网、关机、转矩设定值或功率设定值，观察变流器的起动、并网、关机过程以及是否稳定达到给定的转速或功率，验证控制系统对变流器的控制是否正确，同时变流器运行是否满足控制系统的要求，能否及时反馈运行状态信息。

（2）与电气变桨距控制系统协调控制

1）通信试验（I/O控制）：正常通电后，观察电气变桨距控制系统与控制系统之间能否正常进行通信。通过人机界面或计算机观察电气变桨距控制系统的状态信息以及测量数据，验证显示是否正确且数据一致，通信中断后控制系统能否发出有效的保护指令。

2）功能试验：单叶片独立变桨和三叶片统一变桨试验（从人机界面起动变桨测试子程序，该测试程序运行时确保发电机处于高速制动状态）。通过人机界面设置变桨速度和变桨目标角度，依次观察每个叶片独立变桨和三叶片同时变桨情况是否和人机界面的设定值一致。具体试验包括：

① 人机界面控制调桨：通过风力发电机组控制系统的人机界面进行变桨控制，包括对桨叶进行速度控制、点动控制、位置控制和往复区间控制。

② 自动起动：在适合的风况下，观察桨叶变化速率是否正常。

③ 自动关机：在适合的风况下，观察桨叶变化是否正常。

④ 恒转速试验：在风况适合且风力发电机组控制系统恒转速控制的条件下，观察桨叶变化是否正常。

⑤ 恒功率试验：在工况适合且风力发电机组控制系统恒功率控制的条件下，观察桨叶变化是否正常。

⑥ 桨叶同步试验（独立变桨除外）：在风况适合且风力发电机组控制系统控制桨叶的条件下，观察三叶片之间的桨距角之差是否在合理的范围之内。

5. 并网试验

当风力发电机组无故障且风速满足并网条件时，可对风力发电机组进行并网试验。通过人机操作界面预先设置好发电机的并网发电转速，当发电机转速达到预先设定的并网转速时，观察控制系统是否向变流器发出并网信号，变流器在收到并网信号后是否闭合并网开关，并网后变流器是否向控制系统反馈并网成功信号。

6. 变速控制试验（最大功率跟踪）

风力发电机组并网后，当风速介于起动风速和额定风速之间时，需要针对不同风速进行最大功率跟踪，控制系统依据机组的最佳叶尖速比控制发电机的转速，此时注意观察风力发电机组的发电功率。

7. 恒转速试验（双馈机组）

在双馈式风力发电机组运行的情况下（并网前），改变转速设定值（需满足小于或等于额定转速），调节桨距角进行恒转速控制，观察转速跟踪情况并记录转速和桨距角。

8. 功率控制试验

当风速大于额定转速时需要进行恒功率试验，设定额定功率输出，调节电气变桨距控制系统，观察风力发电机组是否能够稳定运行，并记录发电功率的变化情况和转速的波动范围。

9. 变桨电动机温升试验

温升试验的目的在于测定变桨距系统在额定条件下连续运行时，变桨电动机是否超过规定的极限温升以及是否会产生相应的保护。

10. 振动试验

风力发电机组电气变桨距控制系统的振动试验方法按《电工电子产品环境试验　第2部分：试验方法　试验 F_C：振动（正弦）》（GB/T 2423.10—2008）进行，对电气变桨距控制系统进行三轴三向的扫频耐久试验。所用的频率范围和幅值由风力发电机组的振动特性决定。

11. 防护等级试验

按照《外壳防护等级（IP 代码）》（GB/T 4208—2017）中相关规定进行试验。

12. 过载能力试验

在变桨电动机额定运行至温升达到稳定值后，在150%的额定输入转矩下运行30s，随后转矩降至额定值以下运行一段时间，在整个试验期间，输入转矩等效值不超过额定输入转矩。

13. 安全保护试验

（1）风轮超速　模拟方法是：拨动叶轮过速开关，观察安全链的断开情况及关机过程和故障报警状态。

（2）过振动　模拟方法是：触发相应的振动开关，观察安全链的断开情况及关机过程和故障报警状态。

（3）紧急关机按钮　模拟方法是：在正常转速范围内，分别按下控制柜上的紧急关机按钮和机舱里的紧急关机按钮，观察安全链能否及时断开而触发紧急关机动作，同时观察关机过程和故障报警状态。

（4）看门狗信号异常　模拟方法是：复位看门狗输出信号，观察安全链的断开情况及关机过程和故障报警状态。

（5）安全链断开　模拟方法是：触发安全链输出信号，观察关机过程和故障报警状态。

（6）过度扭缆　模拟方法是：分别触发顺时针和逆时针扭缆开关，观察安全链的断开情况及关机过程和故障报警状态。

（7）解缆　模拟方法是：机组扭缆且关机后，观察机组的解缆过程，核实其解缆方向以及解缆完成后的偏航角度。

（8）电网掉电　模拟方法是：在机组并网运行时，在发电机输出功率低于额定值20%的情况下，断开主回路断路器，观察关机过程和故障报警状态。

（9）发电机超速　模拟方法是：调低发电机超速的设置点，观察关机过程和故障报警状态。

（10）叶轮超速　模拟方法是：调低叶轮超速的设置点，观察关机过程和故障报警状态。

（11）制动器磨损　模拟方法是：拨动制动器磨损传感器限位开关，观察关机过程和故障报警状态。

（12）制动器反馈信号丢失　模拟方法是：断开制动器反馈信号，观察关机过程和故障报警状态。

（13）风速信号丢失　模拟方法是：在机组并网运行时，断开风速传感器的风速信号，观察关机过程和故障报警状态。

（14）风向信号丢失　模拟方法是：在机组并网运行时，断开风向传感器的风向信号，观察关机过程和故障报警状态。

（15）叶轮转速传感器失效　模拟方法是：当叶轮转速高于2r/min，断开叶轮转速传感器信号后，观察关机过程和故障报警状态。

（16）发电机转速传感器失效　模拟方法是：当叶轮转速高于2r/min时，断开发电机转速传感器信号后，观察关机过程和故障报警状态。

（17）并网反馈信号丢失　模拟方法是：发电机并网开关吸合后，将其反馈信号线断开，观察关机过程和故障报警状态。

（18）液压系统油位低　模拟方法是：断开液压油位传感器信号线并维持设定时间，观察关机过程和故障报警状态。

（19）液压系统油压低　模拟方法是：起动液压泵，断开液压传感器信号线，观察关机过程和故障报警状态。

（20）发电机功率超临界值　模拟方法是：调低功率传感器变比或动作条件设置点，观察机组动作结果及自复位情况。

（21）发电机过热　模拟方法是：调低温度传感器动作条件设置点，观察机组动作结果及自复位情况。

（22）与电气变桨距控制系统通信故障　模拟方法是：断开控制系统与电气变桨距控制系统通信线并维持设定时间，观察关机过程和故障报警状态。

（23）与变流器通信故障　模拟方法是：断开控制系统与变流器通信线并维持设定时间，观察关机过程和故障报警状态。

（24）与中央监控通信中断　模拟方法是：断开控制系统与中央监控通信线并维持设定时间，观察关机过程和故障报警状态。

（25）400V供电电源故障　模拟方法是：断开控制系统与电气变桨距控制系统400V供电电源，观察关机过程和故障报警状态。

（26）编码器故障　模拟方法是：断开一个编码器接线，观察关机过程和故障报警状态。

（27）变桨电动机过电流　模拟方法是：调低变桨电动机过电流动作条件设置值，观察机组动作结果及自复位情况。

（28）变桨电动机过热　模拟方法是：调低变桨电动机过热动作条件设置值，观察机组动作结果及自复位情况。

（29）伺服驱动器内部故障　模拟方法是：拨动伺服驱动器故障输出继电器开关，观察关机过程和故障报警状态。

（30）通信故障　模拟方法是：将通信线路断开，观察关机过程和故障报警状态。

14. 电磁兼容试验

风力发电机组控制系统与电气变桨距控制系统的抗电磁干扰试验应严格遵照《电磁兼容　试验和测量技术抗扰度试验总论》（GB/T 17626.1—2006）标准进行，所适用的干扰等级可根据预期的使用环境选定。在存在高频电磁波干扰的情况下，各类传感器应不误发信号，执行部件应不误动作。

15. 环境试验

（1）低温试验　试验方法按《电工电子产品环境试验　第2部分：试验方法　试验A：低温》（GB/T 2423.1—2008）中"试验A"进行。产品无包装，在试验温度为（-20±3)℃（常温型）或（-30±3)℃（低温型）运行条件下，使被测产品保持工作状态2h，在常温条件下恢复2h后，控制系统与电气变桨距控制系统应能正常工作。

（2）高温试验　试验方法按《电工电子产品试验环境　第2部分：试验方法　试验B：高温》（GB/T 2423.2—2008）中"试验B"进行。产品无包装，在试验温度为（40±3)℃运行条件下，使被测产品保持工作状态2h，在常温条件下恢复2h后，控制系统与电气变桨距控制系统应能正常工作。

（3）湿热性能环境试验　试验方法按《电工电子产品环境试验　第2部分：试验方法　试验Cab：恒定湿热试验》（GB/T 2423.3—2016）中"试验Cab"进行。产品在试验温度为（45±2）℃、相对湿度为（95±3）%的恒定湿热条件下，无包装，不通电，经受48h试验后，取出样品，在常温条件下恢复2h后，控制系统与电气变桨距控制系统应能正常工作。

16. 其他试验

若对控制系统与电气变桨距控制系统的上述标准试验项目未涉及其他性能要求，应在订货时提出并取得协议。

17. 试验报告

试验报告格式和内容见《风力发电机组　变速恒频控制系统　第2部分：试验方法》（GB/T 25386.2—2010）的附录B。

第四节　变流器的试验

一、双馈式变流器的试验条件

1. 试验环境

双馈式变流器应在如下大气环境下进行试验：温度15~35℃，相对湿度45%~75%，气压86~106kPa。

在进行试验时，双馈式变流器应安装在室内坚固的基座上，在其安装区域内或附加的机壳内对通风或冷却系统不会造成严重的影响。

2. 试验准备

双馈式变流器试验应在与实际工作等效的电气条件下进行，例如，试验系统可由电网、变压器、拖动变频器、拖动电动机、转矩测量仪、双馈发电机、双馈式变流器以及上位机组成，如图5-1所示。在试验过程中，由拖动变频器驱动拖动电动机来摸拟风力发电机组运行，在上位机的控制指令下完成双馈式变流器系列试验。

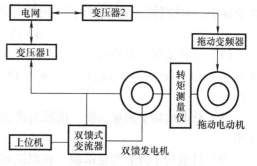

图5-1　双馈式变流器试验模拟平台示例

3. 仪器设备

试验所用仪器、仪表、传感器应在计量部门校验合格并在有效期内。

（1）万用表　量程为AC 0~750V，DC 0~1000V；准确度为0.5级。

（2）钳形电流表　量程为AC 0~1000A，0~2000A；准确度为2.5级。

（3）绝缘电阻表　电压为1000V；量程为0~500MΩ，0~1000MΩ；准确度为5级。

（4）数字存储示波器　频带响应：0~200MHz；输入电压：0~250V（带有10倍衰减器）；灵敏度：2mV/DIV。

（5）电量分析仪。

（6）工频耐压试验设备　技术性能应符合GB/T 17627.2—1998的要求。

（7）电磁兼容测试仪　技术性能应符合IEC 60801的要求。

二、双馈式变流器的试验内容和方法

1. 试验内容

试验内容按照《风力发电机组　双馈式变流器　第1部分：技术条件》（GB/T 25388.1—2010）规定的项目进行。

2. 试验方法

（1）绝缘耐压　按《半导体变流器　通用要求和电网换相变流器　第1-1部分：基本要求规范》（GB/T 3859.1—2013）中7.2的规定进行试验。

（2）电气测试试验　检验电路连接是否正确，双馈式变流器通电后，对系统的输入输出进行电气测试，观察通信功能是否正常，设备的静态特性是否能满足规定的要求。

（3）并网控制试验　在变流器的控制下，将发电机定子三相输出绕组并入电网，记录并网过程中并网切入电流的波形和最大值。

（4）加载试验　依次取并网转速到额定转速范围内的5个速度点，5个速度点应该至少包括并网转速、额定转速、同步转速。测量每个转速所对应的风力发电机输出电量，数据如下：

1）输出变压器1输出端电压 U_0、电流 I_0 和功率 P_0。

2）双馈式变流器输出端电压 U_1、电流 I_1 和功率 P_1。

3）风力发电机定子输出端电压 U_2、电流 I_2 和功率 P_2。

（5）温升试验　在额定条件下运行时，测定双馈式变流器功率器件及电抗器是否超过规定的极限温升，试验按相关标准规定进行。

（6）效率测试　在额定运行条件下，测定双馈式变流器转子输入到电机侧变流器的有功功率 P_2 和从网侧变流器输出到电网的有功功率 P_1，计算双馈式变流器的效率，即

$$\eta = P_2/P_1 \times 100\%$$

（7）过载试验　在双馈式变流器额定运行，并且温升达到稳定值后，在110%的标称电流容量下运行1min，随后电流降至额定值以下运行，在整个试验期间，变流器应能正常工作。

（8）总谐波畸变测量试验　按照加载试验方法中额定转速进行试验，记录电流 I_0 的畸变率。

（9）机组功率因数测定试验　在双馈式变流器额定条件运行时，测量双馈式风力发电机组向电网发送的有功功率 P 和总视在功率 S，则总功率因数为

$$功率因数 = P/S \times 100\%$$

（10）电网电压适应能力试验　正常运行时，调节网侧输入电压，使之在额定电压 $\pm 10\%$ 范围内变动，双馈式变流器应能正常工作。

（11）保护功能试验　主要包括各种过电流保护装置的过电流整定；各种过电压、欠电压保护装置的正确工作；装置冷却系统的保护设施的正常动作；作为安全操作的接地装置和开关的正确设置以及各种保护器件的互相协调；《风力发电机组　双馈式变流器　第1部分：技术条件》（GB/T 25388.1—2010）中规定的保护功能试验。

（12）电磁兼容试验　电磁兼容试验是通过试验验证双馈式变流器各个子部件的性能，如电力电子电路、驱动电路、保护电路、控制电路及显示和控制面板对电磁干扰的抗扰度。

为了确保基本的保护要求，分别规定了对公共环境、工业环境的低频基本发射限值和高频基本发射限值。

（13）低温试验　试验方法按 GB/T 2423.1—2008 中"试验 A"进行。产品无包装，在试验温度为（-20±3）℃或者（-30±3）℃起动，通电保持 2h，在常温条件下恢复 2h 后，双馈式变流器应能正常工作。

（14）高温试验　试验方法按 GB/T 2423.2—2008 中"试验 B"进行。产品无包装，在试验温度为（40±3）℃，通电保持 2h，在常温条件下恢复 2h 后，双馈式变流器应能正常工作。

（15）恒定湿热试验　试验方法按 GB/T 2423.3—2016 中"试验 Cab"进行。产品在试验温度为（45±2）℃、相对湿度为（95±3）% 的恒定湿热条件下，无包装，不通电，经受48h 试验后，取出样品，在常温条件下恢复 2h 后，双馈式变流器应能正常工作。

（16）稳定性运行试验　在额定条件下，对变流器连续运行稳定性进行试验，记录变流器额定运行连续时间，无故障连续运行 72h。

（17）附加试验　若对变流器上述标准试验项目未包括的其他性能有要求，应在订货时提出，并取得协议。

3. 试验报告

在试验过程中，应及时整理有关数据和资料，试验结束后应核实观察、测定和计算结果，并整理汇总，编写试验报告。试验报告的内容应包括：试验概述、样机简介、试验条件及分析、试验结果及分析、结论和附件。

三、全功率变流器试验

变流器试验应在与实际工作等效的电气条件下进行，尽量模拟风场条件。例如，试验平台可由电动机—发电机拖动机组组成，以模拟风力发电机的功率特性，该拖动机组由电动机、电动机侧适配变压器、电动机驱动用变流器、发电机、发电机侧适配变压器、被测变流器、控制台及相关配电设备组成，如图 5-2 所示。

1. 绝缘耐压试验

1）绝缘电阻和绝缘强度试验之前，应将所有不能承受高压的元器件从电路中予以排除。

2）绝缘电阻测定试验。用绝缘电阻表或绝缘电阻测试仪以 1000V 试验电压分别测量变流器的输入电路对地、输出电路对地的绝缘电阻值。测量绝缘电阻合格后，才能进行绝缘强度试验。

3）绝缘强度测定试验。用耐压测试仪分别对变流器的输入电路对地、输出电路对地按《风力发电机组　全功率变流器　第 1 部分：技术条件》（GB/T 25387.1—2010）中的相关规定进行试验。

2. 功能试验

功能试验的目的是验证电气线路的所有部分以及冷却系统的连接是否正确，能否与主电路一起正常运行，设备的静态特性是否能满足规定要求。

出厂试验时，变流器仅在额定输入电压下运行；型式试验时，应在额定输入电压的最大值和最小值下检验设备的功能。试验期间，应检查控制、辅助、保护装置等的性能，应能与

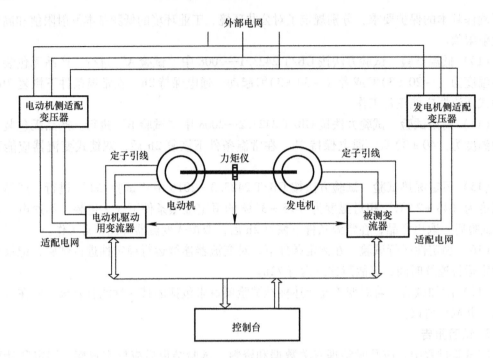

图 5-2　全功率变流器模拟试验平台

主电路协调工作。

功能试验主要包括：起动、运行、停机和通信等。

3. 加载试验

加载试验的目的是验证不同转速下变流器的输出功率与设定的风力发电机的功率曲线的对应关系。试验在图 5-2 所示的模拟试验平台上进行。具体操作步骤如下：

1）起动电动机驱动用变流器，调节电动机速度至切入转速点。

2）起动被测变流器，使之并网发电，并记录被测变流器输出功率。

表 5-2　加载试验数据

转速	n_{o1}	n_{o2}	n_{o3}	…	n_{oi}
指令功率	P_{o1}^*	P_{o2}^*	P_{o3}^*	…	P_{oi}^*
输出功率	P_{o1}	P_{o2}	P_{o3}	…	P_{oi}

3）调节电动机转速，使发电机在不同转速下运行，测试转速点依次取切入转速到最高转速范围内的等分点 n_{o1}、n_{o2}、n_{o3}、…、n_{oi}（$i \geqslant 10$），并记录不同转速下被测变流器的输出功率 P_{oi} 与指令功率 P_{oi}^*，直到最高转速。表 5-2 给出了加载试验数据。

4. 电网适应能力试验

（1）模拟电网　在该项试验中，交流电网应该用电压、频率可调的模拟电网代替，模拟电网的容量应大于被测变流器容量的 5 倍以上。

若电压、频率可调的模拟电网难以实现，为试验方便起见，可通过控制检测信号来模拟电压、频率的变化。

（2）电网电压适应能力试验　变流器应能检测到异常电压并做出反应，电压的方均根值在变流器的交流输出端测量。

试验分别在变流器输出为额定功率的25%～33%、50%～66%和100%处进行，分别往正、负方向调整模拟电网的输出电压直至变流器停止向电网供电，记录下动作时间以及动作时电压，应符合表5-3的规定。

表5-3　异常电压的响应

电压（变流器交流输出端）	最大跳闸时间
$U < 80\% U_{标称}$	0.05s
$80\% U_{标称} \leq U < 90\% U_{标称}$	变流器无功支持
$90\% U_{标称} \leq U < 110\% U_{标称}$	正常运行
$110\% U_{标称} \leq U < 135\% U_{标称}$	0.5s
$135\% U_{标称} \leq U$	0.05s

注：最大跳闸时间是指异常状态发生到变流器停止向电网供电的时间。主控与监测电路应切实保持与电网的连接，从而继续监视电网的状态，使得"恢复并网"功能有效。

（3）电网频率适应能力试验　试验分别在变流器输出功率为额定功率的25%～33%、50%～66%和100%处进行，分别往正、负方向调整模拟电网的输出频率，直至变流器停止向电网供电，记录下动作时间以及动作时的频率，应符合表5-4的规定。

表5-4　异常频率的响应

频率（变流器交流输出端）	最大跳闸时间
$f < 47.5\text{Hz}$	0.2s
$47.5\text{Hz} \leq f < 51.5\text{Hz}$	正常运行
$51.5\text{Hz} \leq f$	0.2s

5. 效率试验

结合电网频率适应能力试验，使发电机在最高转速下运行，用功率计测量被测变流器的输入功率P_i、输出功率P_o并计算效率，即效率$\eta = P_o/P_i \times 100\%$。

6. 电网侧功率因数测定试验

结合电网频率适应能力试验，使发电机在最低转速、额度转速和最高转速下运行，分别测试被测变流器电网侧功率因数。

7. 总谐波畸变率测量试验

由于变流器输出交流电流的总谐波畸变率与电网短路阻抗有关，为使试验结果具有可比性，试验报告中应注明该项试验时的电网短路阻抗。

结合电网频率适应能力试验，在额定运行条件下，测量被测变流器输出交流电流的总谐波畸变率。注意：试验中电网的容量必须大于变流器容量的5倍以上，且无其他负载接入。

8. 直流电流含量测定试验

结合电网频率适应能力试验，在额定运行条件下，测量被测变流器输出交流电流中的直流电流含量。

9. 过载能力试验

按图5-2接线，在变流器额定运行至各器件温升达到稳定值后，在110%的电动机侧标称电流容量下运行1min，随后电流降至额定值以下运行一段时间，在整个运行期间，输入电流有效值不超过额定输入电流，变流器应能正常工作。

10. 平均故障间隔时间试验

按《通信设备可靠性通用试验方法》（YD/T 282—2000）中规定的方法进行。

11. 稳定性运行时间试验

在额定运行条件下，被测变流器应正常运行，并记录连续运行时间。

12. 温升试验

温升试验目的在于测定被测变流器在额定运行条件下时，各部件的温升是否超过规定的极限温升。试验应在规定的额定电流以及最不利的冷却条件下进行。试验时测温元件应采用温度计、热电偶、热敏元件、红外测温仪或其他有效方法。温升应尽可能在规定点测量，应测量主电路部件和冷却系统的热阻抗。

对主电路的半导体器件，测量应包括冷却条件最差的器件，并记录半导体器件规定部位的温升和计算等效结温。半导体器件的温升极限可以是规定点（例如外壳）的最高温升，也可以是等效结温，由制造厂决定。

变流器主要部件和部位的极限温升见表5-5，变流器电抗器的极限温升见表5-6。

表5-5　变流器主要部件和部位的极限温升

部件和部位	极限温升/K
主电路半导体器件	外壳温升和结温由产品技术条件或分类标准规定
主电路半导体器件与导体的连接处	裸铜：45
	有锡镀层：55
	有银镀层：70
母线（非连接处）	铜：35
	铝：25
浪涌吸收器与主电路的电阻元件	距外表面30mm处的空气：25

表5-6　变流器电抗器的极限温升

电抗器冷却介质	电抗器温度等级	用电阻法测量的绕组极限温升/K
空气	A	60
	B	80
	H	125
油	A	65
水	H	125

13. 辅助器件的检验

辅助器件的检验主要对散热风扇、外部电路断路器和断路装置等的性能进行检验。但只要这些装置具备出厂合格证，可只检验其在变流器中的运行机能，不必重复进行出厂试验。

将辅助器件接至规定的额定电压，检查其运行机能（起动、运转、噪声及停机等）。当变流器在温升试验中某些部件的温升超过规定时，应测量有关冷却风机的风速或泵的流量。

当这些辅助器件已通过的绝缘试验电压低于其在变流器内可能承受的电压时，应按绝缘耐压试验的规定进一步检验其绝缘性能。

14. 保护功能试验

（1）试验规则　保护功能试验主要包括各种过电流保护装置的过电流值的整定；快速熔断器和快速开关的正确动作；各种过电压保护设施的正确工作；冷却系统的保护设施的正常工作；作为安全操作的接地装置和开关的正确设置以及各种保护器件的互相协调。

保护功能的检验应尽可能在不使变流器各部件受到超过其额定值冲击的条件下进行。出厂试验时保护系统动作的检验不包括那些动作时会发生永久性损坏的器件（如熔断器）。

（2）过电流保护试验　过电流保护试验与变流器的拓扑结构有关。对于《风力发电机组全功率变流器　第1部分：技术条件》（GB/T 25387.1—2010）中背靠背双PWM型变流器拓扑结构的情况：通过对被测变流器中电网侧变流器的直流侧与电网之间做无功循环，以检验电网侧变流器过电流保护的正确动作。被测变流器中电网侧变流器做整流器并网运行，电机侧变流器做逆变器运行，输出电压的频率和幅值等同于发电机端电压的频率和幅值，并接入感性负载，通过与感性负载交换无功以检验电机侧变流器过电流保护的正确动作。

对于《风力发电机组　全功率变流器　第1部分：技术条件》（GB/T 25387.1—2010）中不控整流BOOST升压型变流器拓扑结构、不控整流＋PWM型变流器拓扑结构、半控整流＋PWM型变流器拓扑结构的情况：通过对被测变流器中电网侧变流器的直流侧与电网之间做无功循环以检验电网侧变流器过电流保护的正确动作。

（3）断相保护试验　切断被测变流器输入端三相中的一相，检验被测变流器的正确动作。

（4）接地故障保护试验　断开接地，检验被测变流器的正确动作。

（5）冷却系统故障保护试验　关闭冷却系统或使冷却系统故障输出节点动作，检验被测变流器的正确动作。

（6）过热保护试验　通过检测过热保护元件以检验过热保护的正确动作。

（7）过电压与欠电压保护试验

1）直流环节过电压与欠电压保护：调整设定的保护值，增加或降低被测变流器直流环节的电压，检验被测变流器过电压与欠电压保护的正确动作。

2）网侧过电压与欠电压保护：在本试验中，交流电网应该用电压、频率可调的模拟电网代替。模拟电网的容量应大于被测变流器容量的5倍以上。注意：若电压、频率可调的模拟电网难以实现，为试验方便起见，可通过检测信号来模拟电压、频率的变化。

3）发电机过电压保护：通过模拟电网来模拟发电机端电压以检测被测变流器中电机侧变流器过电压与欠电压保护的正确动作，或通过与发电机频率幅值等同的信号模拟发电机端电压检测信号以检测过电压与欠电压保护的正确动作。

（8）通信故障保护试验　模拟通信故障状态，检验被测变流器通信故障保护的正确动作。

（9）电网断电保护试验　分别在被测变流器最小电流和额定运行条件下，切断电网，检验被测变流器断电保护的正确动作。

（10）浪涌过电压保护试验

1）分合闸引起的浪涌过电压保护试验：测量时将测量仪器接至直流侧正负端子，并在变流器直流侧开路的情况下使变流器网侧开关做分合闸操作，记录过电压峰值，如此至少重复5次，如果变流器在实际运行时不可能开路，则允许在轻载条件进行试验。

2）快速开关引起的浪涌过电压保护试验：在额定运行条件下，使快速开关动作，测出最高峰值电压，再据此推算事故条件下的过电压。

（11）恢复并网保护试验　由于超限状态导致变流器停止向电网供电，再到电网恢复正常后，检验被测变流器恢复并网保护的正确动作。

（12）变流器无功支持保护试验　在本试验中，交流电网应该用电压、频率可调的模拟电网代替。模拟电网的容量应大于被测变流器容量的5倍以上。注意：若电压、频率可调的模拟电网难以实现，为试验方便起见，可通过检测信号来模拟电压、频率的变化。

15. 抗电磁干扰性试验

变流器抗电磁干扰性试验按《调速电气传动系统　第3部分：产品的电磁兼容性标准及其特定的试验方法》（GB 12668.3—2003）中抗扰度要求的规定进行。

16. 电磁发射试验

变流器电磁发射试验按《调速电气传动系统　第3部分：产品的电磁兼容性标准及其特定的试验方法》（GB 12668.3—2003）中发射要求的规定进行。

17. 通讯试验

利用图5-2所示的模拟试验平台，变流器与风力发电机组控制系统可以进行通信试验。试验的主要内容应包括开机过程、控制过程（指令下发）、停机过程、保护及复位过程、数据及状态交换等。

18. 低温工作试验

试验方法按 GB/T 2423.1—2008 中"试验 A"进行。产品无包装，在试验温度为（−20±3）℃或者（−30±3）℃运行条件下，通电运行2h，在常温条件下恢复2h后，变流器应能正常工作。

19. 高温工作试验

试验方法按 GB/T 2423.2—2001 中"试验 B"进行，产品无包装，在试验温度为（45±2）℃ 条件下，通电运行2h，在常温条件下恢复2h后，变流器应能正常工作。

20. 恒定湿热试验

试验方法按 GB/T 2423.3—2016 中"试验 Cab"进行，产品在试验温度为（45±2）℃、相对湿度为（95±3）%，恒定湿热条件下，无包装，不通电，经受48h试验后，取出样品，在常温条件下恢复2h后，变流器应能正常工作。

21. 防护性能试验

应根据规定或用户和制造厂协定的防护等级，按《外壳防护等级（IP 代码）》（GB/T 4208—2017）的规定试验。

22. 附加试验

若对变流器上述试验项目未包括的其他要求时，应在订货时提出，并取得协议。

复习思考题

1. 制动系统的试验条件有哪些？
2. 制动系统试验用仪器与仪表的要求是什么？
3. 制动系统试验前的外观检查包括哪些项目？
4. 制动系统装配质量检查包括哪些项目？
5. 液压系统空载试验项目有哪些？
6. 液压系统工作状况试验包括哪些项目？
7. 电气系统的检验包括哪些项目？
8. 制动系统操作模式的有效性检验包括哪些项目？
9. 制动系统控制逻辑的有效性检验包括哪些内容？
10. 制动系统运行试验包括哪些项目？
11. 制动系统运行试验的操作模式试验包括哪些项目？
12. 制动系统运行试验的控制方式试验包括哪些内容？
13. 制动系统运行试验的工作方式试验包括哪些项目？
14. 制动系统运行试验的制动性能试验包括哪些内容？

15. 制动系统运行试验的协调性试验内容包括哪些项目？
16. 偏航系统的试验条件有哪些？
17. 偏航系统试验前的准备工作内容是什么？
18. 偏航系统的外观检查项目有哪些？
19. 偏航系统的检验包括哪些项目？
20. 地理方位检测装置标定试验的4条要求是什么？
21. 偏航系统偏航试验包含哪些内容？
22. 偏航系统偏航定位偏差试验的7条要求是什么？
23. 偏航系统解缆试验内容包含哪两项？
24. 恒速恒频控制系统试验准备的5条要求是什么？
25. 恒速恒频控制系统试验前的检查包括哪些内容？
26. 恒速恒频控制系统试验前的一般检查的8项要求是什么？
27. 恒速恒频控制系统控制功能试验项目有哪些？
28. 恒速恒频控制系统面板控制功能试验包括哪些项目？
29. 恒速恒频控制系统自动监控功能试验包括哪些项目？
30. 恒速恒频控制系统机舱控制功能试验包括哪些项目？
31. 恒速恒频控制系统远程监控功能试验包括哪些项目？
32. 恒速恒频控制系统安全保护试验的29项试验项目是什么？
33. 恒速恒频控制系统发电机并网和运行试验包括哪些项目？
34. 变速恒频控制系统的三种试验环境是什么？
35. 变速恒频控制系统的三种试验方法是什么？
36. 变速恒频控制系统一般功能测试包括哪些项目？
37. 变速恒频控制系统塔底控制试验包括哪些项目？
38. 变速恒频控制系统自动控制试验包括哪些项目？
39. 变速恒频控制系统电气变桨距控制系统测试包括哪些项目？
40. 变速恒频控制系统协调控制试验项目包括哪两项？
41. 变速恒频控制系统与变流器协调试验项目包括哪两项？
42. 变速恒频控制系统与电气变桨距控制系统协调控制试验包括哪两项？
43. 变速恒频控制系统与电气变桨距控制系统协调控制功能试验包括哪些项目？
44. 变速恒频控制系统试验项目包括哪15项？
45. 变速恒频控制系统安全保护试验项目包括哪30项？
46. 变速恒频控制系统环境试验包括哪些项目？
47. 双馈式变流器的试验条件有哪些？
48. 双馈式变流器试验的17项试验项目是什么？
49. 双馈式变流器试验报告内容包含哪6项？
50. 全功率变流器试验的22项试验项目包括哪些内容？
51. 全功率变流器功能试验包括哪些项目？
52. 全功率变流器加载试验的3个步骤是什么？
53. 全功率变流器电网适应能力试验包括哪些项目？
54. 全功率变流器保护功能试验的12项试验项目是什么？
55. 全功率变流器过电压与欠电压保护试验包括哪些项目？
56. 全功率变流器浪涌过电压保护试验包括哪些项目？

第六章 风力发电机组的运行与维护

风力发电机组安全、稳定地运行是能够多发电的前提条件，而这一切都离不开对机组的良好维护。通过本章学习，应了解对风力发电运行检修员的资质要求，掌握风力发电机组运行的操作要求，熟悉风力发电机组维护与检修的要求。

第一节 风力发电机组的运行

风力发电生产必须坚持"安全第一、预防为主"的方针。风力发电场应建立、健全风力发电安全生产网络，全面落实第一责任人的安全生产责任制。

风力发电场应按照《风力发电场运行规程》（DL/T 666—2012）、《风力发电场安全规程》（DL/T 796—2012）及《风力发电场检修规程》（DL/T 797—2012）制定实施细则：工作票制度、操作票制度、交接班制度、巡回检查制度、操作监护制度、维护检修制度和消防制度等。任何工作人员发现有违反制度规定，并足以危及人身和设备安全的情况必须予以制止。

新参加工作的人员必须进行三级安全教育，在开始工作前必须学习风力发电机组安全规程有关部分，并经考试合格后才能进入生产现场工作。外来临时工作和培训人员，在开始工作前必须进行必要的安全教育和培训。外来人员参观考察风力发电场，必须有专人陪同。

一、风力发电运行检修员的资质

（一）风力发电场工作人员基本要求

1）经检查鉴定，没有妨碍工作的病症，健康状况符合上岗条件。

2）风力发电场的运行人员必须经过岗位培训，考核合格。新聘用人员应有3个月实习期，实习期满后经考核合格方能上岗。实习期内不得独立工作。

3）具备必要的机械、电气、安装知识，熟悉风力发电机组的工作原理及基本结构，掌握判断一般故障产生原因及处理的方法。

4）掌握计算机监控系统的使用方法，能够统计计算容量系数、利用小时数及故障率等。

5）熟悉操作票、工作票的填写以及有关风力发电机组运行规程的基本内容。

6）生产人员应认真学习风力发电技术，提高专业水平。风力发电场至少每年一次系统地组织员工进行专业技术培训。每年度要对员工进行专业技术考试，合格者方可上岗。

7）所有生产人员必须熟练掌握触电现场急救方法和消防器材使用方法。

（二）风力发电运行检修员职业标准

风力发电运行检修员是从事并网型风力发电设备运行、维护和检修的人员。其职业环境为室外、高空、常温作业。要求从业人员四肢灵活、动作协调，有较强的语言表达能力，至少应当接受过全日制职业学校教育，具有高中毕业（或同等学力）证书。没有接受过全日制职业学校教育的，必须经过不少于500标准学时的职业技能培训。

1. 申报条件

根据相关规定，从事或准备从事风力发电运行检修员的人员的申报条件如下：

1) 初级风力发电运行检修员（具备以下条件之一者）：

① 经本职业初级正规培训达规定标准学时数，并取得结业证书。

② 连续从事本职业工作2年以上。

2) 中级风力发电运行检修员（具备以下条件之一者）：

① 取得本职业初级职业资格证书后，连续从事本职业工作3年以上，经本职业中级正规培训达规定标准学时数，并取得结业证书。

② 取得本职业初级职业资格证书后，连续从事本职业工作5年以上。

③ 连续从事本职业工作7年以上。

④ 取得经劳动保障行政部门审核认定的，以中级技能为培养目标的中等以上职业学校本职业（专业）毕业证书。

⑤ 大专以上本专业或相关专业毕业生，经本职业中级正规培训达到规定标准学时数，并取得结业证书。

3) 高级风力发电运行检修员（具备以下条件之一者）：

① 取得本职业中级职业资格证书后，连续从事本职业工作4年以上，经本职业高级正规培训达规定标准学时数，并取得结业证书。

② 取得本职业中级职业资格证书后，连续从事本职业工作7年以上。

③ 取得高级技工学校或经劳动保障行政部门审核认定的，以高级技能为培养目标的高等职业学校本职业（专业）毕业证书，从事本职业工作1年以上。

④ 取得本职业中级职业资格证书的大专以上本专业或相关专业毕业生，连续从事本职业工作2年以上。

4) 风力发电运行检修技师（具备以下条件之一者）：

① 取得本职业高级职业资格证书后，连续从事本职业工作5年以上，经本职业技师正规培训达规定标准学时数，并取得结业证书。

② 取得本职业高级职业资格证书后，连续从事本职业工作8年以上。

③ 取得本职业高级风力发电运行检修员职业资格证书的高级技工学校本职业（专业）毕业生，连续从事本职业工作满2年。

2. 鉴定方法

鉴定方法分为理论知识考试和技能操作考核。理论知识考试采用闭卷笔试方式，技能操作考核采用现场实际操作方式或在仿真设备上进行。理论知识考试和技能操作考核均实行百分制，成绩皆达60分及以上者为合格，技师还需进行综合评审。

理论知识考试在标准教室进行，技能操作考核在有并网风力发电设备的集中控制室内和风力发电机组内或在并网发电仿真设备上进行。理论知识考试时间为120min，技能操作考核时间为120min，综合评审不少于30min。

（三）风力发电运行检修员的基本要求

1. 职业道德

了解职业道德的概念、特征等基本知识。

2. 职业守则

1）遵守法律、法规和有关规定。

2）爱岗敬业，具有高度的责任心。

3）严格执行工作规程、工作规范和安全工作规程。

4）工作认真负责，团结合作。

5）爱护设备及工器具。

6）着装整洁，符合规定；保持工作环境清洁有序，文明生产。

3. 基础知识

1）基础理论知识包括机械识图、电工基础、计算机基本操作和风力发电基本知识。

2）机械基础知识包括机械传动、液压、常用机械设备、设备润滑油及冷却液的使用知识。

3）电气基础知识包括常用电气设备的种类及用途、电气控制原理知识、输变电设备及线路的运行与检修知识。

4）安全文明生产知识包括现场文明生产要求、安全操作与劳动保护知识、消防器材的使用常识。

5）相关法律法规知识包括《中华人民共和国安全生产法》《中华人民共和国劳动法》《中华人民共和国合同法》及环境保护法规的相关知识。

4. 风力发电运行检修员职业技能要求

国家标准对风力发电运行检修员初级、中级、高级和技师的技能要求依次递进，高级别涵盖低级别的要求。具体职业技能要求见表6-1 ~ 表6-4。

表6-1　风力发电运行检修初级工职业技能要求

职业功能	工作内容	技能要求	相关知识
一、风力发电设备运行	（一）监控风力发电设备	能通过终端设备监视风力发电设备的运行状态	1. 微机的基本操作方法 2. 风力发电设备运行基本知识
	（二）记录运行数据	1. 能抄录风力发电设备有关的运行数据 2. 能填写风电设备运行日志	1. 指示仪表的常识 2. 各种记录的作用，填写的内容和要求 3. 风力发电运行规章制度
	（三）巡回检查风力发电设备	能参加风力发电设备的巡视检查	风力发电设备的布置图
二、风力发电设备维护	（一）维护准备	1. 能选用维护风力发电设备的工具、材料 2. 能按要求准备个人劳动保护用品	1. 相关风力发电设备维护基本知识 2. 维护风力发电设备相关工具的使用知识
	（二）例行维护风力发电设备	能使用力矩扳手等专业工具对风力发电设备进行维护	
三、风力发电设备检修	（一）检修准备	1. 能根据工作内容合理选用工具 2. 能按要求准备人个劳动保护用品	常用工具的用途、使用方法及安全知识
	（二）检修风力发电设备	能对风力发电设备简单故障进行处理	风力发电设备简单故障的处理方法

表 6-2　风力发电运行检修中级工职业技能要求

职业功能	工作内容	技 能 要 求	相 关 知 识
一、风力发电设备运行	（一）监控风力发电设备	能在微机上操作风力发电设备	1. 风力发电设备相关运行规程 2. 风力发电设备监控程序的操作方法
	（二）记录运行数据	能对抄录的运行数据和运行日志进行核对	1. 指示仪表的常识 2. 各种记录的作用，填写的内容和要求 3. 风力发电运行规章制度
	（三）巡回检查风力发电设备	能发现风力发电设备异常现象并向有关人员报告异常情况	1. 有关电气设备巡视、检查的规定、要求、基本方法 2. 风力发电设备系统图
二、风力发电设备维护	（一）维护准备	能对维护风力发电设备所选用的工具、材料进行检查核对	维护风力发电设备所选用的量具、常用仪表的用途
	（二）例行维护风力发电设备	能按有关维护规程对风力发电设备进行维护并按要求进行记录	风力发电设备相关维护规程
三、风力发电设备检修	（一）检修准备	1. 能根据工作内容合理选用工具 2. 能按要求准备个人劳动保护用品	常用工具的用途、使用方法及安全知识
	（二）检修风力发电设备	能对风力发电设备简单故障进行处理	风力发电设备简单故障的处理方法

表 6-3　风力发电运行检修高级工职业技能要求

职业功能	工作内容	技 能 要 求	相 关 知 识
一、风力发电设备运行	（一）监控风力发电设备	能查看和存储风力发电设备的运行数据	1. 风力发电设备运行经济指标分析方法 2. 风力发电设备异常情况分析方法
	（二）记录运行数据	能分析风力发电设备的运行数据	
	（三）巡回检查风力发电设备	能分析风力发电设备的异常现象	
二、风力发电设备维护	（一）维护准备	1. 能组织风力发电设备检查维护工作 2. 能读懂风力发电设备英文资料	风力发电设备维护工艺知识
	（二）例行维护风力发电设备	能对风力发电设备关键部件进行技术检查	
三、风力发电设备检修	（一）检修准备	能分析查找风力发电设备的故障原因	风力发电设备故障分析方法
	（二）检修风力发电设备	1. 能分析查找风力发电设备的故障点 2. 能对风力发电设备的检修部件进行调试 3. 能检查验收检修质量	风力发电设备工作原理及结构特性

表6-4　风力发电运行检修技师职业技能要求

职业功能	工作内容	技能要求	相关知识
一、风力发电设备运行	（一）监控设备	能根据实际运行情况在允许范围内正确调整风力发电设备运行参数	1. 风力发电设备相关技术资料 2. 与风力发电设备相关的控制及通信知识
	（二）分析运行情况	能撰写风力发电设备运行分析报告	
二、风力发电设备检修	（一）检修准备	1. 能编制风力发电设备大、小修计划，提出技术措施 2. 能组织人员对风力发电设备技术难点进行攻关	1. 风力发电设备系统图 2. 发电机、齿轮箱、叶片等相关知识 3. 监控系统的有关知识 4. 相关质量标准 5. 质量分析与检修工艺控制方法
	（二）检修风力发电设备	1. 能读懂风力发电设备英文资料及相关控制原理图 2. 能排除风力发电设备复杂的故障 3. 能处理检修调试中出现的各种疑难问题、意外情况 4. 能排除监控系统的故障 5. 能完成风力发电设备的检修报告	
	（三）检修质量管理	能够对风力发电设备检修质量进行分析与控制	
三、培训指导	（一）理论培训	能对本职业初、中、高级进行业务培训	培训教学的基本知识
	（二）操作指导	能够指导本职业初、中、高级进行实际操作	

（四）现场培训

运行维护人员在开始工作前必须向其进行必要的安全教育和培训。在现场操作培训中，面对的是将要运行的设备，因此培训内容要具体且有针对性，这是保证风力发电机组可靠、稳定运行的重要环节。

在现场培训开始前，被培训的值班人员应仔细阅读风力发电机组全部设备的技术文件和操作说明书。在风力发电场项目承包单位技术人员的指导和协助下，值班人员逐一熟悉每个设备的用途、性能、操作要领、维护内容及安全事项。在此基础上通过实习操作，使值班人员能够独立掌握风力发电机组的起动、运行和停机的全部流程。值班人员在完成现场培训的全部内容后，必须经过由主管部门主持的考核并合格后方可上岗工作。

二、风力发电机组的正式运行

（一）风力发电机组正式运行前风力发电场应做的准备

1. 风力发电场每台风力发电机组应有的技术档案

1）制造厂提供的设备技术规范、运行操作说明书、出厂试验记录以及有关图样和系统图。

2）风力发电机组安装记录、现场调试记录、验收记录及竣工图样和资料。

3）风力发电机组输出功率与风速的关系曲线（实际运行测试记录）。

4）风力发电机组事故和异常运行的记录。

5）风力发电机组检修和重大改进记录。

6）风力发电机组运行记录的主要内容有发电量、运行小时数、故障停机时间、正常停机时间和维修停机时间等。

2. 风力发电场必须建立的规章制度

1）需要建立的规章制度包括安全工作规程、消防规程、工作票制度、操作票制度、交接班制度、巡回检查制度和操作监护制度等。

2）风力发电场运行记录包括日发电曲线、日风速变化曲线、日有功发电量、日无功发电量和日厂用电量等。

3）相关记录包括运行日志，运行年、月、日报表，气象记录（风向、风速、气温、气压等），缺陷记录，故障记录，设备定期试验记录和培训工作记录等。

3. 正式运行对风力发电场设备的基本要求

1）风力发电机组及其附属设备均应有制造厂的金属铭牌，应有风力发电场自己的名称和编号，并标示在明显位置。

2）风力发电场的控制系统应由两部分组成：一部分为就地机组计算机控制系统；另一部分为风力发电场中央控制室计算机控制系统。机组控制器和控制室计算机都应备有不间断电源，中控室与风力发电机组现场应有可靠的通信设备。

3）风力发电场必须备有可靠的事故照明。

4）处在雷区的风力发电场应有特殊的防雷保护措施。

5）风力发电场与电网调度之间应保证有可靠的通信联系。

6）风力发电场内的架空配电线路、电力电缆、变压器及其附属设备、升压变电站及防雷接地装置等的要求应按相关标准执行。

7）风力发电场要做到消防组织健全，消防责任制落实，消防器材、设施完好。保管存放消防器材符合消防规程要求并定期检验，风力发电机组内应配备消防器材。

（二）风力发电机组正式运行前的检查

风力发电机组移交用户后的首次正式运行前，运行维护人员会同风力发电场负责人，应共同检查和确认以下事项：

1. 准备齐全风力发电机组运行必需的文件和用品

1）风力发电机组运行规程和安全守则。

2）设备技术资料齐全，如运行操作和维修手册等。

3）维修工具、仪表，维修用备品、备件齐全。

4）运行与维护用记录表格齐全。

5）防火器材到位。

6）值班室（控制室）需张贴电站主回路图，负载分布图。

7）值班室（控制室）需张贴操作规程和安全守则。

8）完整的用户及负载档案。

9）用户用电守则和用电安全须知。

2. 技术安全检查

1）检查风力发电机组的所有标记、标签，保证其正确性。

2）检查所有线路的起始和末端，保证其连接是可靠的。

3）检查所有输电与配电线路是否连续和贯通。

4）利用绝缘电阻表检测主电路与大地之间的绝缘是否可靠。

5）检测接地电阻，保证系统各点接地电阻值符合规范要求。

6）检查所有辅助设备的状态（如润滑系统、液压系统、冷却加热系统和通风系统等）。

7）检查所有设备的液面位置（如润滑油、液压油和冷却液）。

3. 风力发电机组在投入运行前应具备的条件

1）风力发电机组主断路器出线侧相序必须与并联电网相序一致，电压标称值相等，三相电压平衡。

2）偏航系统处于正常状态，风速仪和风向标处于正常运行的状态。

3）制动和控制系统液压装置的油压和油位在规定范围内。

4）齿轮箱油位和油温在正常范围内。

5）各项保护装置均在正确的投入位置，且保护值均与批准设定的值相符。

6）控制电源处于接通位置。

7）控制计算机显示机组处于正常运行状态。

8）手动起动前叶轮上应无结冰现象。

9）在寒冷和潮湿地区，停止运行一个月以上的风力发电机组在投入运行前应检查绝缘，合格后才允许起动。

10）经维修的风力发电机组在起动前，应办理工作票终结手续。所有为检修而设立的各种安全措施应已拆除。

（三）风力发电机组的运行操作

1）风力发电机组的起动和停机有自动和手动两种操作方式。一般情况下风力发电机组应设置成自动方式。如果需要手动方式，应按照《风力发电场运行规程》（DL/T 666—2012）的要求操作。若需要用远程终端操作起动、停止风力发电机组，应通知相关人员做好准备。

① 风力发电机组的自动起动：风力发电机组设定为自动状态，当风速达到起动风速范围时，风力发电机组按计算机程序自动起动并入电网。

② 风力发电机组的自动停机：风力发电机组设定为自动状态，当风速超出正常运行范围时，风力发电机组按计算机程序自动与电网解列、停机。

③ 风力发电机组的手动起动：当风速达到起动风速范围时，手动操作起动键或按钮，风力发电机组按计算机起动程序起动和并网。

④ 风力发电机组的手动停机：当风速超出正常运行范围时，手动操作停机键或按钮，风力发电机组按计算机停机程序与电网解列、停机。

⑤ 凡经手动停机操作后，必须再按"起动"按钮，才能使风力发电机组进入自起动状态。

⑥ 故障停机和紧急停机状态下的手动起动操作：风力发电机组在故障停机和紧急停机后，若故障已排除具备起动的条件，重新起动前必须按"重置"或"复位"就地控制按钮，才能按正常起动的操作方式进行起动。

2）手动起动和停机的四种操作方式：

① 主控室操作：在主控室操作计算机起动键或停机键。

②就地操作：断开遥控操作开关，在风力发电机组的主控制柜盘面上，操作起动或停机按钮，操作后，再合上遥控开关。

③远程操作：在远程终端操作起动键或停机键。

④机舱上操作：在机舱的控制柜上操作起动键或停机键，但机舱上操作仅限于调试时使用。

（四）风力发电场的运行

风力发电机组的控制系统是采用工业微处理器进行控制的，一般都由多个 CPU 并列运行，其自身抗干扰能力强，并且通过通信线路与计算机相连，可进行远程控制，这大大降低了运行的工作量。所以风力发电机组的运行工作就是对远程运行数据进行统计分析、故障原因分析及故障排除的过程。

风力发电机组控制系统参数及远程监控系统实行分级管理，未经授权不准越级操作。工作在风力发电场中央监控室，运行人员对于保证系统安全使用、监视风电场安全稳定运行负有直接责任。运行人员应及时发现问题，查明原因，防止事故扩大，减少经济损失。

风力发电场应设立气象站。气象数据要定期采集、分析、储存。风力发电场应建立风力发电技术档案，并做好技术档案保管工作。并网运行风力发电场与电网调度之间应保持可靠的通信联系。

1. 风力发电场的运行监控

1）风力发电场的运行人员每天应按时收听和记录当地天气预报，做好风力发电场安全运行事故应对的预案。

2）运行人员每天应定时通过中央控制室计算机的屏幕监视每台风力发电机组各项参数的变化情况。

3）运行人员每天应根据计算机显示的风力发电机组运行参数，检查分析各项参数变化情况。发现异常情况后应通过计算机屏幕对该机组进行连续监视，并根据变化情况做出必要处理。同时在运行日志上写明原因，进行故障记录与统计。

2. 风力发电场的定期巡视

风力发电场应按照《风力发电场运行规程》（DL/T 666—2012）要求，建立风力发电机组定期巡视制度，并做好巡视记录。

运行人员应定期对风力发电机组、风力发电场测风装置、升压站、场内高压配电线路进行巡回检查，发现缺陷及时处理，并登记在缺陷记录本上。在有雷雨天气时不要停留在风力发电机组内或靠近风力发电机组。风力发电机组遭雷击后 1h 内不得接近风力发电机组。

1）检查风力发电机组在运行中有无异常响声、叶片运行状态、偏航系统动作是否正常，电缆有无缠绞情况。

2）检查风力发电机组各部分是否渗油。

3）当气候异常、机组非正常运行或新设备投入运行时，需要增加巡回检查的内容和次数。

3. 风力发电机组的检查维护

1）风力发电机组的定期登塔检查维护应在手动"停机"状态下进行。

2）登塔检查维护人员应不少于两人，但不能同时登塔。运行人员登塔时要使用安全带、戴安全帽、穿安全鞋，零配件及工具必须单独放在工具袋内，工具袋必须与安全绳连结牢固，以防坠落。

3）检查风力发电机组液压系统和齿轮箱以及其他润滑系统有无泄漏，油面、油温是否正常，油面低于规定时要及时加油。

4）对设备螺栓应定期检查与紧固。

5）对液压系统、齿轮箱、润滑系统应定期取油样进行化验分析，对轴承润滑点定时注油。

6）对爬梯、安全绳、照明设备等安全设施应定期检查。

7）控制箱、柜应保持清洁并定期进行清扫。

8）对中央控制室计算机系统和通信设备应定期进行检查和维护。

（五）异常运行和事故处理

1. 事故处理的程序和要求

1）当风力发电场设备出现异常运行或发生事故时，当班值班长应组织运行人员尽快排除异常，恢复设备正常运行，处理情况应记录在运行日志上。

2）事故发生时，应采取措施控制事故不再扩大并及时向有关领导汇报。在事故原因未查清前，运行人员应保护事故现场并防止设备损坏，特殊情况例外（如抢救人员生命等）。若需要立即进行抢修时，必须经风力发电场主管领导同意。

3）当事故发生在交接班过程中，应停止交接班，交班人员必须坚守岗位，处理事故。接班人员应在交班值班长指挥下协助处理事故。事故处理告一段落后，由交接双方值班长决定，是否继续交接班。

4）事故处理完毕后，当班值班长应将事故发生经过和处理情况，如实地记录在交接班簿上。事故发生后应根据计算机记录，对保护信号及自动装置动作情况进行分析，查明事故发生的原因，制定防范措施，并写出书面报告，向风力发电场主管领导汇报。

5）发生事故后应立即调查。调查及分析事故原因时必须实事求是、尊重科学、严肃认真，做到事故原因不清楚不放过、事故责任者和应受教育者没受到教育不放过、没有采取防范措施不放过。

2. 风力发电机组异常运行和事故的处理方法

1）发生下列事故之一者，风力发电机组应立即停机操作进行处理：

① 叶片处于不正常位置或相互位置与正常运行状态不符时。

② 风力发电机组主要保护装置不动或失灵时。

③ 风力发电机组因雷击损坏时。

④ 风力发电机组因发生叶片断裂等发生严重机械故障时。

⑤ 制动系统故障时。

2）风力发电机组因运行异常需要进行立即停机操作的顺序：

① 利用中央控制室进行遥控停机。

② 当遥控停机无效时，应就地按下正常停机按钮停机。

③ 当正常停机无效时，应使用紧急停机按钮停机。

④ 当紧急停机按钮仍然无效时，应拉开风力发电机组主开关或连接此台机组的线路断路器。

3）对于表明机组有异常情况的报警信号，运行人员应根据报警信号所提供的部位进行现场检查和处理。

① 液压装置油位及齿轮箱油位偏低，应检查液压系统及齿轮箱有无泄漏，并及时加油恢复至正常油面。

② 测风仪故障，风力发电机组显示输出功率与对应风速有偏差时，应检查风速仪及风向仪传感器有无故障，若有故障则予以排除。

③ 风力发电机组在运行中发现有异常声音，应查明声响部位，分析原因，并做出处理。

4）风力发电机组在运行中发生设备和部件超过运行温度而自动停机的处理：风力发电机组运行中发电机温度、功率半导体器件温度、控制箱柜温度、齿轮箱油温、机械制动片温度超过规定值都会造成自动停机。运行人员应查明设备温度上升的原因，如检查冷却系统、制动片间隙、制动片温度传感器及变送回路等。待故障排除后，才能再起动风力发电机组。风力发电机组测温及润滑点的部位如图 6-1 所示。

图 6-1　风力发电机组测温及润滑点的部位

1—主轴前轴承　2—主轴后轴承　3—齿轮箱行星级轴承　4、5、7—齿轮箱中间级轴承
6、8—齿轮箱高速级轴承　9—发电机前轴承　10—发电机后轴承

5）风力发电机组液压系统油压过低而自动停机的处理：运行人员应检查油泵工作是否正常。若油压不正常，应检查油泵、油管、过滤器、液压缸及有关阀门，待故障排除后再恢复风力发电机组自动起动。

6）风力发电机组因偏航故障而造成自动停机的处理：运行人员应检查偏航系统的电气回路、偏航电动机与缠绕传感器是否工作正常，电动机损坏应予以更换，对于因缠绕传感器故障致使电缆不能松线的应予以处理。待故障排除后再恢复风力发电机组自动起动。

7）风力发电机组转速超过极限或振动超过允许振幅而自动停机的处理：风力发电机组运行中，由于叶尖制动系统或变桨距系统失灵会造成风力发电机组超速；机械不平衡，则造成风力发电机组振动超过极限值。以上情况的发生均会使风力发电机组安全停机。运行人员应检查超速、振动的原因，经处理后才允许重新起动。

8）风力发电机组在运行中发生系统断电或线路开关跳闸的处理：当电网发生系统故障造成断电或线路故障导致线路开关跳闸时，运行人员应检查线路断电或跳闸的原因（若在夜间应首先恢复中央控制室用电），待系统恢复正常才能重新起动机组并通过控制系统并网。

3. 风力发电场事故的处理原则

1）风力发电机组出现振动故障时，首先检查保护回路，若不是误动作，应立即停止运行做进一步检查。

2）风力发电机组主开关发生跳闸，要首先检查主回路功率半导体器件、发电机绝缘件是否被击穿，主开关整定动作值是否正确，确定无误后才能重合开关，否则应退出运行做进一步检查。

3）风力发电场内电气设备的事故处理应按《风力发电场安全规程》（DL/T 796—2012）所列"引用标准"中相应的标准执行。

① 风力发电场升压站的事故处理参照《继电保护和安全自动装置技术规程》（GB/T 14285—2006）、《电力变压器运行规程》（DL/T 572—2010）、《电业安全工作规程（发电场和变电所电气部分）》（DL 408—1991）、《电力设备典型消防规程》（DL 5027—2015）进行处理。

② 风力发电场升压变压器事故处理参照《电力变压器运行规程》（DL/T 572—2010）的规定处理。

③ 风力发电场内架空线路事故处理参照《架空配电线路及设备运行规程》（SD292—1988）的规定处理。

④ 风力发电场电力电缆事故处理参照《电力电缆运行规程》的规定处理。

4）当风力发电机组发生火灾时，运行人员应立即停机并切断电源，迅速采取灭火措施，防止火势蔓延；当火灾危及人员生命和设备安全时，值班人员应立即拉开该机组线路侧的断路器。

（六）运行数据统计分析

对风力发电机组在运行中发生的情况进行详细的统计分析是风力发电场管理的一项重要内容。通过运行数据的统计分析，可对运行维护工作进行量化考核，也可对风力发电场的设计，风资源的评估，设备选型提供有效的理论依据。

每个月的发电量统计报表是运行工作的重要内容之一，其真实可靠性直接和经济效益挂钩。其主要内容有：风力发电机组的月发电量，场用电量，风力发电机组的设备正常工作时间，故障时间，标准利用小时，电网停电、故障时间等。

风力发电机组的功率曲线数据统计与分析，可对风力发电机组在提高出力和提高风能利用率上提供实践依据。例如，在对某风力发电场国产化风力发电机组的功率曲线分析后，对三台风机的叶片安装角进行了调节，降低了高风速区的出力，提高了低风速区的利用率，减少了过发故障和发电机温度过高的故障，提高了设备的可利用率。通过对风况数据的统计和分析，可以掌握了解各型风力发电机组随季节变化的出力规律，并以此可制定出合理的定期维护工作时间表，以减少风资源的浪费。

（七）发电计划与调度

传统的发电计划基于电源的可靠性以及负荷的可预测性，以这两点为基础，发电计划的制定和实施才有可靠的保证。但是，如果电网系统内含有风力发电场，因为风力发电场出力的预测水平还达不到工程实用的程度，发电计划的制定变得困难起来。正因如此，有必要对有风力发电场的电力系统的运行计划进行研究。风力发电并网以后，如果电力系统的运行方式不相应地做出调整和优化，电网系统的动态响应能力将不足以跟踪风力发电功率的大幅度、高频率的波动，电网系统的电能质量和动态稳定性将受到显著影响，这些因素反过来会限制电力系统准入的风力发电功率水平。因此，有必要对电力系统传统的运行方式和控制手段做出适当的改进和调整，研究随机的发电计划算法，以便正确考虑风力发电的随机性和间歇性。

第二节 风力发电机组的维护与检修

风力发电机组是集电子、电气、机械、复合材料、空气动力学等各学科于一体的综合性产品，各部分联系紧密，息息相关。风力发电机组维护的好坏直接影响到发电量的多少和经济效益的高低。风力发电机组运行性能的好坏，需要通过维护检修来保证。维护工作能及时有效地发现故障隐患，减少故障的发生，提高风力发电机组的效率。

风力发电场应坚持贯彻"预防为主，计划检修"的方针，必须坚持"质量第一"的思想，切实贯彻"应修必修，修必修好"的原则，使设备处于良好的工作状态。由于风力发电机组结构复杂，维护工作技术性强、难度大，风力发电机组的维护可分为定期检修和日常维护排除故障两种方式。

风力发电场应制定维护检修计划，严格执行维护检修计划，不得随意更改或取消，不得无故延期或漏检，切实做到按时实施。若遇特殊情况需要变更计划，应提前报请上级主管部门批准。

一、风力发电机组维护检修管理的基础工作

（一）维护检修管理的要求

1）检修人员应熟悉系统和设备的构造、性能、工作原理；熟悉设备的装配工艺、工序和质量标准；熟悉安全施工规程；能看懂图样并绘制简单的零部件图。

2）在大风天气、雷雨天气时，严禁检修风力发电机。检修时，必须使风力发电机组处于停机状态。

3）每次维护检修后，应做好每台风力发电机组的维护检修记录，并存档；对维护检修中发现的设备缺陷与故障隐患，应详细记录并上报有关部门。

4）做好技术资料的管理，应收集和整理好原始资料，建立技术资料档案库及设备台账，实行分级管理，明确各级责任。

5）遵守有关规章制度，爱护设备及维护检修机具。加强对检修工具、机具、仪器的管理，正确使用，加强保养和定期检验，并根据现场检修实际情况进行研制或改进。

6）做好备品备件的管理工作。维护检修中应使用生产厂家提供的或指定的配件及主要损耗材料；若使用代用品，应有足够的依据或经生产厂家许可。部件更换的周期要参照生产厂家规定的时间执行。

7）建立和健全设备检修的费用管理制度。

8）严格执行各项技术监督制度。如检修质量标准、工艺方法、验收制度、设备缺陷管理制度、备品备件管理办法等。严格执行分级验收制度，加强质量监督管理。

9）风力发电场要根据《风力发电场安全规程》（DL/T 796—2012）、《风力发电场检修规程》（DL/T 797—2012）和主管部门的有关规章制度，结合当地具体情况，制定适合本单

位的实施细则或作出补充规定。

（二）维护检修工作的注意事项

1）风力发电机组的维护与故障处理，必须由经过专门培训的人员负责。通过培训或技术指导的人员，应熟悉风力发电机组的基本原理、性能、特点，并掌握维护与故障处理的知识和方法。风力发电机组的维护人员还必须接受安全教育和培训。

2）严格遵守设计单位和安装单位有关风力发电机组维护、检修和故障处理的规程，以及系统部件供应商的有关规定。违反维护与故障处理的有关规程和规定，将缩短机组运行寿命和增加系统的运行费用，甚至导致系统事故和损坏。

3）风力发电机组出现异常情况时，运行维护人应该按用户手册所规定的步骤采取相应措施，如果通过这些步骤仍然无法排除故障，应把异常现象记录在案并向有关方面（如机组设计者、安装者和设备供应商）汇报，以便取得技术支持。

（三）维护检修工作条件的准备

为做好维护检修与故障处理工作，风力发电场应准备好以下工具、仪表、材料和技术资料：

1）维修专用工具及通用工具：电烙铁、扳手、螺钉旋具、剥线钳、纸和笔等。

2）仪表类：万用表、可调电源、液体比重计、温度计和蓄电池等。

3）维修必备的零部件、材料：熔断器、导线、棉丝、润滑油、液压油和刹车片等。

4）安全用品：安全帽、安全带、绝缘鞋、绝缘手套、护目镜和急救成套用品等。

5）风力发电机组完整的技术资料：产品说明书、安装和使用维护手册。

二、风力发电机组维护检修安全措施

（一）维护检修安全制度

1）维护检修工作应按照《风力发电场检修规程》（DL/T 797—2012）要求进行。定期对风力发电机组巡视。

2）维护检修前，应由工作负责人检查现场，核对安全措施。现场检修人员对安全作业负有直接责任，检修负责人负有监督责任。

3）风力过大或雷雨天气不得检修风力发电机组。

4）风力发电机组在保修期内，检修人员对风力发电机组的更改应经过保修单位同意。

5）电气设备检修，风力发电机组定期维护和特殊项目的检修应填写工作票和检修报告。事故抢修工作可不用工作票，但应通知当班值班长，并记入操作记录簿内。

（二）维护检修准备的安全要求

1）进行风力发电机组巡视、维护检修时，工作人员必须戴安全帽、穿绝缘鞋。

2）维护检修必须实行监护制。不准一个人在维护检修现场作业，必须有人进行安全监护。转移工作位置时，应经过工作负责人许可。

3）检修工作地点应有充足照明，升压站等重要现场应有事故照明。

4）进行风力发电机组特殊维护时应使用专用工具。

5）维护检修发电机前必须停电并验明三相确无电压。

6）重要带电设备必须悬挂醒目的警示性标牌；箱式变电站必须有门锁，门锁应至少有两把钥匙，一把值班人员使用，一把专供紧急抢修时使用。

7）风力发电机维护检修及安全试验应挂醒目的警示性标牌。

（三）登塔作业的安全要求

1）检修人员若身体不适、情绪不稳定，不得登塔作业。

2）塔上作业时，风力发电机必须停止运行，应挂警示性标牌，并将控制箱上锁。带有远程控制系统的风力发电机组，登塔前应将远程控制系统锁定并挂警示性标牌。检修结束后立即恢复。

3）登塔时应使用安全带、戴安全帽、穿安全鞋。零配件及工具应单独放在工具袋内。工具袋应背在肩上或与安全绳相连。登塔维护检修时，不得两个人在同一段塔筒内同时登塔。工作结束之后，所有平台窗口应关闭。

4）打开机舱前，机舱内人员应系好安全带。安全带应挂在牢固的构件或安全带专用挂钩上。检查机舱外风速仪、风向仪、叶片、轮毂等时，应使用加长安全带。

5）风速超过 12m/s 时不得打开机舱盖，风速超过 14m/s 时应关闭机舱盖。

6）吊运零件与工具时，应绑扎牢固，需要时宜加导向绳。

（四）维护检修作业时的安全要求

1）进行风力发电机组维护检修工作时，风力发电机组零部件、检修工具必须传递，不得空中抛接。零部件、工具必须摆放有序，检修结束后应清点数量。

2）拆除制动装置时，应先切断液压、机械与电气连接。安装制动装置后应进行液压、机械与电气连接。

3）拆除能够造成风轮失去制动的部件前，应首先锁定风轮。

4）检修液压系统前，必须用手动泄压阀对液压站泄压。

5）在电感、电容性设备上作业前或进入其围栏内工作时，应将设备充分接地放电后才可以进行。

6）拆装风轮、齿轮箱、主轴、发电机等大的风力发电机组部件时，应制定安全措施，设专人指挥。

7）更换风力发电机组零部件时，应符合相应技术规范。

8）添加油品时必须与原油品型号相一致。更换油品时应通过试验，满足风力发电机组对油品的技术要求。

9）维护检修后，偏航系统的螺栓扭矩和功率消耗应符合标准值。

（五）控制系统维护检修的安全要求

1）维修前机组必须完全停止下来，各级维修工作应按安全操作规程进行。

2）工作前检查所有维修用仪器、设备，严禁使用不符合安全要求的设备和工具。

3）各电器设备和线路的绝缘必须良好，非持证电工不准拆装电器设备和线路。

4）严格按设计要求进行控制系统硬件和线路安装，并全面进行安全检查。

5）各电压、电流、断流容量、操作次数和温度等运行参数应符合要求。

6）设备安装好后，试运转合闸前，必须对设备及接线仔细检查，确认没有问题时方可合闸。

7）操作刀开关和电器分合开关时，必须戴绝缘手套，并设专门人员监护。电动机、执行机构进行实验或试运行时，也应有专人负责监护，不得随意离开。若发现异常声音或气味时，应立即停机并切断电源进行检查修理。

8）安装电动机时，必须检查绝缘电阻是否合格，转动是否灵活，零部件是否齐全，同时必须安装保护接地线。

9）拖拉电缆工作应在停电情况下进行，若因工作需要不能停电时，应先检查电缆有无破裂，确认完好后，戴好绝缘手套才能拖拉。

10）带熔断器的开关，其熔丝应与负载电流匹配，更换熔丝时必须断开刀开关。

11）电器元件应垂直安装，一般倾斜角不超过5°；应使螺栓固定在支持物上，不得采用焊接；安装位置应便于操作，手柄与周围器件间应保持一定距离，以便于维修。

12）低压电器的金属外壳或金属支架必须接地（接零线或接保护接地线），电器的裸露部分应加防护罩，双投刀开关的分合闸位置上应有防止自动合闸的装置。

（六）满足安全要求的维护检修时间

1）每半年对塔筒内的安全钢丝绳、电梯、爬梯、工作平台、门防风挂钩检查一次，发现问题及时处理。

2）风力发电机组的避雷系统、加热和冷却装置应每年检测一次。

3）风力发电机组接地电阻每年测试一次，要考虑季节因素影响，保证不大于规定的接地电阻值。

4）远程控制系统通信信道测试每年进行一次。信噪比、传输电平、传输速率的技术指标应达到额定值。

5）电气绝缘工具和登高安全工具应定期检验。

6）风力发电场电器设备应定期做预防性试验。

7）风力发电机组重要的安全控制系统，要定期检测试验。检测试验只限于熟悉设备和操作的专门负责人员操作。

三、维护检修计划

维护检修周期分为半年、一年、三年和五年。

（一）维护检修分类

1. 经常性维护检修

经常性维护检修也称为日常维护检修，包括检查、清理、调整、注油及临时故障的排除。

2. 定期维护检修

定期维护检修应按照生产厂家要求的时间间隔进行。对所完成的维修项目应记入维修记录中，并整理存档，长期保存。定期维护检修必须进行较全面（对已掌握规律的老机组可以有重点地进行）的检查、清扫、试验、测量、检验、注油润滑和修理，清除设备和系统的缺陷，更换已到期的及需定期更换的部件。

3. 特殊维护检修

特殊维护检修指技术复杂、工作量大、工期长、耗用器材多、费用高或系统设备结构有重大改变等的检修，此类检修由风力发电场根据具体情况，报经上级主管部门批准后才能进行。

（二）维护检修计划

制定维护检修计划是为了保障维护检修工作能够顺利地进行，有利于人员、资金的调配，备品备件的准备及电网调度。具体要求如下：

1）年度维护检修计划每年编制一次，应提前做好特殊材料、大宗材料、加工周期长的备品配件的订货以及内外生产、技术合作等准备工作。在编制下一年度检修计划的同时，宜编制三年滚动规划。三年滚动规划主要是对三年中后两年需要在定期维护检修中安排的特殊维护检修项目进行预安排。三年滚动规划按年度检修计划程序编制，并与年度维护检修计划同时上报。

2）年度维护检修计划编制的依据和内容：

① 根据定期检修项目所列内容或参照厂家提供的年度检修项目进行。

② 编制年度维护检修计划汇总表和进度表。

③ 年度维护检修计划的主要内容包括单位工程名称、检修主要项目、特殊维护检修项目及列入计划的原因、主要技术措施、检修进度计划、工时和费用等。

（三）维护检修材料和备品备件

1）风力发电场应有专职机构或人员来负责备品备件的管理。

2）年度维修计划中特殊维护检修项目所需的大宗材料、特殊材料、机电产品和备品备件，由使用部门编制计划，材料部门组织供应。

3）为保证检修任务的顺利完成，三年滚动规划中提出的特殊维护检修项目经批准并确定技术方案后，应及早联系备品备件和特殊材料的订货以及内外技术合作攻关等。

4）定期维护的检修项目应制定材料消耗及储备定额，以便检查考核。

（四）集中检修体制检修计划的编制

由于一般风力发电场设备及维修人员有限，对于一些大型的检修项目采取工程外包的方式进行，这就是集中检修体制。集中检修体制检修计划的编制要求如下：

1）由集中检修单位负责检修的工程，风力发电场应向集中检修单位提交书面检修项目、质量要求、工期、费用指标等，集中检修单位应按要求编制检修计划。

2）主管部门在编制检修计划时，应与集中检修单位和风力发电场协商；下达或调整检修计划时，也应同时下达给集中检修单位和风电场双方。

四、维护计划和清单

1. 维护计划

按照规定的维护时间完成所有要求的维护工作，可以将风力发电机组的故障和损坏减小到最低程度。

（1）维护计划说明　维护计划是指执行维护清单中列出的维护工作的时间表。维护计划列出了风力发电机组从开始运行后20年的维护工作。

1）维护时间（年）是从首次运行后开始的。

2）维护代码A、B、C，确定了在维护清单中标记了本级代码的维护项目都要在这个级别的维护工作中执行。

3）维护代码X1、X2、X3表示扩展维护，维护清单中所有标记了X1、X2、X3的维护项目都要在这级维护工作中执行。

4）维护工作的4个级别：

① 维护A：首次运行后1~3个月进行的维护，维护A是一个单次性工作，在风力发电机组的维护计划中只执行一次。维护A执行的时间误差是±1个月。

② 维护B：半年维护。维护B执行的时间误差是±1个月。

③ 维护C：一年维护。维护C执行的时间误差是±1个月。

④ 维护X：扩展维护。扩展维护X1为两年的扩展维护；扩展维护X2为三年的扩展维护；扩展维护X3为五年的扩展维护。扩展维护X1、X2、X3执行的时间误差是±1个月。

除了维护计划外，可以在任何有必要的时候检查风机或单个零部件。所有的维护操作和检查都必须完整地记录在维护记录中。进行维护和检查工作前，应查阅维护记录，以便了解风机当前的状态和一些特殊的情况。

（2）维护计划表（见表6-5）

表6-5 维护计划表

时间/年	级别	扩展	时间/年	级别	扩展	时间/年	级别	扩展
3个月	A		7	C		14	C	X1
1/2	B		7½	B		14½	B	
1	C		8	C	X1	15	C	X2、X3
1½	B		8½	B		15½	B	
2	C	X1	9	C	X2	16	C	X1
2½	B		9½	B		16½	B	
3	C	X2	10	C	X1、X3	17	C	
3½	B		10½	B		17½	B	
4	C	X1	11	C		18	C	X1、X2
4½	B		11½	B		18½	B	
5	C	X3	12	C	X1、X2	19	C	
5½	B		12½	B		19½	B	
6	C	X1、X2	13	C		20	C	X1、X3
6½	B		13½	B				

2. 维护清单

（1）维护清单说明 维护清单列出了风力发电机组所有的维护工作。第一列是维护工作序号，第二列是维护工作的说明，第三列至第六列是维护级别代码。

1）最后一列是维护工作的执行情况记录。

2）√表示本项维护工作按要求完成。

3）R表示本项维护工作有问题需要记录。

4）×表示本项维护工作因某种原因没有执行。

（2）维护记录 每一项维护工作出现了问题或进行了调整（设备的状态超出了规定的要求），都必须记录在维护记录中。维护记录的内容将记录在维护报告中。

（3）维护清单（见表6-6~表6-9）

表 6-6 总体、塔架部分维护清单

	检查内容	A	B	C	X	结果
	总体检查					
1	检查防腐、裂纹、破损、渗漏情况	A	B	C		
2	检查运行噪声	A	B	C		
3	检查防坠落装置、灭火器、警告标志	A	B	C		
	塔架和基础					
1	检查塔架、基础外观有无裂纹、防腐、破损	A	B	C		
2	检查塔架和基础的连接有无防腐破损，有无进水	A	B	C		
3	检查塔架门的百叶窗、门、门框和密封圈是否损坏，门锁的性能（开、闭、锁）	A		C		
4	检查基础内支架的紧固，有无电缆烧焦，基础内有无进水、昆虫并加以清洁	A		C		
5	检查塔架内梯子、平台是否损坏，防腐是否破损并加以清洁	A	B	C		
6	检查塔架内电缆和连接电线是否完好	A	B	C		
7	紧固梯子、平台的连接螺栓	A		C		
8	检查底部法兰螺栓力矩	A		C		
9	检查中下法兰螺栓力矩	A		C		
10	检查中上法兰螺栓力矩	A		C		

表 6-7 机舱部分维护清单

	检查内容	A	B	C	X	结果
	偏航系统：偏航减速器					
1	检查偏航减速器有无泄漏	A	B	C		
2	检查偏航减速器的油位是否在油窗的 1/2 处	A	B	C		
3	首次运行 6 个月后更换润滑油，以后每 5 年更换一次	A	B	C		
4	化验偏航减速器润滑油，不合格应更换				X3	
5	检查偏航减速器的底座螺栓力矩	A		C		
	偏航系统：偏航电动机					
1	制动器气隙的检查与调整	A	B	C		
2	摩擦片的检查与更换	A	B	C		
3	检查电动机绝缘电阻	A	B	C		
4	检查接地装置	A	B	C		
5	检查电动机接线盒电缆连接	A	B	C		
	偏航系统：偏航轴承					
1	检查偏航轴承密封圈的密封性，擦去泄漏的油脂及灰尘	A	B	C		
2	检查偏航轴承的底座螺栓力矩	A		C		
3	检查偏航轴承的塔架上法兰螺栓力矩	A		C		
4	检查偏航小齿轮的磨损、裂纹、润滑	A	B	C		
5	检查偏航轴承齿轮的磨损、裂纹、润滑	A	B	C		
6	检查偏航齿轮间隙，应为 0.4～0.9mm（在 3 个作绿色标记的齿处）			C		

（续）

检查内容		A	B	C	X	结果
偏航系统：偏航制动						
1	检查液压接头是否紧固和有无渗漏	A	B	C		
2	检查偏航制动盘有无裂纹、划痕或损坏，制动盘不允许有油脂，如有用丙酮清洁	A	B	C		
3	检查偏航制动片，制动片厚度≤2mm时应更换	A	B	C		
4	检查偏航制动器的偏航制动盘螺栓力矩	A		C		
液压系统						
1	检查油位	A	B	C		
2	检查过滤器，必要时予以更换	A	B	C		
3	检查接头有无泄漏	A	B	C		
4	检查油管有无泄漏和表面裂纹、脆化	A	B	C		
5	连接测压表，检查下列参数：制动时压力为150～160bar（1bar = 10^5Pa），偏航余压为20～30bar	A	B	C		
6	化验液压油，不合格则更换液压油				X2	
自动润滑系统						
1	检查油位，补加油脂					
2	检查接头有无泄漏，过压保护单元是否起动	A	B	C		
3	检查油管有无泄漏和表面裂纹、脆化	A	B	C		
4	检查泵单元是否工作正常，偏航轴承、润滑小齿轮各润滑点是否出油	A	B	C		
机舱						
1	检查机舱罩外观有无裂纹、损伤、腐蚀	A	B	C		
2	检查机舱、天窗的密封性	A	B	C		
3	检查梯子、平台的联接螺栓并加以清洁	A		C		
4	紧固机舱体与舱底连接螺栓	A		C		
5	机舱体的下平台总成紧固螺栓力矩	A		C		
底座						
1	检查底座裂纹、损坏及防腐层，补刷破损的部分	A	B	C		
2	检查底座与底座骨架螺栓力矩	A		C		
电控系统						
1	紧固所有电控柜固定螺栓和连接螺栓	A	B	C		
2	紧固接线端子	A		C		
3	检查电缆有无裂纹和破损	A	B	C		
4	检查照明系统	A	B	C		
5	清洁电控柜通风滤网	A	B	C		
提升机						
1	检查提升机的状态、链条、链盒和提升机的固定支撑	A		C		
2	检查护栏及电缆的固定连接情况	A		C		

（续）

	检查内容	A	B	C	X	结果
	风向标、风速仪					
1	检查测风支架是否有腐蚀现象	A	B	C		
2	紧固测风支架与机舱的固定螺栓	A		C		
3	检查风向标、风速仪工作是否正常	A	B	C		
4	检查温度传感器和接地电缆有无破损及连接					

表6-8　永磁直驱型发电机部分维护清单

	检查内容	A	B	C	X	结果
	定子与转子					
1	发电机定子的外观检查，检查有无损坏	A	B	C		
2	发电机转子的外观检查，检查焊缝和漆面	A	B	C		
	转动轴					
1	转动轴的外观检查，有无裂纹、损坏和漆面	A	B	C	X3	
2	紧固螺栓，转动轴－转子支架：1640N·m	A		C		
3	紧固螺栓，转子轴止定圈－转子轴：243N·m	A		C		
	定子轴					
1	检查定子轴裂纹、损坏及防腐层，补刷破损的部分	A	B	C		
2	检查定子轴－发电机定子支架紧固螺栓力矩	A		C		
3	检查定子轴－底座紧固螺栓力矩	A		C		
4	检查定子轴止定圈—定子轴紧固螺栓力矩	A		C		
5	检查轴承端盖—轴承紧固螺栓力矩	A		C		
	前轴承（小轴承）					
1	检查密封圈的密封并清洁，擦去多余油脂	A		C		
2	检查润滑情况和油脂量、油脂型号，每个油嘴均匀地加注油脂，加注时打开放油口	A		C		
3	排出旧油脂，加注新油脂				X3	
	后轴承（大轴承）					
1	检查密封圈密封情况并清洁，擦去多余的油脂	A		C		
2	检查油脂量、油脂型号，每个油嘴均匀地加注油脂，加注时打开放油口	A		C		
3	排出旧油脂，加注新油脂				X3	
	转子锁定					
1	螺栓是否有裂纹、变形	A	B	C		
2	检查接近传感器的间距，应为3~5mm	A	B	C		
3	检查转子锁定装置转动是否灵活，手轮与螺栓必要时涂润滑脂	A		C		
4	检查转子上锁定槽是否完好	A		C		
	转子制动器					
1	检查液压油管有无破损及接头的密封性	A	B	C		
2	检查制动片有无裂纹、划痕或损坏，制动片厚度≤2mm时应予以更换	A	B	C		
3	检查转子制动器－定子紧固螺栓力矩	A		C		

表 6-9　叶轮部分维护清单

检查内容	A	B	C	X	结果
叶片					
1　检查叶片外观有无裂纹、变形、破损，并进行清洁	A	B	C		
2　检查叶片毛刷的密封情况	A		C		
3　检查防雷保护的连接是否完好	A	B	C		
4　检查叶片 – 变桨轴承螺栓力矩	A		C		
轮毂					
1　检查轮毂防腐层，补刷破损的部分	A	B	C		
2　检查轮毂外观有无裂纹、破损	A	B	C		
3　检查轮毂 – 转动轴螺栓力矩	A		C		
4　检查轮毂 – 变桨轴承螺栓力矩	A		C		
变桨轴承					
1　检查变桨轴承密封圈的密封情况，除去灰尘及泄漏出的油脂	A		C		
2　润滑变桨轴承滚道		B	C		
3　检查变桨轴承防腐层，补刷破损的部分				X3	
4　变桨轴承油脂采样			C		
5　检查半年/轴承油脂量，每个油嘴均匀地加注油脂，加注时打开放油口，排出旧油脂，加注新油脂		B	C		
变桨减速器					
1　检查变桨减速器有无泄漏和油位	A	B	C		
2　运行变桨驱动机构，检查有无异常噪音	A	B	C		
3　换油：首次运行 6 个月更换润滑油，以后每 5 年更换一次	A		C		
4　化验变桨减速器润滑油，不合格则更换				X3	
5　检查变桨减速器 调节滑板紧固螺栓力矩	A		C		
6　检查变桨减速器 变桨驱动齿轮紧固螺栓力矩	A		C		
变桨驱动支架					
1　外观检查，腐蚀以及漆面和焊缝的完好程度	A	B	C		
2　检查顶板 变桨驱动支架紧固螺栓力矩	A		C		
3　检查调节滑板 变桨驱动支架紧固螺栓力矩	A		C		
4　检查轮毂 变桨驱动支架紧固螺栓力矩	A		C		
变桨盘					
1　检查变桨盘破损、裂缝、腐蚀及变形情况	A	B	C		
2　检查同步带的连接螺栓	A		C		
3　检查叶轮锁定的连接螺栓	A		C		
张紧轮					
1　检查破损、裂缝、腐蚀和密封情况	A	B	C		
2　检查张紧轮与同步带轮的平行情况，平行度应为 2mm	A	B	C		
3　检查加脂，油脂型号，排出旧油脂并清洁	A		C		

（续）

检查内容	A	B	C	X	结果
同步带					
1　检查是否有损坏和裂缝，检查同步带齿并清洁	A	B	C		
2　用张力测量仪 WF－MT2 测量同步带的振动频率 　　频率 $f = 85 \sim 95\mathrm{Hz}$	A		C		
3　在顺桨和工作状态分别检查同步带的位置，应距中心 ±5mm	A	B	C		
4　检查同步带压紧板与变桨盘的连接螺栓	A		C		
限位开关传感器支架					
1　检查限位开关的紧固螺栓	A		C		
变桨柜					
1　检查变桨距支架固定及电缆固定情况	A	B	C		
2　检查变桨距支架－变桨轴承紧固螺栓力矩值	A		C		
导流罩					
1　外观检查，有无裂纹、损坏，梯步的状况，以及与发电机的密封间隙	A	B	C		
2　检查导流罩连接螺栓	A		C		
3　检查导流罩前、后支架有无裂纹、损坏和漆面	A	B	C		
4　检查导流罩的前、后支架及连接螺栓	A		C		
清洁风力发电机					
1　清洁，补涂破损防腐	A	B	C		

注：A 级维护要求重新紧固所有的螺栓；C 级维护要求按照力矩表要求的值紧固螺栓并做标记以使下次检查时不会重复，如果发现有松动的螺栓，则紧固该项所有的螺栓并加以记录。

五、风力发电机组维护检修项目

风力发电机组维护工作所涉及的部件主要有叶片、轮毂、机舱、控制器、变流器、交流配电柜、主轴、齿轮箱、发电机及塔架等。维护检修的具体项目和要求如下：

（一）叶片

1）检查叶片的表面、根部和边缘有无损坏以及装配区域有无裂纹。

2）根据力矩表抽样紧固叶片上 10% ~20% 的螺栓。

3）检查风力发电机组叶片初始安装角是否改变。

4）检查叶片的表面附翼有无因风沙磨蚀、雷击、吊装造成的损坏。

5）检查叶片防雷接地系统是否正常。

（二）轮毂

1）检查轮毂表面有无腐蚀。

2）按力矩表抽样紧固 10% ~20% 的主轴法兰与轮毂装配螺栓。

3）按设备生产厂家要求更换螺栓。

（三）导流罩

1）检查导流罩本体有无损坏，以及安装螺栓有无松动。

2）检查工作窗锁具有无异常，以及工作窗钢线是否可靠。

（四）主轴

1）检查主轴部件有无破损、磨损、腐蚀，螺栓有无松动、裂纹等现象。

2）检查主轴轴承有无异常声音。

3）检查轴封有无泄漏及轴承两端轴封润滑情况。

4）按力矩表 100% 紧固主轴螺栓、轴套与机座螺栓。

5）检查转轴（前端和后盖）罩盖。

6）检查主轴润滑系统有无异常，检查注油罐油位是否正常，并按要求进行注油。

7）检查主轴与齿轮箱的连接情况。

（五）联轴器

1）检查刚性及柔性联轴器的运行情况，在一个固定点检查联轴器径向和轴向窜动情况，如果在一个方向上运行位移大于厂家规定数值，应更新或修理联轴器。

2）检查连接螺栓，用工具锁紧。

3）按照润滑表，给柔性联轴器注油润滑。

4）检查橡胶缓冲部件有无老化和损坏。

5）按厂家要求检查联轴器同心度。

6）检查联轴器上键、胀套或螺栓连接是否正常。

（六）齿轮箱

1）检查齿轮箱有无异常声音，检查齿轮及齿面磨损及损坏情况。

2）检查油温、油色是否正常，两年采集油样一次，进行化验。

3）检查油加热器、冷却器和油泵系统有无泄漏。

4）检查箱体有无泄漏，油标位置是否在正常范围之内。

5）检查齿轮箱油过滤器，并按厂家规定时间进行更换。

6）检查齿轮箱支座缓冲胶垫老化情况。

7）按力矩表 100% 紧固齿轮箱与机座的螺栓。

（七）发电机

1）检查发电机电缆有无损坏、破裂和绝缘老化情况，按厂家规定力矩紧固电缆接线端子。

2）检查空气入口、空气过滤器、通风装置和外壳冷却散热系统，每年检查并清洗一次。

3）检查水冷却系统，有无漏水、缺水等情况，并按厂家规定时间更换水及冷却剂。在气温达到 -30℃ 以下的地区，应加防冻剂。

4）直观检查发电机消声装置。

5）轴承注油，检查油质。注油型号和用量按有关标准执行。

6）定期检查发电机绝缘、直流电阻等有关电器参数。

7）按力矩表 100% 紧固机座的固定螺栓。

8）检查发电机轴偏差，按有关标准进行调整。

（八）集电环

1）清理集电环，检查集电环磨损程度。

2）检查大小电刷，检查弹簧压力、支架、接线是否正常。

3）检查接地系统的金属刷。

4）检查引线与刷架连接紧固螺栓是否松动。

（九）叶尖空气制动系统

1）检查叶尖制动块与主叶片是否复位，检查连接钢索是否牢固。

2）检查液压站本身、叶尖制动液压缸及附件有无渗油、泄漏，液压管有无磨损。

3）检查液压站油泵电动机工作是否正常，液压站系统压力是否正常。

4）检查旋转接合器、相关阀件工作是否正常；电器接线端子有无松动。

（十）变桨距系统

1）检查变桨距齿轮箱有无渗漏。

2）根据力矩表对变桨轴承和变桨齿轮箱的螺栓进行100%紧固。

3）对变桨距齿轮传动部分进行注油，油型、油量及间隔时间按有关规定执行。

4）检查变桨距齿圈、齿牙有无损坏，转动是否自如，必要时需做均衡调整。

5）检查变桨距电动机或变桨距液压油缸功能是否正常。

6）检查变桨距液压油管有无渗油、磨损，电气接线端子有无松动。

7）检测变桨距功率损耗是否在规定范围之内，应根据气温变化做相应调整。

8）检查变桨距控制及其制动系统是否正常。

9）检查蓄电池供电功能是否正常。

（十一）机械制动系统

1）检查接线端子有无松动。

2）检查制动盘和制动块间隙，间隙不能超过厂家规定数值。检查制动块磨损程度。

3）检查制动盘是否松动，有无磨损和裂缝。如果需要更换，按厂家规定标准执行。

4）检查液压站各测点压力是否正常。检查液压连接软管和液压缸的泄漏与磨损情况。检查液压油位是否正常，按规定期限更新过滤器。

5）根据力矩表100%紧固机械制动器相应的螺栓。

6）测量制动时间，并按规定进行调整。

（十二）偏航系统

1）检查偏航齿轮箱有无渗漏。

2）根据力矩表对塔顶法兰上的10% ~20%的螺栓进行抽样紧固。

3）根据力矩表对偏航系统其他螺栓进行100%紧固。

4）对偏航系统齿轮传动部分进行注油，油型、油量及间隔时间按有关规定执行。

5）检查偏航齿圈、齿牙有无损坏，转动是否自如，必要时需做均衡调整。

6）检查偏航电动机及液压泵电动机功能是否正常。

7）检查液压站本体有无渗油、液压管有无磨损，电器接线端子有无松动。

8）检测偏航功率损耗是否在规定范围之内，此项还应根据气温变化做相应地调整。

9）检查偏航制动系统工作是否正常。

（十三）机舱控制柜

1）测试面板上的按钮功能是否正常。

2）检查箱体固定是否牢固。检查接线端子紧固是否良好。

（十四）传感器

检查电气传感器、温度传感器、压力传感器、位置传感器、转速传感器、位移传感器、方向传感器和振动传感器。

（十五）塔架

1）根据力矩表对安装在中法兰和底法兰的螺栓抽样 10% ~ 20% 来进行紧固。

2）检查电缆表面有无磨损和损坏。

3）检查电梯、爬梯、平台、电缆支架、防风挂钩、门、锁、灯、安全开关等有无异常，安全装置是否完好。

4）检查塔门和塔壁焊接有无裂纹，塔身有无脱漆腐蚀，密封是否良好。

5）检查塔架垂直度。

（十六）风力发电机组控制柜

1）检查控制柜所有开关、继电器、熔断器、变压器、不间断电源、指示灯等部件是否完好，操作机构是否良好。

2）检查电气回路性能及绝缘情况，根据要求 100% 紧固接线端子。

3）检查电缆有无损坏和破损，检查所有插件接触是否良好。

4）检查电容器组、避雷器、晶闸管或 IGBT 外观形态有无异常。

5）检查控制柜安装是否牢固，检查控制柜的密封、防水、防小动物的情况。

6）检查通风散热及冷却系统是否正常。

（十七）加热冷却装置

1）检查电动机、润滑油、液压油的加热冷却装置是否正常。

2）检查控制柜的加热冷却装置是否正常。

3）检查齿轮箱油的加热冷却装置是否正常。

4）检查风速风向仪的加热装置是否正常。

5）检查机舱的加热冷却装置是否正常。

（十八）监控系统

1）检查所有硬件（包括微型计算机、调制解调器、通信设备及不间断电源）是否正常，检查所有接线是否牢固。

2）检查并测试监控系统的命令和功能是否正常。

3）测试数据传输通道的有关参数是否符合要求。

（十九）气象站及风资源分析系统

1）检查风资源采集系统是否正常，检查风资源分析系统是否良好。

2）检查风资源分析软件的所有命令和功能是否正常。

3）检查与监控系统连接的数据通道是否完好。

（二十）风力发电机整体检查

1）检查法兰间隙，检查传动链的同轴度，检查电动起重机。

2）检查风力发电机组的防水、防尘、防沙暴、防腐蚀的情况。

3）一年一次检查风力发电机防雷系统、测量风力发电机接地电阻。

4）检查并测试系统的命令和功能是否正常。

5）根据需要进行超速试验、飞车试验、正常停机试验、安全停机、事故停机试验。

6）检查风力发电机内外的卫生情况。

六、风力发电机组的定期检修维护

（一）定期检修维护的基本要求

定期的维护保养可以让设备保持最佳的状态，并延长风机的使用寿命。定期维护应达到的基本要求如下：

1）风机的定期检修施工应严格执行安全规程，做到文明施工、安全作业、不发生人身重伤及以上事故和设备严重损坏事故。

2）设备检修完成后，应做到消除设备缺陷，达到各项质量标准。

3）完成全部规定的标准项目和特殊项目，且检修停用时间不超过规定时间。

4）维护费用不超过批准的限额。

5）严格执行维护检修的有关规程和规定。各种维护检修技术文件齐全、正确、清晰，检修现场整洁。

（二）定期检修维护工作的主要内容

1. 风力发电机组连接件之间的螺栓检查

风力发电机组在正常运行时，各连接部件的螺栓长期处在有各种振动的环境中，极易使其松动，为了不使其在松动后导致局部螺栓受力不均被剪切，必须定期对其进行螺栓紧固力矩的检查。在环境温度低于 -5℃时，应在其力矩下降到额定力矩的80%时进行紧固，并在温度高于 -5℃后进行复查。一般来说，对螺栓的紧固检查都安排在无风或风小的夏季，以避开风力发电机组的高出力季节。

2. 各传动部件之间的润滑

风力发电机组的润滑系统主要有稀油润滑（或称矿物油润滑）和干油润滑（或称润滑脂润滑）两种方式。风力发电机组的偏航和变桨减速齿轮箱采用的是稀油润滑方式，其维护方法是补加油液和采样化验，若化验结果表明该润滑油已无法再使用，则进行更换。干油润滑部件有发电机轴承，偏航轴承，变桨轴承、偏航齿轮、变桨齿轮等。这些部件由于运行温度较高、载荷大，极易变质，导致轴承及齿轮磨损。定期维护时，必须每次都对润滑脂进行补加。另外，发电机轴承的补加量一定要按要求数量加入，不可过多，防止太多后挤入发电机绕组，使发电机绕组烧坏。

3. 控制系统的检查和功能测试

定期维护检修的功能测试主要有过速测试、紧急停机测试、液压系统各元件定值测试。振动开关测试和扭缆开关测试等。测试方法按照前面各章相关测试项目要求进行，再就是对控制器的极限整定值进行一些常规测试，控制与安全系统运行的检查包括下列项目：

1）保持柜内电器元件的干燥、清洁。

2）经常注意柜内各电器元件的动作顺序是否正确、可靠。

3）运行中特别注意柜中的开断元件及母线等是否有温升过高或过热、冒烟、异常的声音及不应有的放电等不正常现象，若发现异常，应及时停电检查，并排除故障，以避免事故的扩大。

4）对断开、闭合次数较多的断路器，应定期检查主触头表面的烧损情况，并进行维修。断路器每经过一次断路电流，应及时对其主触头等部位进行检查修理。

5）对于主接触器，特别是动作频繁的系统，应及时检查主触头表面，当发现触头严重烧损时，应及时更换。

6）定期检查接触器、断路器等电器的辅助触头，确保接触良好。定期检查电流继电器、时间继电器、速度继电器和压力继电器等的整定值是否符合要求，并定期整定，平时不应开盖检修。

7）定期检查各部位接线是否牢靠及所有紧固件有无松动现象。

8）定期检查装置的保护接地系统是否安全可靠。

9）经常检查按钮、操作键是否操作灵活，其接触头是否良好。

4. 其他定期维护检修应检查的项目

1）液压油位、冷却水位、低温加热装置等。

2）检查各传感器有无损坏，传感器的电源是否可靠工作。

3）机械制动器摩擦片及制动盘的磨损情况等。

（三）定期维护检修的准备

1）定期维护检修前必须做好下列准备工作：

① 针对系统和设备的运行情况、存在的缺陷、经常性维护的核查结果，结合上次的定期维护总结进行现场查对，根据查对结果及年度维护检修计划要求，确定维护检修的重点项目，制定符合实际情况的对策和措施，并做好有关设计、试验和技术鉴定工作。

② 落实物资（包括材料、备品、安全用具、施工机具等）准备和维护检修施工场地的布置。

③ 制定施工技术措施、组织措施、安全措施。

④ 准备好技术记录表格。

⑤ 确定需测绘和校核的备品备件加工图。

⑥ 制定实施定期维护计划的网络图或施工进度表。

⑦ 组织维护检修人员学习、讨论维护检修计划、项目、进度、措施、质量要求及经济责任制等。

⑧ 做好定期维护项目的费用预算，报主管部门审批。

2）定期维护前，检修工作负责人应组织有关人员检查上述各项工作的准备情况，开工前还应全面复查，确保定期检修顺利进行。

3）定期维护检修工程开工应具备的条件如下：

① 组织维护检修人员学习维护的项目、进度、技术措施、质量标准，并已掌握。

② 劳动力、主要材料和备品备件以及生产、技术协作项目等均已落实，不会因此影响工期。

③ 施工机具、专用工具、安全用具和试验器械已经检查、试验，并合格。

4）集中检修单位承包的检修任务，由风力发电场和集中检修单位按合同分别准备，双方应密切配合。

（四）定期维护施工阶段的组织管理

1）定期维护施工阶段应根据维护检修计划要求，做好下列各项组织工作：

① 按照《风力发电场安全规程》（DL/T 796—2012）检查各项安全措施，确保人身和设备安全。

② 检查落实检修岗位责任制，严格执行各项质量标准、工艺措施、保证检修质量。

③ 随时掌握施工进度，加强组织协调，确保如期竣工。

2）在检修过程中，应着重抓好设备的解体、修理和回装过程的工作。

① 解体重点设备或有严重问题的设备时，检修负责人和有关专业技术人员应在现场。

② 设备检修要严格按检修工艺进行作业。设备解体后若发现新的缺陷，应及时补充检修项目，落实检修方案，并修改网络图和调配必要的工机具和劳动力等，防止怠工。

③ 回装过程是最重要的工序，必须严格控制质量，把住质量验收关。

3）检修过程中，应及时做好记录。记录的主要内容应包括设备技术状况、修理内容、系统和设备结构的改动、测量数据和实验结果等。所有记录应做到完整、正确、简明、实用。

4）做好工具与仪表的管理工作，严防工具、机件或其他物体遗留在设备或机舱、塔筒内；重视消防、保卫工作；维护检修结束后，做好现场清理工作。

（五）定期维护检修的质量验收和总结

1. 定期维护检修的质量验收

1）制定质量验收管理制度，明确各级验收的职责范围。

2）质量检验实行检修人员自检与验收人员检验相结合，简单工序以自检为主。

3）班组验收项目由检修人员自检后交班组长检验。班长应全面掌握全班的检修质量，并随时做好必要的技术记录。

4）特殊维护检修项目竣工后的总验收和整体试运行要由风力发电场技术负责人主持。特殊维护检修和验收参考定期维护检修的验收标准执行。

5）集中检修单位检修的机组、设备的分段验收、分部试运行、总验收和整体试运行，由风力发电场技术负责人主持。分段验收以检修单位为主，风力发电场参加；整体验收和整体试运行以风力发电场为主，检修单位配合。

6）在试运行前，检修人员应向运行人员交代设备和系统的变动情况及注意事项。

7）检修人员和运行人员应共同检查设备的技术状况和运行情况，重点检查的内容有：核对各设备、系统的变动情况；施工设施和电气临时接线是否已拆除；风力发电机组运行是否正常，活动部分动作是否灵活，设备有无泄漏；标志、信号是否正确；现场整洁情况。

2. 维护检修的总结

1）设备维护检修技术记录、试验报告、技术系统变更等技术文件作为技术档案保存在风力发电场和技术管理部门。集中检修单位检修的设备，由集中检修单位负责整理，并抄送给风力发电场。

2）风力发电场每半年应将检修的情况上报一次。内容为检修计划的完成情况、检修计划变更情况及变更原因，检修质量情况，检修的开工、竣工日期以及维护检修的管理经验等。

七、日常维护与故障排除

（一）日常维护

风力发电机组在运行过程中，会出现一些故障，此时必须到现场进行处理，这样就可顺便进行常规维护。经常性维护应做到及时、快速、准确，并做好记录，一般不验收。

1）要仔细观察风机内的安全平台和梯子是否牢固，连接螺栓有无松动，控制柜内有无异味，电缆线有无移位，夹板是否松动，扭缆传感器拉环是否磨损破裂，偏航和变桨齿轮的润滑是否干枯变质，偏航和变桨齿轮箱、液压油及齿轮箱油位是否正常，液压站的压力表压力显示是否正常，静止部件与旋转部件之间有无磨损，各油管接头有无渗漏，齿轮油及液压油的滤清器的指示是否在正常位置等，有异常时应马上处理。

2）听一下控制柜里是否有放电的声音，有声音就可能是有接线端子松动，或接触不良，须仔细检查。听偏航及变桨时的声音是否正常，有无干磨的声响；听发电机轴承有无异响；听齿轮箱有无异响，有异响多为润滑不良或机械故障前兆。听制动盘与制动闸垫之间有无异响；听叶片的切风声音是否正常，若有异响应找出原因立即排除。

3）清理工作现场，并将液压站、润滑与冷却系统各元件及管接头擦拭干净，以便于今后观察有无泄漏。

虽然上述的常规维护项目并不是很完全，但只要每次都能做到认真、仔细地观察并进行分析，一定能防止出现故障隐患，提高设备的完好率和可利用率。要想运行维护好风力发电机组，在平时还要对风力发电机组相关理论知识进行深入的研究和学习，认真做好各种维护记录并存档。对库存的备件进行定时清点，对各类风机的多发性故障进行细致的分析，并力求对其做出有效预防。只有防患于未然，才是运行维护的最终目的。

（二）故障排除

随着时间的推移，新机组的不断投入运行，旧机组的不断老化，风机的日常运行维护和故障排除也就越来越重要。

1. 远程故障排除

风机的大部分故障都可以进行远程复位控制和自动复位控制。风机的运行同电网的质量好坏是息息相关的，为了进行双向保护，风机设置了多重故障保护。例如，电网电压高、低，电网频率高、低等故障是可自动复位的。由于风能的不可控性，所以超过风速的极限值也可自动复位。还有风机的过负荷故障及温度超过限定值等也可自动复位，例如，发电机温度高，齿轮箱温度高、低，环境温度过高、过低等。

除了能够自动复位的故障以外，其他可远程复位控制故障引起的原因有以下几种：

1）风机控制器误报故障。

2）各检测传感器误动作。

3）控制器认为风机运行不可靠。

2. 故障原因分析

通过对风机各种故障深入的分析，可以减少排除故障的时间或减少多发性故障的发生次数，减少停机时间，提高设备完好率和可利用率。例如，对风力发电机组偏航电动机过负荷这一故障的分析，可知有以下原因会导致此故障的发生：首先在机械上有电动机输出轴及键块磨损导致过负荷，偏航轴承间隙的变化引起过负荷，偏航大齿盘断齿发生偏航电动机过负荷；其次在电气上引起过负荷的原因有偏航控制模块损坏、偏航控制触发板损坏、偏航接触器损坏、偏航制动器工作不正常等。

在对风力发电机组控制电压消失故障分析中，一般采用排除实验法，将安全链当中有可能引起此故障的测量信号元件用信号继电器和短接线进行电路改造，最终将故障原因定位在超速开关的整定上，重新调整整定值后故障的发生次数减少，提高了设备使用率，减少了制动器闸垫的更换次数，降低了运行成本。

复习思考题

1. 对风力发电场工作人员有哪些基本要求？

2. 不同等级的风力发电运行检修员的资质条件是什么？

3. 对风电运行检修员的 7 条基本要求是什么？

4. 初级、中级、高级风力发电运行检修员的职业条件有哪些？

5. 风力发电运行检修技师的职业条件有哪些？

6. 风力发电运行检修员的基本要求包括几个方面？

7. 风力发电运行检修员职业守则的 6 条要求是什么？

8. 风力发电运行检修员基础知识的 5 条要求是什么？

9. 风力发电场每台风力发电机组应有的技术档案包括哪 6 项？

10. 风力发电场必须建立哪 3 项规章制度？

11. 正式运行对风力发电场设备的 7 项基本要求是什么？

12. 首次运行前，运维人员与风力发电场负责人应共同检查和确认哪些事项？

13. 风力发电机组运行前必需的 9 种文件和用品是什么？

14. 风力发电机组运行前技术安全检查的 7 条要求是什么？

15. 风力发电机组在投入运行前应具备的 10 个条件是什么？

16. 风力发电机组运行操作的 6 项要求是什么？

17. 手动起动和停机的四种操作方式是什么？

18. 风力发电场运行监控的 3 条要求是什么？

19. 风力发电场定期巡视的 3 条要求是什么？

20. 风力发电机组检查维护的 8 条要求是什么？

21. 风力发电机组异常运行的要求有哪些？

22. 风力发电机组事故处理的程序和要求有哪 5 条？

23. 风力发电场事故处理的 4 条原则是什么？

24. 风力发电机组应进行立即停机操作处理的事故有哪几种？

25. 风力发电机组因运行异常需要进行立即停机操作的 4 个步骤是什么？

26. 风力发电机组有异常情况的报警信号，运行人员应根据报警信号所提供的部位进行现场检查和处理的 3 条要求是什么？

27. 机组运行中发生设备和部件超温自动停机的处理要求是什么?

28. 风力发电机组因液压系统油压过低而造成自动停机的处理要求是什么?

29. 风力发电机组因偏航系统故障而造成自动停机的处理要求是什么?

30. 风力发电机组因转速超过极限或振动超过允许振幅而造成自动停机的处理要求是什么?

31. 风力发电机组在运行中发生系统断电或线路开关跳闸的处理要求是什么?

32. 风力发电机组维护检修管理的9条要求是什么?

33. 风力发电机组维护检修工作的注意事项有哪些?

34. 风力发电机组维护检修工作的准备要求有哪些?

35. 风力发电机组维护检修的5项安全制度是什么?

36. 风力发电机组维护检修准备的7条安全要求是什么?

37. 风力发电机组登塔作业的6条安全要求是什么?

38. 风力发电机组维护检修作业时的9条安全要求是什么?

39. 风力发电机组控制系统维护检修的12条安全要求是什么?

40. 风力发电机组满足安全要求的7条维护检修时间要求是什么?

41. 风力发电机组维护检修分类方法有几种?

42. 风力发电机组年度维护检修计划编制的依据和内容是什么?

43. 风力发电机组维护对检修材料和备品备件的4条要求是什么?

44. 风力发电机组维护检修的20个项目是什么?

45. 风力发电机组叶片维护检修的5个项目是什么?

46. 风力发电机组轮毂维护检修的3个项目是什么?

47. 风力发电机组导流罩维护检修的2个项目是什么?

48. 风力发电机组主轴维护检修的7个项目是什么?

49. 风力发电机组联轴器维护检修的6个项目是什么?

50. 风力发电机组齿轮箱维护检修的7个项目是什么?

51. 风力发电机组发电机维护检修的8个项目是什么?

52. 风力发电机组集电环维护检修的4个项目是什么?

53. 风力发电机组叶尖空气制动系统维护检修的4个项目是什么?

54. 风力发电机组变桨距系统维护检修的9个项目是什么?

55. 风力发电机组机械制动系统维护检修项目是什么?

56. 风力发电机组偏航系统维护检修的9个项目是什么?

57. 风力发电机组机舱控制柜维护检修的2个项目是什么?

58. 风力发电机组传感器维护检修的8个项目是什么?

59. 风力发电机组塔架维护检修的5个项目是什么?

60. 风力发电机组控制柜维护检修的6个项目是什么?

61. 风力发电机组加热冷却装置维护检修的5个项目是什么?

62. 风力发电机组监控系统维护检修的3个项目是什么?

63. 风力发电机组气象站及风资源分析系统维护检修的3个项目是什么?

64. 风力发电机整体检查维护检修的6个项目是什么?

65. 风力发电机组定期检修维护的5条基本要求是什么?

66. 风力发电机组定期检修维护工作的主要内容有哪些?

67. 风力发电机组控制系统检查和功能测试的9个项目是什么?

第七章　机组部件及系统的调试、维护与检修

风机叶片、齿轮箱、偏航系统、液压系统和控制系统是风力发电机组的主要组成部分，也是机组故障的高发区，做好齿轮箱、偏航系统、液压系统和控制系统的维护与检修工作对保障机组安全稳定运行意义重大。通过本章的学习应了解齿轮箱、偏航系统、液压系统和控制系统维护与检修的基本要求，熟悉各部分的故障表现及故障原因，进而掌握它们的维护与检修方法。

第一节　风机叶片的维护与检修

一、风机叶片的维护

1. 风机叶片维护的意义

随着风电市场的逐渐成熟，大型风力发电机组相继出现，叶片长度也由原来的 30～40m 增加到 60～70m。叶片长度的不断增长，必定导致叶片重量的不断增加，由于叶片设计使用寿命为 20 年，如何在叶片 20 年的生命周期内保持其高效运行至关重要。风机叶片是风力发电机组中的关键部件之一，其性能直接影响到风力发电机组的整体性能。叶片工作在高空，环境十分恶劣，空气中各种介质几乎每时每刻都在侵蚀着叶片，酷暑严寒、雷电、冰雹、雨雪、沙尘随时都有可能对风机产生危害，隐患每天都有可能演变成事故。据统计，风力发电场的事故多发期一般在盛风发电期，而由叶片产生的事故要占到所有事故的 1/3，还可能导致叶片运行失稳造成齿轮箱的故障。叶片发生事故后风力发电场必须停止发电，进行抢修，严重的还必须更换叶片，这必将导致高额的维修费用，将给风力发电场带来很大的经济损失。

叶片出现灾难性失效，必须使用大型起重机来更换叶轮或将叶片取下进行维修，这意味着时间长，费用高，损失大。而现场维修和维护使用的小型起重机、吊篮或吊式工作平台，安全、灵活、高效，以及费用比大型起重机低得多。叶片小的缺陷如果能及时发现并进行专业修复，可以避免裂纹延伸至叶尖，防止造成叶片大面积开裂，免除进行大型修补或者返厂处理，给风力发电场的业主带来巨大经济效益。

但是，目前我国风电开发还处于发展阶段，风力发电场的管理和配套服务机制尚不完善，尤其是风电企业对叶片的维护还没有引起充分认识，投入严重不足，风力发电场运转存在许多隐患，随时都会出现许多意想不到的事故，这将直接影响风力发电场的发电和经济效益。根据对风力发电场的调查和有关数据分析，以及参阅大量国外风力发电场维护的成功经验，我们对风力发电场日常维护的必要性有了更加深刻的了解，良好的维护可以有效地提升叶片的寿命及性能。建立良好的叶片正常维护制度是保证风力发电场获取经济效益的基础，是以少量的投入避免巨大的损失，换取最佳经济效益的最好方式。

2. 风电叶片维护的类型

风电叶片的维护分成两种：一种是"头痛医头，脚痛医脚"式的机动修补；另一种是定期维护。据国外成熟的风力发电场的统计数据表明，定期维护的费用比机动修补节省66%。

（1）不做任何日常维护的机动修补　这种运行方式在国内的风力发电场中很常见，风力发电场内基本没有配备专业叶片检查、维修人员，没有专业检查、测试和维修手段，许多风力发电场的叶片经常处于带病工作的状态。风力发电场运营时间越长，问题就会越积越多，越来越严重，有的风机因为叶片问题一年要停几次机。据统计，因叶片问题引起的故障停机率在30%以上。

长期运行的叶片表面会积累很多污垢，叶尖和切风面表面污垢尤为严重。这些污垢大多是空气中的金属颗粒及粉尘，如不及时进行处理会造成叶片配重失调，而叶片配重失调会导致主轴的转动不在一个平面内，主轴以一个不规则的转动传递给变速箱，变速箱中的齿轮不规则摩擦导致齿轮磨损加剧，产生大量热，严重的可能产生自燃爆炸。另外，产生因配重失衡造成的震颤和噪声，会造成轴承、齿轮箱等部件的损坏，影响风机的使用寿命。

当叶片在运行过程中发现非常明显的损伤后，只能停运机组解决叶片的问题。这种方式虽然节省了日常的检查费用，但是问题很可能发生在盛风发电期间，机组的停机将减少风力发电场的收入，给风力发电场带来很大的经济损失。由于损伤较大，而抢修用的设备多是租用设备，维修成本高，移动设备时间较长，工作效率低，加之某些大型维修平台如遇突发天气很容易损伤叶片，这必将需要高额的修补费用才能完成修复，还有可能因为损伤发现不及时导致叶片需要返厂修补，这样将造成更大的经济损失。

（2）有专门人员的定期维护

1）叶片定期保养维护的重要性。叶片的正确定期维护可以使叶片的表面一直保持清洁，并且三个叶片的重量比符合出厂要求，可以使三个叶片的重量比及捕风能力在风机正常的运转过程中达到均衡，减少叶片在运转中的震颤对主轴承、齿轮箱等关键主机部件寿命的影响。对胶衣脱落、砂眼、砂眼漏空、叶片开裂、避雷器损坏等隐患进行维修，可以大大减少雷击、腐蚀和疲劳失效的发生概率。每台风机正常定期维护维修的费用仅为单台风机发电收益的3%左右，前期少量的维护投入可换来稳定的发电收益，把损失和风险减到最小。

风力发电场与专门从事维修的公司签订维修合同，维修公司按照合同要求定期或不定期地对风场叶片进行检查，记录并报告叶片的状态，做出评价，制定维修方案。对风机进行定期检查维护一般是在风较小的季节，维修人员使用吊篮或空中维修平台进行检查、维护、维修，这种方式安全、灵活，而不必使用费用高昂的大型起重机，无须将叶片落到地面。

在风较小的季节，对风力发电场的叶片定期进行检查，并形成维护台账。维修人员可以对叶片开裂、雷击缺损、叶尖开裂、叶尖加固、砂眼修堵、胶衣修复、横向竖向裂纹阻断进行修复，还可以对风机叶片进行整体翻新、叶脊加固。这样对叶片进行定期检查、维护、工业清洗等，可以早期发现潜在问题或事故的苗头，采取措施，防患于未然，以极小的成本减少风机可能发生的运营风险。例如：叶片上的砂眼可以很快被修复，但是没有修复的砂眼通过一个盛风期就可转变成通腔大砂眼；一个早期发现的横向裂纹，用几个小时就可以修复，如果演变至纤维深度，需要付出几十倍的时间和费用。此外，维修人员还要检查叶片的内外固合情况，进行主梁声音检查、迎风角向外固合力检查、叶尖受损检查，其目的就是将隐患消除在萌芽状态，避免盛风期事故停机造成的发电损失和高额的修理费用。由于叶片表面的修补，提高了叶片的气动性能，使盛风期具有更高的发电效率。

2）定期保养叶片对风力发电场运营的影响。

① 叶片缺陷对发电量的影响。风机叶片的迎风面是发电机主要的动力来源。一般风机在运行3~5年后，迎风面的保护层（包含胶衣体系和面漆体系）就会遭受极大的损伤，很容易渗进雨水，结成污垢，从而严重影响风力发电机组对风能的吸收效率，造成很高的发电量损失。

② 叶片运转的潜在风险。叶片在高空运转时，雷电、冰雹、雨雪、沙尘、飓风随时都有可能危害到风机叶片。

③ 叶片不做定期保养的后果。目前国内大多数风力发电场没有配备专业的叶片维修人员，也没有专业的设备进行检查和维护，许多风电叶片经常处于带病工作状态。

3）叶片的定期保养。关于叶片的定期保养，即提供叶片高空和地面维修、维护保养服务，通过持续有规律的叶片保养，可确保风力发电机组长期无故障运行，并在最佳风能吸收状态下运行。

① 叶片内部的检查。叶片安装并运转一段时间以后，需要进行检查与保养，具体内容如下：

a. 检查叶片避雷线是否有缺失或折断。

b. 检查内部粘接部位是否开裂，叶片腹板是否发生扭曲，内部是否有分层等缺陷。

c. 检查叶片内部是否有异物、异声等情况，芯材区域与表层玻璃钢是否有剥离现象。

② 叶片外部的检查。使用高倍望远镜仔细观察叶片外表面，具体内容如下：

a. 检查叶片根部密封胶是否开裂、剥落。

b. 检查叶片表面的盐雾、油污、静电灰等污垢，是否需要清洗或进行评估。

c. 检查叶片尾边或导向边是否开裂，是否有裂纹、气泡、凸起、麻面和砂眼。

d. 检查叶片表面的胶衣是否腐蚀、剥落，叶片表面是否有雷击破损处。

3. 叶片日常保养的方法

在平时的风力发电机组运行维护过程中，应注意叶片相关运转信息：

1）在叶片运行过程中，倾听是否有异常声音。

2）对于定桨距机组，要检查液压缸及油管组件是否漏油，并及时保养。

3）对于定桨距机组，观察小叶尖与主叶片挡板之间的间隙，以及小叶尖是否回收到位。

4）检查叶片的导雷接闪柱是否损坏，以及二次导雷点是否完好。

5）检查叶尖排水孔是否通畅。

若通过日常检测发现叶片存在问题，则应进行预防性维修，避免叶片损伤扩大，把损失降到最小。

4. 叶片常用维护方法

（1）污垢或盐雾腐蚀的处理　污垢或盐雾会在叶片表面形成一层覆盖层，这种覆盖层会对叶片的效率产生影响，所以要定期对叶片表面进行清洗，除去覆盖层。

具体清洗方法是：将待清洁表面涂一层 Yacht Cleaner 蜡（这种蜡是一种高浓缩精炼水基试剂，没有添加研磨介质，可用水稀释）进行清洗，然后使用 Yacht Polish 蜡（一种添加研磨介质的蜡）进行清理。对于那些特别难处理的污渍和顽垢，可使用 Yacht Rubbing 进行清洗。对于不是很难处理的附着物，可用 Yacht wax 进行清洗，以便能够达到良好的清洁效果。

（2）叶片开裂的维护　叶片表面的裂纹一般在风力发电机组运行 2～3 年后就会出现。裂纹是由低温和机组自振所引起的。如果裂纹出现在距叶片根部 8～15m 处，风力发电机的每次自振、停车都会使裂纹加深加长。裂纹在扩张的同时，空气中的污垢、风沙随机侵入，进一步使裂纹加深加宽。裂纹严重威胁着叶片的安全，可导致叶片开裂，而横向裂纹可导致叶片断裂。

如果出现横向裂纹，必须采用拉锁加固复原法。拉锁加固复原法是指采用专用的拉筋粘合，修复回原有的叶片平面。如果叶片的表层完好无损，仅是开胶裂缝，只需用胶把裂缝粘起来即可。压接两片表层时，可使用木条和夹具进行修复，如图 7-1 所示。

如果是叶片表面开裂，如图 7-2 所示，可以按照下述步骤修复。

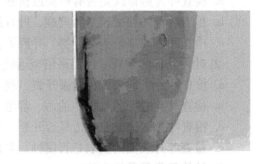

图 7-1　叶片开裂修复夹具　　　　　　　　图 7-2　叶片表面开裂

1）用角磨机打磨裂口边缘，尽量不要完全破坏现有的边缘，以便在填充材料时有比较牢固的支撑。

2）随后将厚缘两侧的漆和胶磨掉，大小向上约 90mm（两侧都要磨掉），长度比裂口至少长 60mm。

3）在裂口中填充经过核准的粘合剂（填充胶），以便获得正确的翼型，也可以使用 Araldite2021 或 Adekit310 胶。确保在粘合前，粘合处胶的厚度不小于 3mm。

4）叶片贴层使用一块两层编织纤维布（两层编织纤维与 3 层编织纤维的区别是，3 层纤维的一面可以看出有规则的竖向纹理），大小按照垂直方向超过裂纹约 50mm，裂口方向超过裂口末端 100mm。贴层用 Ampreg20 树脂粘合。随后用加热枪烘干，当贴层不再粘手时，裹上电加热毯，使贴层在 60℃ 环境下至少保持 2h。

5）完全干燥后，打磨贴层直到与原翼型吻合。为了排出贴层内残存的空气，必要时可在叶尖圆弧部位的贴层上开一个径向的切口。为了避免产生气眼，建议在贴层外部加一层填充胶。修补后的部分应圆滑、平整，且无尖锐边角。

（3）破损的维护修补　叶片破损的维护修补见图7-3所示。薄缘部位的缺口必须按照下列程序来修补。

1）对损坏部位进行切割、打磨，做好修补准备。在损坏相对较轻的一面贴上坚硬物体作为支撑。在粘贴支撑物前应把支撑物用胶带包起来。

2）粘贴好支撑物后，从支撑物对面开始抹胶，然后进行烘干。当胶凝固后，去掉支撑物。当胶完全干结后，开始打磨，对贴层的区域要仔细打磨。

3）等待粘贴层干燥。

4）打磨修整粘贴层，使其与翼型相符。

5）为了避免气眼，建议在粘贴层外部也加一层填充胶。在涂抹混合面漆涂料之前，对粘贴层外部的胶也要进行打磨修整，要求平整、光滑，没有尖锐棱角。

6）在薄缘上贴一层30mm厚的玻璃纤维板，并用夹具将纤维板加以固定，以便形成初步的翼型。当胶干燥后，再用电热毯包裹起来在60℃环境中保持至少1h。等冷却后修整边缘及粘合部位。

7）对存在张开现象的贴层必须用胶封死。

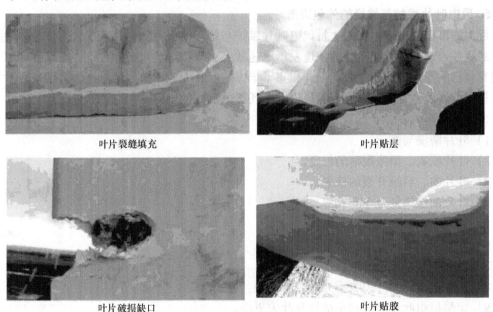

叶片裂缝填充　　　　　　　　　　　叶片贴层

叶片破损缺口　　　　　　　　　　　叶片贴胶

图7-3　叶片破损的维护修补

（4）叶片砂眼的形成与维护　风机叶片出现砂眼是由于叶片没有了保护层而引起的。叶片的胶衣层破损后，被风沙抽磨的叶片首先出现的麻面其实是细小的砂眼，如果叶片有坚硬的胶衣保护，沙粒吹打到叶面时可以抵挡也能转移风沙的冲击力，就像风沙分别打到钢板和木板上，所出现砂眼的状态肯定是截然不同的。砂眼对风机叶片最大的影响是运转时阻力增加，转速降低，砂眼生成后其演变速度也是惊人的。例如：直径1.5mm的砂眼两年后将变成深度为5mm、直径达10～12mm的砂眼。如果此时是雨季，砂眼内存水，麻面处湿度增加，风机避雷指数就会降低。针对砂眼的修复，以往国内采用的是抹压法，这种方法对小砂眼和麻面是有效的，但对于较深的砂眼，在抹压的同时砂眼内污垢和气泡无法排出，存在着治标不治本的现象。

采用注射法治理及修复叶片砂眼，均是从内向外堵，使内结面积增大饱和无气隔，做到表里如一，坚硬耐冲击。

（5）叶尖的维护 风机的许多功能是靠叶尖的变换来完成的。叶尖是整体叶片的易损部位，风机运转时叶尖的抽磨力大于其他部位，整体叶片中它又是最薄弱的部位。叶尖由双片合压组成，叶尖的最边缘由胶衣树脂粘合为一体。叶尖的最边缘近4cm的材质是实心，目的是增加叶尖的耐磨度和两片之间的亲和力。

由于叶尖内空腔面积较小，风沙吹打时没有弹性，所以叶尖是叶片中磨损最快的部位。施工标记试验证明，叶尖每年都有5mm左右的缩短磨损。叶片的易开裂周期是风机运转4~5年后，原因是叶片边缘的固体材料磨损严重，双片组合的叶尖保护能力、固合能力下降，使双片粘合处缝隙暴露于风沙中。解决风机叶片开裂的问题，就是风机运转几年后做一次叶尖的加长、加厚保护。与原有叶片所磨损的重量基本吻合，不会对叶片的配重比产生任何影响，修复后的叶尖至少三年后磨回原有叶面，对阻止叶尖开裂现象的发生起到决定性作用。

5. 风电叶片维护与维修的外包服务

巨大的市场需求催生了一大批风电叶片维护与维修的服务公司，这些公司作为风力发电产业的服务业，随着风电产业的快速发展迅速壮大起来。这些风电叶片维护与维修的服务公司拥有自己的专业维护与维修队伍，积累了丰富的叶片专业维护与维修经验，配备有叶片专业维护与维修设备及工具，可以为风力发电场提供良好的服务。

（1）风电叶片的维护与维修

1）叶片清洗与翻新。

2）叶片胶衣、面漆脱落的修复。

3）叶片前、后缘开裂的修复。

4）叶片前缘修复及3M贴膜。

5）叶片纵、横向裂纹阻断修复。

6）叶片防雷系统检测与修复。

7）叶片芯材损坏的修复。

8）定桨机组叶片叶尖收不齐的故障处理。

9）定桨机组叶片叶尖刹车部件及叶尖更换。

（2）风电叶片巡检、定检与大包服务

1）在地面对叶片进行巡检。

2）登机对叶片内进行检查及维护。

3）通过高空作业平台对叶片进行检修。

4）全年对风电叶片进行维护与维修。

（3）风力发电机组叶片功率优化

1）失速型风机叶片失速贴条安装。

2）叶片涡流发生器方案的制定与安装。

3）叶片扰流板方案的制定与安装。

（4）服务流程

1）对风场所有风机进行全面勘测，前期用高倍望远镜及高倍数码相机进行实体拍摄，对照片进行专业性精确分析。

2）再用专业勘测平台对个别损害较严重的或是无法确定损伤程度的叶片进行操作性勘测，近距离确定损伤情况。

3）全面掌握风场风机叶片存在的问题，就实际情况为风场业主出示勘测报告，便于风场负责人全面了解风场叶片基本状况。

4）针对勘测报告中所显示的损坏情况制定维修方案。

二、叶片的缺陷与损伤

1. 复合材料叶片缺陷的来源

（1）技术缺陷　在风力发电机组叶片生产过程中出现的问题称为技术缺陷。

在风电叶片制作过程中，国内基本上使用的都是真空辅助灌注技术，即 VARTM 技术。此工艺是一种能生产大尺寸产品的先进技术，也是世界上比较先进的一种制备方法，但这种制备方法对原材料有一定的要求。例如，树脂应满足如下要求：

1）黏度要合适。真空灌注技术对树脂黏度的依赖性很高，过高或过低的树脂黏度都会使产品产生质量问题。

2）凝胶时间要合适。过长的凝胶时间会导致树脂不能固化，影响产品的生产周期；过短的凝胶时间会导致在灌注过程中就出现固化，产品未能灌透。

3）放热峰要合适。过低的放热峰会导致树脂固化时间加长，过高的放热峰会导致叶片中其余增强材料的老化，严重影响质量。由于 VARTM 技术在风电场上的成形效率越来越高，但也出现了由于时间缩短及 VARTM 技术本身的原因，风电复合材料叶片在成形过程中有很多的缺陷出现，有些缺陷能可见并能够修补，但有些缺陷由于空间或其他原因，无法看到及修补。

（2）工艺缺陷　工艺缺陷是指在风机叶片的生产过程中，由于工艺、制造等原因形成的缺陷，如外表面的缺陷类型包括气泡、色差、针眼，壳体、主梁帽的缺陷类型包括皱褶、浸渍不良、芯材缺损、错位或芯材对接缝隙超出要求的范围，胶接区的缺陷类型包括胶粘区域出现空洞、粘接厚度超过允许范围、粘接宽度不够，钻孔区的缺陷类型包括钻孔间隙偏差、叶根螺栓孔中心距离内外缘偏差等。

对于上述缺陷，无论是可见缺陷还是未可见缺陷，都对叶片的正常运转带来不利影响。一般来说，风电叶片的使用年限是 20 年，期间要遭受风沙、雷电及高达 500 万次以上的周期性振动，每个环节的失效都有可能对叶片的运转产生致命缺陷。而且，由于风电叶片在高空中工作，因此缺陷的检查很难达到全面仔细的程度。很多风电叶片的破坏或断裂，都是由于一个厘米级的缺陷由于蠕变效应而不断扩大，直至导致结构层破坏。

因此，在生产过程中如何避免或者检查出缺陷，是每个风电企业都在研究的课题，国内的研究主要集中在对工艺本身缺陷的研究及利用外部设备（无损探伤仪）等进行的检测，但由于风电叶片及复合材料的特殊性，许多内在缺陷是无法探测出来的。这就要求技术人员在设计中必须充分注意和考虑复合材料的可修复性，并提供简单易行而又有效可靠的修理技术。

2. 叶片的损伤

在风力发电机组投入运行后叶片出现的问题称为损伤。

虽然在设计风电叶片时，赋予它足够的强度和刚度，但是在其 20 年的使用寿命中，也会像其他复合材料部件一样，出现各种各样的问题。风电叶片从生产厂家生产，通过长距离的运输到达风电场，使用大吨位起重机进行安装。风电叶片在上述每一个步骤都可能发生损伤和破坏。一旦风电叶片开始运行，又将受到雨水、风沙以及大气的腐蚀，同时还要经受强紫外线的照射。在风压和旋转持续疲劳载荷的作用下，隐藏在叶片内部的缺陷，如分层、气泡、叶片组件之间的粘合缺陷将会逐渐显现出来。

在风机正常运行情况下，风电叶片会在不同年限出现相应的受损状况：

1）2 年：表面胶衣出现磨损与脱落现象，甚至出现小的砂眼。

2）3 年：叶片出现大量砂眼，叶片前缘尤为严重，风机运行时产生阻力，事故隐患开始显现。

3）4 年：表面胶衣脱落至极限，叶片前缘出现通透的砂眼，横向裂纹开始出现，运行阻力增加，叶片防雷指数降低。

4）5 年：此年份是叶片事故高发年，叶片外部的补强材料磨损严重，叶片合模缝已露出，叶片在疲劳载荷作用下，横向裂纹加深延长，内粘合处出现裂纹，防雷指数降低等。

3. 常见的环境破坏导致的损伤类型

常见的叶片损伤主要有以下几种：前缘腐蚀、前缘开裂、后缘损坏、叶根断裂、叶尖开裂折断、表面裂纹和雷击损坏等。

（1）前缘腐蚀　前缘腐蚀如图 7-4 所示。常见的前缘腐蚀有盐雾引起的胶衣结晶（用非离子表面活性剂进行多次清洗）和风沙抽磨导致的脱落（尽快进行喷涂修补）。前缘腐蚀会导致翼型变化，由于翼型发生形变，叶片捕捉的能量就会减少 5% 以上。前缘腐蚀在早期容易修补，应及时处理，避免造成更大的损失。处理方法是：先适当打磨受损部位，清理干净，刮腻子找平，再喷涂胶衣进行修复。

图 7-4　前缘腐蚀

（2）前缘开裂　前缘开裂如图 7-5 所示。如果发现叶片前缘开裂，要尽快修补。如果修补不及时，开裂处会越来越长，在空气作用下，蒙皮就会出现脱开、开裂现象。当叶片蒙皮开裂在 1.8m 以下时还可以勉强修补，如果开裂过大，就不得不更换整个叶片了。处理方法是：打磨受损部位，清理干净，再喷涂胶衣进行修复。

（3）后缘损坏　后缘损坏如图 7-6 所示。由于叶片后缘较薄，特别是叶尖区域，因此，在叶片的运输和安装过程中，稍不注意，将会造成叶片后缘分层或者开裂。后缘损坏缺陷一般范围较小，在早期容易处理，需要及时进行修补。如果置之不理，任其发展，轻微的后缘

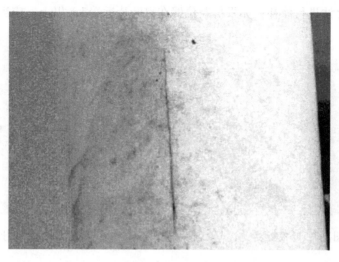

图 7-5　前缘开裂

损坏就会产生较大的问题。从图 7-6 中可以看到，裂缝沿着叶片弦向裂开，直通到梁，然后沿着梁撕裂，这个叶片已经接近灾难性失效了。

图 7-6　后缘损坏

　　（4）叶根断裂　叶根断裂如图 7-7 所示。叶根断裂的苗头如叶根裂纹、小裂缝等必须尽早发现，并予以修复，因为叶根断裂会引发灾难性的失效，几乎无法修补。图 7-7 中这个叶片的叶根裂缝已经扩大，已经很难修补了。

　　（5）叶尖开裂折断　叶尖开裂折断如图 7-8 所示。叶尖是很重要的部位，如果折断，要根据具体情况采取不同的措施。如果折断的位置离叶片远端很近（1m 范围内），则可以采取拉筋加强等办法进行修补；如果折断位置在离叶片远端 1m 以上，应当更换叶尖。

图 7-7　叶根断裂

叶尖开裂后折断

图 7-8　叶尖开裂折断

（6）表面裂纹　表面裂纹如图 7-9 所示。即使是很小的表面裂缝也会使水渗入复合材料中，严冬时水会结冰，这将导致内部芯材快速损坏并造成叶片结构失稳，最终导致叶片破坏。小的裂缝会不断蔓延生长，最终导致叶片失效，因此发现裂纹时应该尽快修补。处理方法是：打磨、清洁使其干净无尘，然后加热固化并进行硬度测试。

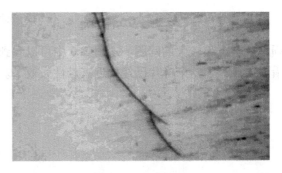

图 7-9　表面裂纹

（7）雷击损坏　雷击损坏如图 7-10 所示。叶片遭受雷击后会导致叶片损伤，同时也会导致避雷器及避雷系统的损坏，当雷击现象再次发生时，叶片很容易遭到破坏。因此，叶片在遭受雷击后，应对叶片避雷系统进行检查。

避雷系统损坏会导致叶片遭受雷击。如果导雷器损坏或工作不正常，在雷电交加的时候叶片很容易被击中损坏。事实表明，雷电会多次击中某个风电场中的某台机组，而风电场中其他机组却从来没有遭受雷击，这是因为这台机组的横向裂纹引发雷击，因此发现裂纹或避雷系统有故障后应及时维修。

横向裂纹引发雷击，并造成叶刃风化

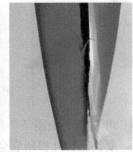

图 7-10　雷击损坏

4. 三明治结构损伤种类

根据叶片三明治结构部件在使用过程中可能出现损伤的情况，可以大致将三明治结构部件的损伤分为 5 类：表面损伤、脱胶及分层损伤、单侧面板损伤、穿透损伤和内部积水。

（1）表面损伤　表面损伤如图 7-11 所示。此类损伤一般可通过目视检查得以发现，包括表面擦伤、划伤、局部轻微腐蚀、表面蒙皮裂纹、表面小凹坑和局部轻微压陷等。这类损伤一般对结构强度不产生明显的削弱。

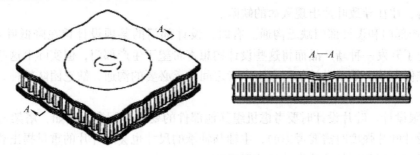

图 7-11　表面损伤

（2）脱胶及分层损伤　典型的脱胶及分层损伤如图 7-12 所示。该损伤是指纤维层与层之间或面板与夹芯之间的树脂失效缺陷，主要通过敲击检查、超声波检测等手段发现。此类损伤一般不引起结构外观变化，大多是在生产过程中造成的初始缺陷，并

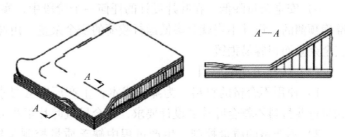

图 7-12　典型的脱胶及分层损伤

在反复使用过程中缺陷不断扩展而导致的。脱胶或分层面积过大会引起整体复合材料强度的削弱，应及时予以修补。

（3）单侧面板损伤　这类损伤包括单侧面板局部压陷、破裂或穿孔，一般通过目视检查即可发现。该类损伤能使一侧面板和蜂窝夹芯都受到损伤（表面塌陷），对气动性能和结构强度影响较大。一旦发现该类损伤必须经过修理和检验确认后方能重新使用。

（4）穿透损伤　该类损伤是指蜂窝部件出现穿透性损伤、严重压陷和较大范围的残缺损伤等。此类损伤对结构性能和强度有严重的影响，根据受损情况立即予以修理或按需更换新件。

（5）内部积水　该损伤原因主要是三明治结构边缘或蜂窝材料对接边缘密封不严或密封失效，在长期使用过程中由于雨水渗透、油液浸泡以及水汽冷凝而造成三明治夹芯出现积水。虽然一般情况下三明治结构内部积水不会造成严重影响，但在冬季日夜气温变化较大的情况下，积液结冰膨胀将会会造成复合材料部件内部树脂基体脱胶，同时在积液的长期浸泡下也会使复合材料的树脂基体的胶接强度大幅降低而降低部件的整体性能；叶片应及时检查其内部蜂窝结构的积水情况并做出相应的修理措施。目前，该类损伤主要通过红外热成像、X－射线检测仪等手段进行检测。

5. 叶片缺陷与损伤产生的原因

这里将从四个方面讨论叶片产生问题的主要原因，即设计不完善、生产缺陷、自然原

因、运行和维护不当。

（1）设计方面的原因

1）管理层要求降低成本的因素。生产厂家管理层片面追求利润，设计部门经常会受到来自管理层的压力，要求设计成本低廉的部件，以便使企业有更大的利润空间。面对来自管理层的压力，设计部门有时不得不做出妥协，比如，通过减小叶片叶根直径的方式来减少轮毂和叶片的成本，但是叶根尺寸减小后会导致叶片强度不够；再如，选择质量不佳但价格便宜的原材料，往往导致叶片出现致命的缺陷。

2）生产部门和设计部门缺乏沟通。有时，设计部门的某项设计旨在降低叶片的成本、重量，或为了开发一种新产品而将这些设计构想寄希望于生产部门，但实际上这些设计在工艺上是很难保证的，如果设计部门和生产者之间缺乏必要的沟通，缺乏团队精神，产品就会出现问题。

3）极限设计。叶片设计时要考虑机组其他部件的要求与配合，例如，塔架与叶片的间距通常是设计叶片强度时需要考虑的，主轴和轴承的尺寸也会对叶片的重量提出要求，如果这些参数考虑不周就会使叶片设计到达极限值。

4）安全余量降低。在叶片设计的任何一个阶段中，实际运行载荷和静态载荷总是很难准确预测的，设计不当就会降低运行载荷的安全余量，由此设计并生产出来的产品因为降低安全余量而很容易损毁。

（2）生产方面的原因

1）使用不合格的材料。为降低成本，生产厂家会寻求非常便宜的胶衣、树脂或纤维，如果这些材料不符合叶片的设计要求，也会导致叶片很快失效。

2）不严格的质量控制。生产过程中缺乏质量控制是导致叶片出现问题的主要原因之一。在生产过程中必须在关键环节设置质量检验控制点，只有通过了该工序的质量检验，生产加工才能继续。如果忽略了或者不存在这些检验控制点，生产工艺很难保证，就会存在质量问题。生产过程的质量检验和出厂产品的测试检验是质量控制体系的一个重要组成部分，生产厂家要保证对产品质量的持续改进，避免把有缺陷的叶片发给客户。

3）未经设计者批准就改变生产工艺。在叶片生产加工过程中决定改变工艺时，必须按照正常程序得到设计部门的批准，并通过试验得到质量验证。有时候生产部门未经设计部门批准就私自修改生产工艺，使叶片的整体性能被破坏，导致产品质量不合格。

4）生产工艺过于复杂很难产生质量一致的产品。如果生产工艺过于复杂，很难批量生产出质量一致的产品。

从运行发电后的角度来看，叶片产生问题的主要原因有以下两方面，即自然原因、运行和维护不当。

（3）自然原因　　由于沿海地区的特殊情况，沿海的风电场叶片受损主要来自雷击、盐雾以及台风的破坏。

1）雷击。叶片遭雷击损伤如图7-13所示。遭受雷击是叶片毁坏的主要原因之一，要设法提高叶片在雷击下的生存能力。控制雷击的几种经典方法包括采用叶尖附近裸露的接闪器。这些接闪器和导线相连，把雷击电流引到叶根，然后电流在此进入轮毂和主轴，通过电刷把它带到机舱罩的底盘，最后通到地面。但是，即使有一个良好的传导路径至地面，叶片也可能在被雷电击中时产生分层，这是因为叶片中的任何潮气在那时都变成了蒸汽。

如果避雷系统工作不正常，当雷电击中一个叶片时，电流将会直接传递给发电机。如果叶片有砂眼，下雨时就会积水，在受到雷击的时候这些水分会瞬间蒸发，产生的蒸汽压力会使叶片爆炸或裂开，这对机组来说是灾难性和致命的。我们虽然无法控制雷击这种自然现象，但是如果经常检查叶片防雷系统，修复有问题的避雷系统，将叶尖排水孔里的杂质清理干净，就能最大限度地保护叶片，减少叶片遭受雷击。

图7-13 叶片遭雷击损伤

2）空气中的沙尘颗粒。由于叶片转动，它不可避免地会与空气中的颗粒产生摩擦和撞击，如同使用砂轮在磨削叶片。在许多情况下，叶片的叶尖速度超过70m/s，在这个速度下，空气中的颗粒会导致前缘磨损，前缘粘合会因此开裂。即使不是结构性损坏，前缘磨损也会造成巨大的发电损失。

3）高速风、剪切风、恶劣气候。通常随着风速增加，叶片顺桨，当风速超过额定值时，叶片顺桨直至机组完全停止。强烈的剪切风或很大的阵风可以使叶片载荷超过其设计载荷，即使叶片处在静止状态下，也会损坏叶片。暴雨、雷电、暴风雪、冰雹、飓风和寒潮等恶劣天气都可能会给叶片造成损坏。

4）疲劳寿命。叶片在运行时承受复杂的交变应力，疲劳寿命是叶片很关键的一个技术指标。如果生产的叶片疲劳寿命实验值达到了其设计要求，说明叶片抗疲劳性能良好。

5）盐雾。叶片受盐雾腐蚀如图7-14所示。在沿海风电场，盐雾对叶片的腐蚀是不可忽视的。长期遭受腐蚀后的叶片前缘胶衣容易脱落，长期运转后将损伤到纤维层，加速叶片老化，造成开胶和纤维层损伤。同时，由于盐雾的日积月累，

图7-14 叶片受盐雾腐蚀

叶片表面将形成一层不均匀的覆盖层，破坏叶片平衡，严重时将影响叶片运转效率。

6）台风。叶片被台风折断如图7-15所示。由于风力发电机组叶片设计有规定的使用环境条件，其在正常条件下具有足够的强度和韧度。但在台风期间，受到如大阵风、强剪切风等的不断交叉袭击，会使叶片超过其设计载荷，容易产生损伤，严重情况将导致叶片折断，甚至出现倒塔事故。

7）冰。叶片上的积冰非常危险，最好的办法是把风机叶片上的冰都除去。这些积冰会降低翼

图7-15 叶片被台风折断

型的效率，使叶轮失去平衡。在极端结冰条件下，风力发电机组应能自动停机保护叶片。

（4）运行和维护不当

1）漏油处理不及时。运行维护时没做好密封维护将导致油渗漏，漏出的油穿透叶片层板后，易引起叶片分层。叶片内部缝隙需要清洁控制。叶片外层的油渗漏将产生污垢，降低其运行效果。

2）裂缝未及时发现。目测是一种最容易的检查叶片问题的方法。如果日常巡视巡检未

能及时发现叶片存在的裂缝，由于裂缝会不断蔓延，随着时间的延长，小问题可能滋生大事故。因此，发现裂缝后必须及时上报，轻微的必须定期跟踪观察，严重的必须保证它在变成大问题前及时修复。由于裂缝会不断生长，随着时间的延长，修补起来会更困难。如果裂缝使水进入叶片，在融冰时将引起叶片损坏。

3）污垢未进行清除。当翼型变脏后，其性能受到影响。叶片就象汽车的挡风板，会很快沾染上污垢和昆虫，其性能将受到影响。定桨风力发电机组在高风速下失速以保护风力发电机组。定桨距叶片对前缘上的污垢很敏感，它们会使叶片提前失速。一个变脏的失速定桨翼型可能会损失20%的效率，因此保持叶片干净很重要。在一些地区，每隔几个星期对叶片进行一次清洁是很经济的。

变桨风力机组翼型可避免失速，它和失速叶片不同，不受污垢影响。

4）未及时发现处理前缘腐蚀。在沙尘较大的风力发电场，前缘腐蚀是一个很严重的问题，而沙尘少的地方则不是问题。如果风力发电机组出现前缘腐蚀，此时最好使用前缘保护带对叶片前缘加以保护。这些带子非常耐磨，可以防止腐蚀。

5）超额定功率运行。许多风机操作者操作风机时，让机组在超高风速下运转，这样做短时间内带来的好处是使功率大幅增加，但是导致的结果是机组超功率运行，叶片开始出现早期失效。

6）失控。当风力发电机组变桨系统出现故障或机器上的制动系统不能使叶轮停止转动时，叶片将出现失控飞车现象。严重的会导致叶片被抛出，造成风力发机灾难性事故。失控造成风力发电机组不能停下来。它可能是由于制动或变桨系统出错造成的，也可能是因控制器或操作错误而引起。这是很危险的情况，因为叶片产生的功率随着转速增加继续上升。

如果发电机脱网，则没有载荷可阻止每分钟转速上升。当转速增加时，叶片可能回弹，撞到塔架，或者因为离心力增加，引起叶片破裂飞散。如果这种情况发生，叶轮会失控甩出去，机舱可能摇晃脱离塔架。因为没有一个系统是被设计用来对付极限超速的，所以塔架或地基可能倒塌，掀翻整个风力发电机组。不要靠近一个失控的风力发电机组，因为它的某些部件可能被甩出上百米远。

7）叶片失去平衡产生振动。叶片必须平衡，使它们不会对风力发电机组其余部分或塔架造成过载。就像汽车的轮子，如果叶片不平衡，旋转叶片会引起载荷反复摆动而产生振动。对叶片进行修补时应避免其重量产生变化造成不平衡。

当叶片越来越大时，风力发电机组就会变得更加昂贵，要使用更多的安全装置。叶片振动可以用加速计测出，然后通过控制器来改变叶片节矩、风机速度或其他参数，以减小不需要的振动。叶片振动缺陷通常需要使用专门的探测工具去检测，大多数现场技术人员不具备。此时建议由一名风力发电机组工程师收集和分析数据，以便找出事故原因。

8）静载荷力矩。这是叶片被朝着叶根时的重量。每次轮毂旋转180°，该重量反向。反向的载荷造成许多损坏，如果叶片设计或制造有误，它就会在叶根附近发生断裂，因为根端所受载荷最大。当叶片越来越长时，它就成为一个关键的设计载荷。

9）频率共振。当一个叶片的固有振动频率与风力发电机组转动速度相匹配时，就会产生频率共振。设计叶片时，其固有频率必须和叶轮每分钟转动的频率和塔架摇摆频率不同。否则，正常的叶片跳动在叶片和风力发电机组其他部件共振时被放大，在叶片结构上引起极限载荷。由于叶片形状像翅膀，它们在拍动方向，以边缘间的不同频率振动。

当叶片安装到变速风力发电机组上后，共振问题更加复杂。在叶片制造中大的修补或偏离设计会改变叶片重量，也改变共振频率。这就是为什么风力发电机组需要装有一个叶片振动传感器，叶片振动接近任何固有频率时，都能使风力发电机组产生故障。

10）叶片到塔架的间距。在风力发电机组设计中，因为大多数风力发电机组是迎风工作的，它们往往会向后弯向塔架。如果一个叶片撞到了塔架，对叶片就会是一个灾难性事件，它会损坏整个风机和塔架，这是叶片设计时必须要考虑的。

叶尖和塔架的间距受到以下因素影响：叶片刚度、叶轮转速、风速、叶片塔架距离、机舱罩倾斜、偏航轴溢出和塔架的形状。随着时间的延长，偏航轴承磨损和叶片老化可能降低叶片和塔架的间距。

11）叶片涂饰。好的叶片涂饰是比较昂贵的。因为叶片也非常昂贵，所以在叶片修补后应采用良好的涂饰材料。不要使用辊筒或刷子来进行涂饰。一些涂饰工作会在叶片前缘上胶衣中产生刷痕，除非气动工程师把这些刷痕并入翼型中，否则它们是不应该存在的。

12）可展开的叶尖。定桨距叶片采用可移动的叶尖用作制动装置，作为一个最后的安全措施以防止出现失控。拥有可展开叶尖的叶片需要对叶尖进行维护。针对裂缝和磨损部件，要检查所有的结构。大多数带叶尖的叶片用电缆连接叶尖至叶根处的控制机构。这些地方的问题涉及叶尖锁断裂、电缆断裂。叶片可以在没有叶尖锁的情况下起作用。但是，因为叶尖将展开，所以电缆断了，叶片就不起作用了。在定桨距叶片的风力发电机组上已出现过失控现象。

13）防止叶片损坏。在搬运叶片时，适当保护翼型的薄弱之处很重要。我们经常会看到在搬运叶片时不小心，造成后缘损坏事故。在用皮带捆扎起来进行搬运前，应用一个护套对后缘加以保护。

14）叶距刻痕。对于大叶片叶距刻痕，应将其放在叶片内表面。如果变桨错了，哪怕是很小的角度，其运行状况也会显著改变。

15）叶片标识。我们建议用较大的叶片标识标记在叶片外表面，这样从地面或用摄像机就能比较容易地辨别每片叶片，使叶片跟踪不存在问题。

16）缺少预防性维护。在风机日常运行维护时，叶片往往得不到重视。可是叶片的老化却在阳光、酸雨、狂风、自振、风沙和盐雾等不利的条件下随着时间的变化而变化。一旦在地面发现问题，就意味着问题很严重。叶片的日常维护很难检查和维护到叶片，在许多风场叶片都会因为老化而出现自然开裂、砂眼、表面磨损、雷击损坏和横向裂纹等。这些问题如果日常维护做到位，就可以避免日后高额的维修费用，减少停机中造成的经济损失。

叶片的周期性、预防性维护对保证风力发电机组正常运行起到了关键作用，花较少的时间和费用及时进行维护，并在发现问题初期时就进行维修。

17）金属疲劳。虽然大多数叶片使用复合材料制造，但一些叶片零件采用金属。需要注意的地方是用于变桨和叶尖机构的零件托架，应及时发现这些安装部件的金属支撑架上的裂缝。在拧紧叶片紧固件或螺栓时要小心，过紧或过松都会造成严重的后果。

6. 常见的叶片检查方法

对于损伤与缺陷的确定，主要是依靠目视检查和敲击的方法，必要时可以采用一些设备来探测产品内部的情况。由于复合材料是非均匀介质，多相和各向异性的复合材料结构复杂，而缺陷种类和数量又非常多，难以给出定量的质量标准。

叶片检查与判断的技巧如下：

（1）从声音辨别叶片受损情况 一个专业的技术人员应该能够通过倾听找出运转中风力发电机组和叶片存在的缺陷。

一般柔性叶片运行两三年后，如果叶片叶尖处未出现砂眼、软胎、开裂、叶尖磨平现象，三支叶片运转时声音应该是一致的，叶片转动至地面角度时，所发出的是"唰唰"声。如果出现"呼呼"声和哨声或三支叶片的运转声音不一致，说明有单支叶片已经出现受损情况，需要停机检查叶尖部位和整体叶片的迎风面，观察叶刃自上而下是否有横纹现象。总之，三支叶片同时出现隐患的概率极低，从运转声音上，最易判断事故隐患。

（2）目视检查法 目视检查法是使用最广泛、最直接的无损检测方法，主要是借助放大镜和内窥镜观测结构表面和内部可达区域的表面，观察明显的结构变形、变色、断裂、螺钉松动等异常情况。它可以检查表面划伤、裂纹、起泡、起皱、凹痕等缺陷；尤其对透光的玻璃钢产品，可用透射光检查出内部的某些缺陷和定位，如夹杂、气泡、搭接的部位和宽度、蜂窝芯的位置和状态、镶嵌件的位置等。

建议使用一副好的双筒望远镜定期扫描检查叶片蒙皮，也可以使用摄像机摄录下对叶片蒙皮的扫描，用于以后的评估，并放大怀疑的区域。最好由同一个人来扫描检查蒙皮或记录，这样即使微小的变化也可以被看到，而不熟练的人可能看不到这些微小的变化。如果发现风力发电机组向四周摇摆，而这种情况以前从未发生过，那么可能叶片中的一些部分发生了改变。

叶片运行2~3年后，如遇雨后，从叶片迎风面可以看出风机叶片受损情况。如果叶片迎风面雨后还显黑色，表明叶片已经出现砂眼，因为外界小生物被叶片打到后，只是附着在叶脊上；如果叶脊没有砂眼、麻面，附着物及污物完全可以被冲刷掉（盐雾、漏油除外），叶片迎风面颜色越重，表明叶片受损越严重。

（3）锤子敲击法 对于单层蒙皮蜂窝结构，用锤子敲击三明治结构的蒙皮，根据不同的声响来判断三明治结构是否脱胶。敲击时，锤头要与蒙皮垂直，力度适中，以能判断故障不损坏蒙皮表面为宜。为使判断准确，可先在试件上试敲。敲击回声清脆是良好、沉闷是脱粘。修理工需要拿着专业敲击棒在叶片蒙皮上轻轻敲击。采用这种方法是为了查出那些从部件表面看不出来的"内伤"，比如开胶或脱层。如果这个地方声音清脆，说明它是完好的，若这个地方声音沉闷、有点混沌，说明有脱层，如图7-16所示。

三、复合材料叶片修理

影响复合材料叶片修理质量的三大重要因素包括：材质、维修技能和维修环境。

成功的维修，取决于训练有素的维修人员，较好的表面处理，合理的维修流程和性能较好的维修材料，同时也与多个环节或因素相关：包括损伤/缺陷探测的准确度、表面清除的洁净程度、维修过程的控制力度、维修环境的选取及维修后的二次损伤或缺陷的探测、代表维修性能的试件测试结果等。对于粘接结构，采用不同的表面处理方式对剪切强度的影响不同，其中喷砂的总体效果较差，低温喷射的处理方式对纤维的损伤最小。

1. 叶片复合材料结构修理的一般要求

1）在对叶片部件的损伤进行修补时，所使用的材料和设备应按规定进行存放和保管，并定期复验和更换。

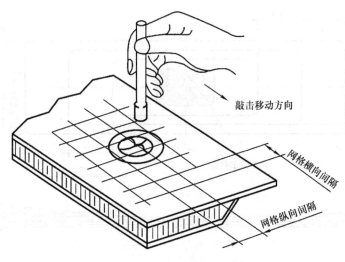

图 7-16　锤子敲击法示意图

2）对现场进行的修补处理应有详细的记录以备检查。在对脱粘或夹芯、蒙皮损伤进行修补后，应用 SY-Ⅲ型声阻探伤仪对修补情况进行检查，确认修补质量合格后方可使用，最后应采用与原结构相同的表面防护措施。

3）修复的构件在增重不多，气动性能损失不大的条件下，应尽可能接近原结构的强度。一般要求单只修补后增重小于叶片原重量的 0.02%。

4）所有修补必须避免产生应力集中。截面形状变化要和缓，避免突变；所有棱角处应倒圆，尽量采用圆形补片。

5）经过修补后的蜂窝部件表面应光滑平整，过渡区应均匀变化，尽量避免补片凸出，当凸出不可避免时，凸出的补片应采用倒角过渡。

6）尽量采用与原结构相同的材料来更换切除部分。

7）修补部位的周边应用密封胶密封，防止潮气和雨水渗入。

8）在同一部位不允许进行重复修补，必要时可扩大范围 2~3 倍进行修补，但同一翼面上不得有两处。

9）叶片蜂窝部分修补后应检查重量平衡情况。

2. 复合材料叶片的修复原则

1）修复时，修复材料必须与该部件原来的材料相匹配，即只能用玻璃纤维材料修补叶片。

2）修复区的胶接面应加工成斜面或台阶，斜面的坡度和台阶的宽度应根据设计要求确定。修补区域打磨要求如图 7-17 所示。

3）修补层的铺层顺序应与原结构的铺层顺序相一致，其铺层比原结构铺层数至少要多一层，具体层数应根据设计加以补强；附加铺层的方向一般为 45°双轴向布，因为 45°的铺层可以为横纵方向提供大小相等的强度，以便受力均匀。修补区域铺层要求如图 7-18 所示。

4）修复时的固化温度不得超过该产品制造时的固化温度。

5）修复布层固化时应施加真空压力。

6）当修复面积较大的损伤时，应使用局部或整体模具，以恢复部件原有的结构外形和

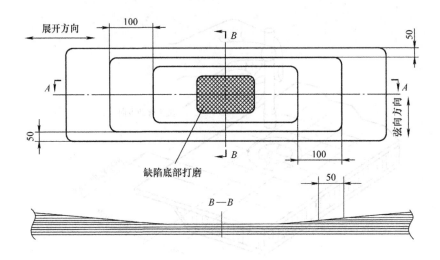

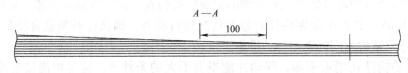

图7-17　修补区域打磨要求

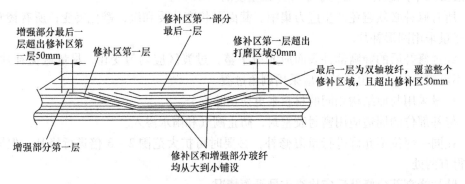

图7-18　修补区域铺层要求

气动表面。

7）复合材料结构在制造时的固化温度下不宜重复加热次数过多，否则将会对产品的结构强度和耐久性能有影响。

3. 复合材料叶片检查/修理流程

1）叶片修复步骤，如图7-19所示。

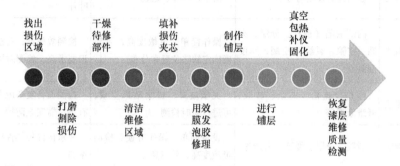

图7-19　叶片修复步骤

2）叶片检查修理流程，如图7-20所示。

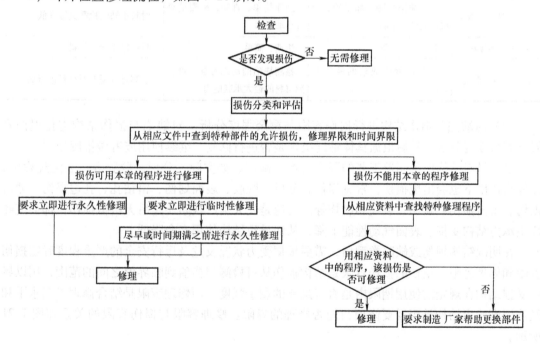

图7-20　叶片检查修理流程

4. 叶片损伤和缺陷的修复过程

（1）损伤和缺陷的检测　损伤和缺陷的检测必须达到以下要求：确定缺陷与损伤的部位；确定缺陷与损伤的范围与尺寸。

一般优先采用前述常见的叶片检查方法进行检查。如果无法达到要求，可以利用自己企业的检测设备条件，借助复合材料无损检测技术进一步检测。复合材料无损检测技术比较见

表7-1。

表7-1　复合材料无损检测技术比较

序号	检测技术	适用范围	优点	缺点
1	目视法	表面裂纹与损伤	快速、简便、成本低	人为因素影响大
2	液体渗透法	表面开口裂纹与分层	简单、可靠、迅速	检测前应清洁构件，渗透液污染叶片
3	超声检测法	内部缺陷（疏松、分层、夹杂、空隙、裂纹）检测，厚度测量	操作简单，灵敏度高，可精确确定缺陷位置和分布	检测效率低，对检测人员专业知识要求高，检测时需使用耦合剂
4	射线检测法	空隙、疏松、夹杂、贫胶、纤维断裂等	灵敏度高，检测结果直观，可进行实时检测	检测设备复杂庞大、射线对人体有害、需安全防护
5	热波成像法	脱胶、分层、裂纹、夹杂等	设备简单、操作方便、检测灵敏度高、效率高	要求构件传热性能好、表面发射率高
6	声－超声法	细微缺陷群、界面脱粘检测，结构整体性评估	操作简单、显示直观	对单个、分散缺陷不敏感
7	微波检测法	较大缺陷检测，如脱胶、分层、裂纹、空隙等	操作简单、直观、检测结果可自动显示	对较小缺陷检测灵敏度低
8	涡流法	脱粘、分层等	快速、简单	只适用于导电材料
9	声发射法	加载过程中缺陷的萌生与扩展	检测缺陷的动态特征，可预测材料的最大承载能力	检测过程需要对材料进行加载

（2）对缺陷与损伤结构进行损伤容限与剩余强度分析　对缺陷与损伤结构进行损伤容限与剩余强度分析，然后根据具体情况决定是否进行修复、继续使用或者做报废处理。

复合材料结构由于制造工艺的因素会产生缺陷，如空隙、分层、脱胶等；装配过程中，在外载作用下也会出现损伤，常见损伤有分层、脱胶、表面划伤、错钻孔、孔边损伤、冲击损伤、雷击损伤、砸伤、裂纹和燃烧等。无论是先天生产缺陷还是后天机械损伤，都会使叶片主承力结构受损、表面气动性能下降，从而导致结构使用寿命降低。

在明确结构损伤或缺陷类型后，需要根据受力状况及危及运行安全的严重程度确定损伤容限和修理容限。结构的损伤容限是结构损伤从可检测门槛值到临界值之间的范围，用以界定受损结构在规定的使用期限内是否有足够的剩余强度。而修理容限是结合修理工艺水平和经济因素确定结构是否需要修理与能否修理的界限。修理容限与损伤容限的关系如图7-21所示。

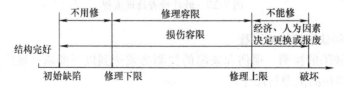

图7-21　修理容限与损伤容限的关系

导致叶片复合材料层合板和三明治夹层结构产生损伤最主要的原因是冲击损伤，按照目视检查发现难易程度可分为勉强目视可检损伤、目视可检损伤和目视易检损伤。在叶片维修领域内普遍认为叶片复合材料结构存在勉强目视可检损伤时，结构承载能力能够保持在1.5倍限制载荷，假设此时目视检出的概率为0；当结构出现较大损伤，即出现目视易检损伤时仍能满足限制载荷的要求，假设此时目视检出概率为1。根据以上标准可以得到叶片承载能力对冲击损伤的关系，见表7-2。

表7-2 叶片承载能力对冲击损伤的关系

损伤类型	目视检出概率（%）	检测周期个数	结构承载能力要求（限制载荷倍数）
勉强目视可检损伤	0	∞	1.5
	20	5	1.4
目视可检损伤	40	3	1.3
	60	2	1.2
目视易检损伤	80	2	1.1
	100	1	1.0

复合材料修理容限的定量确定实质上是确定缺陷和损伤的验收标准。当损伤较轻，剩余强度高于或等于缺陷和损伤的标准时，可以不修理，此时标准为修理下限。通常以损伤后结构强度达到原来的60%~80%为修理下限，修理下限最大值为结构强度的80%，此时目视可检的概率为60%以上，对应剩余强度为1.2倍限制载荷，符合工程实际。修理下限的最小值为结构强度的60%，这个指标仅仅适用于非承力结构，如机舱罩、导流罩等，此时剩余强度为0.9倍限制载荷。当缺陷或损伤过于严重，进行修理已经超出经济性、技术性可行范围时，可不进行维修而是更换叶片，此时缺陷和损伤的标准为修理上限。

根据损伤程度和损伤部位的重要性，复合材料叶片结构损伤可以分为以下几种类型：

1）允许的损伤：允许的损伤又分为表面损伤和有时间限制的损伤。

① 表面损伤。不影响部件结构完整性和使用功能，因而在整个叶片的使用寿命内不需要进行结构修复，但要进行表面轻微损伤的装饰性修复。常见的表面损伤有：擦伤、划伤、凹凸不平、表面布层发白等。

② 有时间限制的损伤。在正常使用中，不影响产品结构完整性和使用功能，但会降低叶片设计寿命的小损伤，这种损失暂时不修复，叶片仍可继续使用，但必须在规定的时间内进行永久性修复。

2）可修复的损伤：对叶片的结构完整性和使用功能中有轻微影响，并且会降低设计寿命，必须立即进行修复的损伤。如果一时无法进行永久性修复，则可先进行临时性修复，然后在规定的时间期限内再转换成永久性修复。

3）不可修复的损伤：这种损伤是对产品的结构完整性和使用功能有较大影响，并且会使设计寿命明显降低的一类损伤，即报废。

（3）修复方案的确定 根据需要修复的部位、现场设备与人员条件，确定所采用的修复方案。

1）确定修理方法的原则。根据叶片损伤情况，胶接叶片结构可用如下方法修理：

① 用填补法修理表面擦伤、划伤、局部轻微腐蚀，以及表面裂纹、压坑、压陷。对于

蒙皮裂纹，在裂纹两端各钻直径为2mm的止裂孔，用细砂纸轻轻打磨裂纹部位，用胶粘加强并堵住止裂孔。对于镁边条裂纹，在边条端头裂纹采取圆滑过渡切除裂纹部位，防止裂纹扩展，必要时可更换镁边条。对于表面压痕与凹陷，用细砂纸打磨损伤部位，选用胶填平，室温固化24h后用刮刀修整。

② 用灌补法修理各种脱粘。脱粘可发生于构件的边缘或中央，将检查的脱粘范围标注在蒙皮上，根据脱粘面积、部位钻削注胶孔和溢胶孔。按配比条件配制胶。用注射器往脱粘的缺陷里注胶，直至周边各溢胶孔有胶溢出为止。当胶液从其他孔溢出时，将胶孔堵住以防胶液流掉。注胶时应使脱胶面倒置，以保证胶液停留在脱粘区蜂窝夹芯的根部。当各孔都有胶溢出时要停止注胶，置部件于室温24h固化，清理表面余胶。修补后用声阻仪检查修补质量，外形应光滑平整、过渡均匀。各蜂窝结构后缘的缺口变形等缺陷的修补方法类同，可先将缺陷修光，然后用修补胶胶接一块能包覆整个缺陷两侧的补片即可。

③ 用镶补法修复单侧面板及夹芯损伤。当损伤面积不超过40cm² 时，可将损伤面打磨干净，用胶灌平后加温固化。当损伤面积超过40cm² 时，一般采用不加补片的镶补法修理。

④ 用挖补法修补穿透性损伤或构件的局部残缺损伤。根据损伤情况挖除损伤结构，配制夹芯、盖板，使之与切口相吻合，将损伤面下表面用铝板垫平，在切口周边下盖板芯上涂修补胶装配，加热固化之后，将上盖板涂胶盖在切口上再加热固化。

⑤ 叶片内积水的排除。对检查出的积水区按需要在下翼面钻出直径不大于4.2mm的小孔排水；用电热吹风机烘干，确认无积水后经排水孔注入胶，再经过加温固化，最后用声阻仪检查确认无脱粘后交付使用。对进行排水处理的蜂窝要认真检查密封情况，并对排水区用胶认真密封孔洞。

2) 具体修补工艺方法的确定。不同修理方法适用范围不同，在选择修理方法时需要综合考虑结构承载要求、受载情况、气动外形要求、损伤严重程度、修理技术水平和经济性限制等因素。各种方法也有各自优缺点。表7-3用于确定复合材料叶片损伤修补工艺，表7-4对复合材料叶片修理方法进行了简要对比。

表7-3 确定复合材料叶片损伤修补工艺

损伤类型	工艺方法	应用范围
损伤较小的无补片修补	树脂注射修补法	空隙、小面积分层、小面积脱胶剥离
	混合物注射修补法	小的表面凹陷、表面或边缘损伤，三明治夹层中芯材损伤，蒙皮的损伤，复合材料紧固件孔变形伸长
	筒形修补法	三明治结构的蒙皮损坏、连接孔的拉长或磨损
	表面涂层法	密封、恢复表面保护层
损伤较大的补片修补	外部补片粘接贴补法	修补厚度在16层以下的碳纤维/环氧树脂三明治结构蒙皮，层合板和夹层结构严重损伤，可采用预固化或金属补片
	补片楔形嵌接挖补法	修补蒙皮，厚度可为1~100层，层合板和夹层结构较严重损伤，补片一般采用未固化预浸料，修补后可严格恢复表面外形和具有最大的连接效率
	外部补片螺（铆）接贴补法	修补50~100层厚的蒙皮穿孔，层合结构和夹层结构面板，现场应用方便

表 7-4　复合材料叶片修理方法对比

修理方法		适用范围	优点	缺点	主要修理设备及材料
填充灌注修理		装饰性结构或受载荷较小的三明治夹层	能够迅速恢复表面平整	修复非永久性，损伤可能发生扩展	双组份环氧类糊状胶粘剂、烘箱打磨工具
机械连接修理		传递较大的载荷结构；损伤严重的结构；厚度较厚的结构	能够恢复较大损伤的传力路径，抗剥离性能好，受环境影响小，允许拆卸再装配	结构增重大，开孔形成应力集中，抗疲劳性能差，气动特性不佳	钻头、钻孔限器、层合板补片/金属补片、铆钉、螺栓
胶接修理	贴补修理	暂时性修理；不严重损伤；平面或曲率较小、板厚度薄、承载小，气动外形要求不高的结构	结构增重小；可设计性强；能提高损伤区的刚度、静强度	对胶层要求高；胶接固化会产生残余应力	预浸料/预固化补片、真空袋、烘箱、热补仪、热压罐、胶粘剂、密封剂、补强层合板
	挖补修理	结构修理较佳选择，修理条件满足时均可采用	气动性能好，可以较大限度恢复结构强度，效率高	需要较好的技术和设备	预浸料/预固化补片、真空袋、烘箱、热补仪、热压罐、切割工具、胶粘剂、密封剂
树脂注射修理		孔边或结构边缘脱胶分层	方法简单，容易实现	对内部分层修理效果不佳	钻孔工具、红外灯、注射器、针头、树脂胶粘剂、固化工具
快速修理	微波修复	现场修理结构	迅速有效，选择性加热，热惯性小，穿透性强	修复工艺尚未成熟	微波修复机、微波施加器、微波吸收剂
	电子束固化修理	现场修理结构	常温固化速度快，工艺简便，对环境污染小，固化应力对周围区域影响小	材料层间剪切强度低、耐湿热性能差	电子加速器
	光固化修理	需要快速抢修结构	设备体积小，重量轻，适于现场修理；通用性好，适于狭窄空间修理；增重少	不能达到永久修复的目的	紫外灯、光固化补片
	激光自动化修理	现场修理结构	不会产生力量或振动，对整体强度或完整性没有不利影响	技术尚未成熟，使用成本高	激光发生器、加热毡

（4）损伤/缺陷的处理

1）胶接面的准备：正确地准备修复胶接面是复合材料结构修复中的基本要求。它能够确保修复获得最大的胶接强度和持久性能。根据修复类型的不同，修复胶接面的准备略有不同。

① 临时性修复的胶接面准备。一般只适用于轻微的损伤，而且其修复寿命较短。临时性修复一般都在条件较差的环境下进行，其表面准备比较简单，准备工作有：将损伤区进行打磨、修整，去除尖锐的边缘；将修复表面擦拭干净，去除油污杂质。

② 永久性修复的胶接面准备。永久性修复的胶接面准备要求比较严格，首先去除临时性修理补片，然后去除表面涂层。

2）挖去受损伤的材料和疏松的铺层。通过上述手段发现损伤位置，确定其损伤类别及程度后，首先需要进行的工作是去除受损部位，一般采用挖除或打磨的方式。对于较厚的层合板，可以通过逐层小心打磨直到露出无损伤的层为止。对于夹心板，在挖除受损层后，如果芯材也有损伤，可以采用工具切除或者挖出。缺陷或损伤的处理部位，需要在挖除工作完成后形成一个圆形或椭圆形，不能留有尖角，如存在尖角，需要进行倒角处理。需要注意的是，打磨和挖除不要导致二次损伤的产生。可以用切割片的边缘切去脱层部分，切割片沿着损伤区域的蒙皮边沿切割，损伤深度不同，切割程度不同。切割时下手要沉稳，用力要适度，如果用力过大会导致完好层面的无辜受损，过轻又不能完全除去受损面。

需要挖除的损伤区域，可能被油污等物质污染，也可能受潮。在维修前，需要对受污染或受潮的区域通过有机溶剂擦拭或烘干等方式进行去污和去潮处理。但是，在处理前，需要确定污染源，从而选定合适的处理方式和材料。去污处理后，烘干之前，需要通过水膜测试手段，检验其去污效果。如果水膜出现分块或水流无法连续的现象，表明去污不彻底。

3）将胶接面加工成斜面或台阶。打磨范围通常要比受损区域大。用很轻的力道在部件表面均匀摩擦。漆面和蒙皮逐渐褪去，打磨区也越来越薄，轻微凹陷，直至完工后呈现出一个圈状。此时蒙皮已完全去除，区域边界自然呈现出一定的坡率，由外向里倾斜。虽然肉眼很难分辨，用手指却能触摸到。在现场作业时，工作人员必须佩戴口罩作业。

打磨达到要求后，应清洗修理区域的油污和杂质，最好进行水膜测试。对损伤和要维修区域进行彻底的去潮处理，并加热干燥。

4）原材料准备与铺层处理。打磨完成后，将受损修复部位用新的复合材料铺层、粘接。选择维修材料时，需要注意其保质期和所适用的温湿度；如果采用纤维布进行维修，需要保证其合理的纤维含量，从而保证结构具有一定强度；剪裁时需要注意织物面积和方向；准备铺层和固化设备。

首先用记号笔在叶片上画出区域边界，印到模板上，然后按照尺寸制作"补丁"材料，即修理补片。具体方法是让树脂胶浸透纤维布，然后用裁剪刀将修理补片按模板剪成不同的形状。

铺层前最重要的操作是清洁。虽然洁净室里无灰尘，但对温度、湿度也有一定要求，这些都为修理件的粘接、胶体固化提供了良好的条件。铺层时，应将修理补片按照维修手册规定的纤维方向，按尺寸由小到大的顺序逐步覆盖，下面是碳纤维。最外层是玻璃纤维。当几层浸布铺好后，"补丁"也就完成了。当表面有弧度，容易产生褶皱和缝隙时，全靠操作人员的一双手，一寸一寸赶着走，直到全部平整。

5）真空注胶固化修整涂层。采用真空的目的是向粘接面增加压力。首先在铺层完毕的区域覆盖一层有孔分离膜，然后铺一层吸胶布，以吸收多余的胶体，之后还要覆盖无孔分离膜和透气布。如果材料需要加热，还要放置电热毯和热电偶。最后，用真空袋封严，将吸力器与抽真空仪器管路连接，起动后仅需2min，真空袋里的气体就被完全抽干，所有材料将紧密地贴合在一起。

制作完真空袋还要进行真空压力测试，以测试真空袋的密封状况。在真空状态下，采用高温修理方法需要持续3h，室温修理方法需要24~48h，这样胶状液体才能实现完全固化，材料的粘接效果也才能达到最坚固的状态。检测固化曲线和环境条件，保证维修的有效性，避免维修过程中出现缺陷。

6）检测维修后的产品并进行专业评估。完成修复工作后，对修复后的叶片需要聘请认证机构或相关专家进行检查与鉴定。

目前对复合材料构件修理效果的评估已形成了完整的体系，制定了叶片修理效果评估标准，主要评估内容可以归纳如下：

① 修理后结构强度恢复到设计强度。

② 修理时保持结构刚度的完整性，并且充分考虑叶片表面和操纵面的弯曲极限，不能改变叶片的气动特性。

③ 从耐久性的角度考查结构性能，包括疲劳加载对螺栓或胶接接头的影响、损伤的增长，不相似材料导致的腐蚀作用和树脂材料在湿热环境中的降解作用。

④ 结构质量增加最小。

⑤ 保持叶片外形的气动平滑度。

⑥ 修理过程可操作性好，修理成本低。

5. 叶片修理方法及工艺技巧

不同的损伤类型需要不同的维修方法，下面介绍不同的维修方法的工艺技巧。

风电叶片较常用的临时性或永久性的维修方式为挖补和坡接法，树脂注射法也有个别应用。在风机运行过程中，由于环境恶劣，操作难度大，贴片法也是一种较好的解决方案。

（1）胶接修理法 胶接修理通常比机械连接修理更为可靠，不会产生孔而导致应力集中，胶接修理又分为胶接贴补修理和胶接挖补修理。

1）胶接贴补修理。近年来，对复合材料结构的贴补修补技术的研究不断向前推进，在试验和理论方面都取得了一定成果。这种方法适用于外场修理，多用于平面形制件，板较薄、载荷不大、气动外形要求不高的结构，用胶接的方法将补片贴于复合材料制件的缺陷或损伤部位。在进行表面胶接贴补修理时，为了使连接处截面变化较为缓和，补片四周一般做成斜削的形状。胶粘剂选择时应满足剪切强度和剥离强度的要求。

2）胶接挖补修理。对受冲击损伤的复合材料层合板和蜂窝结构进行挖补修理是一种非常有效的修理方法，可以最大限度恢复结构的强度。挖去损伤或缺陷的部位，留下一个具有锥度的孔，先对层合板进行干燥处理，然后再用复合材料补片通过胶接的方法将其修补完整。层合板结构和蜂窝夹层结构填补时均可采用阶梯挖补和楔形挖补法，如图7-22所示。

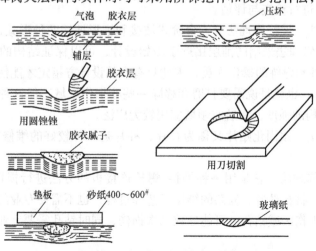

图 7-22 表面气泡、鼓包的修补

（2）挖补修理法　挖补修理法是最常用的维修方法，常用于临时维修的情况，如图7-23所示。这种方法采用较多铺层会影响产品的外形，较为笨重，同时强度也受到一定的限制。根据不同的需要，挖补法可适用于临时性维修，也可用于永久性维修。这种方法需要保证切面平整，经过打磨并进行去污处理。通过这种方法可以使非损伤区域的强度更高，还可以对结构薄弱区域进行加强处理。

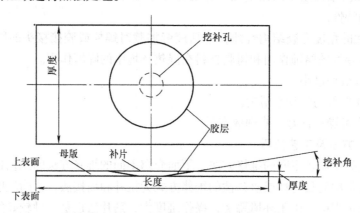

图7-23　挖补修理层合板的修理参数

复合材料挖补修理的步骤和其他复合材料胶接修理的基本步骤相同，主要包括以下几点：

1）利用目视、敲击和超声波无损检测等方法确定损伤程度和范围。

2）清除损坏材料，进行斜坡打磨或阶梯打磨挖补角操作。

3）使用丙酮、甲基异丁基甲酮（MIBK）等有机溶剂清洁胶接面。

4）铺设修理层（湿铺层和预浸料修理）或放置补片（预固化修理），保证胶层厚度一致，胶接连续。

5）将加热毯、真空袋等固化设备进行封装，按照修理固化条件和时间进行固化。

6）拆除封装材料，对修理表面进行打磨修整操作。

7）对修理情况进行检查与评估。

（3）坡接修理法　坡接修理法分为台阶式坡接和锥形坡接两种形式，分别如图7-24和图7-25所示。坡接修理法采用的铺层接近于原始设计，可以保证结构的气动外形，但需要较好的维修环境条件和熟练的操作人员，因此只有产品设计方指定才能使用。坡接时，需要50:1或20:1的斜率，也就是说需要打磨和移除一些非损伤区域。但这种维修方法，可以保留90%的非损伤结构的强度，在航空领域应用较为广泛。

（4）补片修理法　预固化贴片又称为补片，补片是一种较好的维修方法，如图7-26～图7-28所示。

（5）机械连接修理法　它是用一种铆接/螺栓连接板的方法进行损伤维修，其优势是，无需较多表面处理、材料准备、复杂的维修工艺和过程，也不需要专业的维修人员，但这种方法由于需要对非损伤区域钻孔，可能导致二次损伤，同时钻孔需要专业人员进行操作，如图7-29所示。

这种方法也可以在损伤结构的外部用螺栓或铆钉固定一个外部补片，使损伤结构遭到破坏的载荷传递路线得以重新恢复。由于复合材料具有脆性及各向异性的属性，螺栓孔或铆钉孔边会产生应力集中，导致抗疲劳性能不佳。

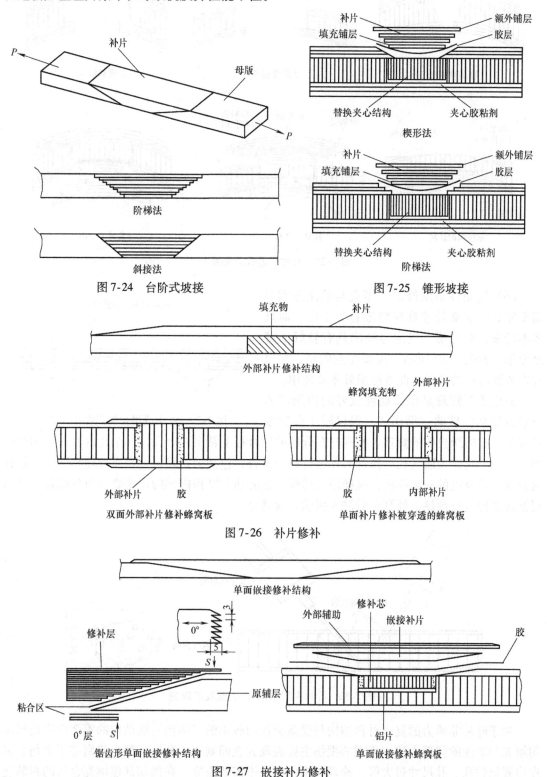

图 7-24　台阶式坡接

图 7-25　锥形坡接

图 7-26　补片修补

图 7-27　嵌接补片修补

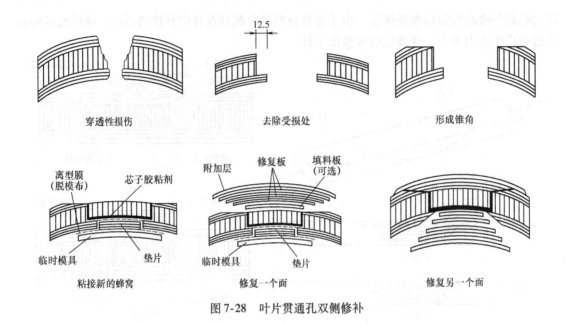

图 7-28　叶片贯通孔双侧修补

（6）树脂注射维修法　填充与灌注修理不需要复杂的表面处理和材料准备等工序，而且成本低廉，对分层、气泡等缺陷具有较好的维修效果，如图 7-30 所示。需要注意的是，如果存在界面污染的情况，此方法最好不要使用。

树脂注射修理是用流动性较好的树脂注入分层或脱粘的缺陷、损伤区，但仅限于分层脱

图 7-29　叶尖或层合板开裂时的修理

粘或板、孔边缘损伤的修理。修理时在分层的层合板上钻出两个孔，一个孔内注入低黏度树脂，另一个孔作为通气孔。修理时先进行材料准备，包括损伤确认、表面处理和钻孔。钻孔时只能钻透蒙皮的一半厚度，这样注入的树脂也能达到结构内部的损伤裂纹与分层处。然后对修理结构进行预热，抽真空后注入树脂完成修复。

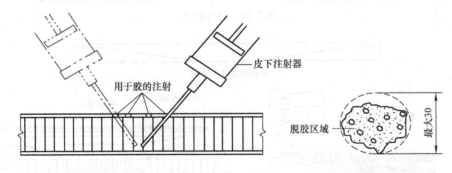

图 7-30　叶片夹层结构板/芯脱胶的修理

对于叶片非承力的复合材料结构与受载荷作用较小的三明治夹层结构的不严重损伤可采用填充与灌注的修理方法。修理的损伤主要表现为表面划痕、凹坑、部分蜂窝芯子损伤、蒙皮位置错钻孔、孔尺寸过大等。修理时损伤部位不需要去除，在损伤部位填充合适的封装化

合物，在除湿后在损伤部位用一层玻璃纤维/环氧布密封，防止湿气渗入及损伤扩大。

第二节 齿轮箱的维护与检修

近年来随着风力发电机组单机容量的不断增大，以及风力发电机组投入运行时间的逐渐累积，由齿轮箱故障或损坏引起的机组停运事件时有发生，由此带来的直接和间接损失也越来越大，维护人员投入维修的工作量也有不断上升的趋势。这就促使越来越多的用户开始重视加强齿轮箱的日常监测和定期保养工作。

在风力发电机组中，齿轮箱是重要的部件之一，必须正确使用和维护，以延长其使用寿命。齿轮箱主动轴与风轮轴及叶片轮毂的连接必须紧固可靠。输出轴若直接与发电机连接时，应采用合适的联轴器，最好是弹性联轴器，并应串接起保护作用的安全装置。齿轮箱轴线与相连接部分的轴线应保证同轴，其误差不得大于所选用联轴器的允许值。

一、齿轮箱的日常保养

风力发电机组齿轮箱的日常保养内容主要包括：设备外观检查、润滑油位检查、电气接线检查等。具体工作内容包括：运行人员登机工作时应对齿轮箱箱体表面进行清洁，检查箱体、润滑管路及冷却管路有无渗漏现象，外敷的润滑、冷却管路有无松动，由于风力发电机组振动较大，如果外敷管路固定不良将导致管路磨损、管路接头密封损坏甚至管路断裂。还应注意箱底放油阀有无松动和渗漏，避免放油阀松动和渗漏导致的齿轮油大量外泄。

由油位标尺或油位窗检查油位及油色是否正常，发现油位偏低应及时补充。若发现油色明显变深发黑时，应考虑进行油质检验，并加强机组的运行监视。遇有滤清器堵塞报警时应及时检查处理，在更换滤芯时应彻底清洗滤清器内部，有条件时最好将滤清器总成拆下并在车间进行清洗、检查。安装滤清器外壳时应注意对正螺纹，用力均匀，避免损伤螺纹和密封圈。

检查齿轮箱油位、温度、压力、压差、轴承温度等传感器和加热器、散热器的接线是否正常，导线有无磨损。在日常巡视检查时还应当注意机组的声响有无异常，及时发现故障隐患。

二、齿轮箱的定期保养维护

风力发电机组齿轮箱的定期保养维护内容主要包括：齿轮箱联接螺栓的力矩检查，齿轮啮合及齿面磨损情况的检查，传感器功能的测试，润滑及散热系统的功能检查，齿轮油滤清器定期更换，油样采集等。有条件时可借助有关工业检测设备对齿轮箱运行状态的振动及噪声等指标进行检测分析，以便更全面地掌握齿轮箱的工作状态。

根据风力发电机组运行维护手册，不同厂家对齿轮箱润滑油的采样周期也不一样。一般要求每年采样一次，或者使用两年后采样一次。对于发现运行状态异常的齿轮箱根据需要，随时采集油样。齿轮箱润滑油的使用年限一般为3~4年。由于齿轮箱的运行温度、年运行小时以及峰值出力等运行情况不完全相同，在不同的运行环境下笼统地以时间为限作为齿轮箱润滑油更换的条件，不一定能够保证齿轮箱经济、安全的运行。这就要求运行人员平时注意收集整理机组的各项运行数据，对比分析油品化验结果的各项参数指标，找出更加符合自己风电场运行特点的油品更换周期。

在齿轮箱运行期间，要定期检查运行状况，看运转是否平稳；有无振动或异常噪声；各处连接和管路有无渗漏，接头有无松动；油温是否正常。应定期更换润滑油，第一次换油应在首次投入运行500h后进行，以后的换油周期为每运行5000～10000h。在运行过程中也要注意箱体内油质的变化情况，定期取样化验，若油质发生变化或氧化生成物过多并超过一定比例，就应及时更换。

齿轮箱应每半年检修一次，备件应按照正规图纸制造。更换新备件后的齿轮箱，其齿轮啮合情况应符合技术条件的规定，并经过试运转与负荷试验后再正式使用。

在油品采样时，考虑到样品份数的限制，一般选取运行状态较恶劣的机组（如故障率较高、出力峰值较高、齿轮箱运行温度较高、滤清器更换较频繁的机组）作为采样对象。根据油品检验结果分析齿轮箱的工作状态是否正常，润滑油性能是否满足设备正常运行需要，并参照风力发电机组维护手册规定的油品更换周期，综合分析决定是否需要更换齿轮箱润滑油。油品更换前可根据实际情况选用专用清洗添加剂，更换时应将旧油彻底排干清除油污，并用新油清洗齿轮箱，对箱底装有磁性元件的，还应清洗磁性元件，检查吸附的金属杂质情况。加油时按用户使用手册要求的油量加注，避免油位过高，导致输出轴油封因回油不畅而发生渗漏。

三、齿轮箱的保养方法

（1）观察法　通过视觉，可以检查润滑状况是否正常，有无干摩擦和跑、冒、滴、漏现象；可以查看油箱沉积物中金属磨粒的多少、大小及形状特点，以判断相关零件的磨损情况；可以监测设备运动是否正常，有无异常现象发生；可以观看设备上安装的各种反映设备工作状态的仪表，了解数据的变化情况，可以通过测量工具和直接观察表面状况，检测产品质量，判断设备工作状况。把观察到的各种信息进行综合分析，就能对设备是否存在故障、故障部位、故障程度及故障原因做出判断。

（2）磁塞法　通过仪器，观察从设备润滑油中收集到的磨损颗粒，实现磨损状态监测的简易方法是磁塞法。它的原理是将带有磁性的塞头插入润滑油中，收集磨损产生的金属磨粒，借助读数显微镜或者直接用人眼观察磨粒的大小、数量和形状特点，以判断机械零件表面的磨损程度。用磁塞法可以观察出机械零件磨损后期出现的磨粒尺寸较大的情况。观察时，若发现小磨粒且数量较少，说明设备运转正常；若发现大磨粒，就要引起重视，严密注意设备运转状态；若多次连续发现大磨粒，说明即将出现故障，应立即停机检查，查找故障，进行排除。

（3）利用机组控制系统中的状态监测系统对齿轮箱故障进行检测　采用状态监测系统对风力发电机组齿轮箱高速端的速度、加速度、温度进行检测，一般发现数据异常后，经开箱检查都会发现齿轮油已严重污染，齿轮齿面已有磨损。状态监测系统自动把这些读数与预设参数作比较，当发现超出正常值限时立即向操作人员发出警报。

四、齿轮箱的常见故障及维修

齿轮箱的常见故障有润滑油油位低、润滑油压力低、齿轮箱油温高、润滑油泵过载、齿轮损坏、轴承损坏和断轴等。

（一）润滑油油位低

常见故障原因：这种故障是由于齿轮箱或润滑管路出现渗漏，使润滑油低于油位下限，使浮子开关动作停机，或者油位传感器电路故障引起的。

检修方法：风力发电机组发生该故障后，运行人员应及时到现场检查润滑油油位，必要时测试传感器的功能。不允许盲目地复位开机，避免润滑条件不良时损坏齿轮或齿轮箱有明显泄漏点开机后导致更多的齿轮油外泄。

在冬季低温工况下，油位开关可能会因齿轮油黏度太高而动作迟缓，产生误报故障，所以有些型号的风力发电机组在温度较低时将油位低信号降级为报警信号，而不是停机信号，这种情况也应认真对待并根据实际情况做出正确的判断，以免造成不必要的经济损失。此时的解决办法是给齿轮箱加装加热装置。

（二）润滑油压力低

常见故障原因：这种故障是由于齿轮箱强制润滑系统工作压力低于正常值而导致压力开关动作；也可能是由油管或过滤器不通畅或油压传感器电路故障及油泵磨损严重导致的。

检修方法：故障多是由油泵本身工作异常或润滑管路或过滤器堵塞引起，但若油泵排量选择不准（维修更换后）且油位偏低，在油温较高时润滑油粘度较低的条件也会出现该故障。有些使用年限较长的风力发电机组因为压力开关老化，整定值发生偏移同样会导致该故障，这时就需要在压力试验台上重新调定压力开关的动作值。应先排除油压传感器电路故障；油泵严重磨损时必须更换新油泵；找出不通畅油管或过滤器进行清洗。

（三）齿轮箱油温高

齿轮箱油温最高不应超过 80℃，不同轴承间的温差不得超过 15℃。一般的齿轮箱都设置了冷却器和加热器，当油温低于 10℃ 时，加热器会自动对油池进行加热；当油温高于65℃ 时，油路会自动进入冷却器管路，经冷却降温后再进入润滑油路。油温高极易造成齿轮和轴承的损坏，必须高度重视。

常见故障原因：这种故障一般是因为风力发电机组长时间处于满负荷状态，润滑油因齿轮箱发热而温度上升超过正常值。发现机组满负荷运行状态时，机舱内的温度与外界环境温度最高可相差 25℃ 左右。若温差太大，可能是温度传感器故障，也可能是油冷却系统存在问题。

检修方法：出现油温接近齿轮箱工作温度上限时，应敞开塔架大门，增强通风，降低机舱温度，改善齿轮箱工作环境温度。若发生温度过高导致的停机，不应进行人工干预，应使机组自行循环散热至正常值后再重新起动。有条件时应观察齿轮箱温度变化过程是否正常、连续，以判断温度传感器工作是否正常。若齿轮箱出现异常高温现象，则要仔细观察，判断发生故障的原因。首先要检查润滑油供应是否充分，特别是在各主要润滑点处，必须要有足够的油液润滑和冷却；其次要检查各传动零部件有无卡滞现象，还要检查机组的振动情况，传动连接是否松动等。同时还要检查油冷却系统工作是否正常。

若在一定时间内，齿轮箱温升较快，且连续出现油温过高的现象，应首先登机检查散热系统和润滑系统工作是否正常，温度传感器测量是否准确；然后，进一步检查齿轮箱工作状况是否正常，尽可能找出明显发热的部位，初步判断损坏部位。必要时开启观察孔检查齿轮啮合情况或拆卸滤清器检查有无金属杂质，并采集油样，为设备损坏原因的分析判断搜集资料。

正常情况下很少会发生润滑油温度过高的故障，一旦发生油温过高的现象，应引起运行人员的足够重视，在未找到温度异常原因之前，避免盲目开机使故障范围扩大，进而造成不必要的经济损失。在风力发电机组的日常运行中，对齿轮箱运行温度的观察比较，对维护人员及时准确地掌握齿轮箱的运行状态的改变有着较为重要的意义。若排除一切故障后，齿轮箱油温仍无法降下来，可进行以下改装：

1）增加齿轮箱散热器的片数，加快齿轮油热交换速度。改装后可以使机组在正常满负荷状态下，齿轮箱油温度降低5℃左右，将齿轮箱的工作温度控制在一个较为理想的范围之内，为齿轮箱的安全可靠运行创造良好的条件。

2）改善机舱通风条件，加速气流的流动，降低齿轮箱运行环境温度。经过实际运行状态下的烟雾实验，机舱内的气体循环通路大致为：外界空气由发电机尾部的冷却风扇抽入，气流到达机舱中部制动盘罩上方时出现滞留现象，在制动盘罩上方形成一个高压区，然后气流向上行走，向机舱后部折返，通过机舱后部通风口排出。在齿轮箱周围的空气并没有形成明显的空气对流。因此，风力发电机组在额定功率附近工作时，机舱温度较高。

针对这一问题，在机舱正面加装了两扇 20cm×20cm 的通风窗。烟雾试验表明，改进后外界空气直接由机舱正面吹入，进入机舱后将齿轮箱附近的热空气推向后方，通过机舱后部的通风口排出，不但直接对齿轮箱箱体进行了冷却，而且加强了机舱内的空气流动，降低了齿轮箱工作的环境温度，使齿轮箱的油温降低5℃左右。机舱内空气循环示意图如图7-31所示。

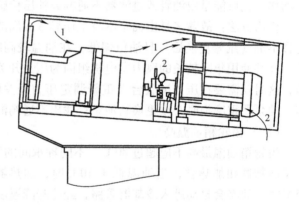

图7-31 机舱内空气循环示意图

3）采用制冷循环冷却系统可以最有效地解决齿轮箱油温高的问题，因此现在很多风力发电机组本身就设计有制冷循环冷却系统。风力发电机组制冷循环冷却系统如图7-32所示。

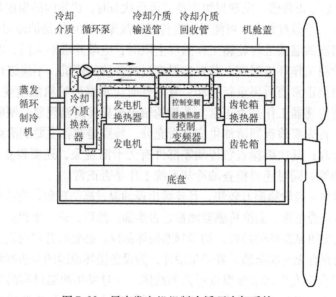

图7-32 风力发电机组制冷循环冷却系统

（四）润滑油泵过载

常见故障原因：这种故障多发生在冬季低温气象条件下，当风力发电机组故障长期停机后齿轮箱温度下降较多，润滑油黏度增加，造成油泵起动时负载较重，导致油泵电动机过载，可能是油温传感器或电加热器电路出现故障。

检修方法：出现该故障后，首先要排除油温传感器或电加热器电路出现的故障，再使机组处于待机状态下，逐步加热润滑油升至正常油温后再起动风力发电机组。

严禁强制起动风力发电机组，以免因齿轮油黏度较大造成润滑不良，损坏齿面或轴承、烧毁油泵电动机以及润滑系统的其他部件（如滤清器密封圈损坏）。

润滑油泵过载的另一常见原因是部分使用年限较长的机组，其油泵电动机输出轴油封老化，导致润滑油进入接线端子盒造成端子接触不良，三相电流不平衡，出现油泵过载故障，更严重的情况是润滑油甚至会大量进入油泵电动机绕组，破坏绕组气隙，造成油泵过载。出现上述情况后应更换油封，清洗接线端子盒及电动机绕组，并加温干燥后重新恢复运行。

（五）齿轮损坏

齿轮损坏的影响因素很多，包括选材、设计计算、加工、热处理、安装调试、润滑和使用维护等。常见的齿轮损坏有齿面损伤（包括齿面疲劳和胶合）和轮齿折断两大类。

1. 齿面损伤

（1）齿面疲劳　齿面疲劳是在过大的接触切应力和应力循环次数作用下，轮齿表面或其表层下面产生疲劳裂纹，并进一步扩展而造成的齿面损伤，其表现形式有早期点蚀、破坏性点蚀、齿面剥落和表面压碎等。特别是破坏性点蚀，常在齿轮啮合线部位出现，并且不断扩展，使齿面严重损伤，磨损加大，最终导致断齿失效。正确进行齿轮强度设计，选择好材质并保证热处理质量，选择合适的精度配合，提高安装精度，改善润滑条件等，是解决齿面疲劳的根本措施。

（2）齿面胶合　胶合是相啮合的齿面在啮合处的边界润滑膜受到破坏，导致接触齿面金属熔焊而撕落齿面上的金属的现象，一般是由于润滑条件不好或齿侧间隙太小有干涉引起，适当改善润滑条件和及时排除干涉起因，调整传动件的参数，清除局部载荷集中，可减轻或消除胶合现象。

2. 轮齿折断（断齿）

断齿常由细微裂纹逐步扩展而成，根据裂纹扩展的情况和断齿原因，断齿可分为过载折断（包括冲击折断）、疲劳折断以及随机断裂等。

（1）过载折断　它总是由于作用在轮齿上的应力超过其极限应力，导致裂纹迅速扩展，常见的原因有突然性的冲击超载、轴承损坏、轴弯曲或较大硬物挤入啮合区等。断齿断口有呈放射状花样的裂纹扩展区，有时断口处有平整的塑性变形，断口副常可拼合。仔细检查可看到材质的缺陷，齿面精度太差，轮齿根部未作精细处理等。在设计中应采取必要的措施，充分考虑过载因素。安装时防止箱体变形，防止硬质异物进入箱体内等。

（2）疲劳折断　它发生的根本原因是轮齿在过高的交变应力重复作用下，从危险截面（如齿根）的疲劳源开始产生疲劳裂纹并不断扩展，使齿轮剩余截面上的应力超过其极限应力，造成瞬时折断。在疲劳折断的起始处，是贝状纹扩展的出发点并向外辐射。产生的原因是设计载荷估计不足，材料选用不当，齿轮精度过低，热处理裂纹，磨削烧伤，齿根应力集中等。因此在设计时要充分考虑传动的动载荷，优选齿轮参数，正确选用材料和齿轮精度，充分保证齿轮加工精度，消除应力集中等。

（3）随机断裂　它通常是由材料缺陷，点蚀、剥落或其他应力集中造成的局部应力过大，或较大的硬质异物落入啮合区引起的。

（六）轴承损坏

轴承是齿轮箱中最为重要的零件，其失效常常会引起齿轮箱灾难性的破坏。轴承在运转过程中，轴承套圈与滚动体表面之间经受交变载荷的反复作用，由于安装、润滑、维护等方面的原因，而产生点蚀、裂纹、表面剥落等缺陷，使轴承失效，从而使齿轮副和箱体产生损坏。据统计，在影响轴承失效的众多因素中，属于安装方面的原因占16%，属于污染方面的原因也占16%，而属于润滑和疲劳方面的原因各占34%。使用中70%以上的轴承达不到预定寿命。

所以重视轴承的设计选型，充分保证润滑条件，按照规范进行安装调试，加强对轴承运转的监控是非常重要的。通常在齿轮箱上设置了轴承温度传感器，对轴承异常高温现象进行监控，同一箱体上不同轴承之间的温差一般不应超过15℃，要随时随地检查润滑油的变化，发现异常立即停机处理。

（七）断轴

断轴也是齿轮箱常见的重大故障。其原因是轴在制造过程中没有消除应力集中，在过载或交变应力的作用下，超出了材料的疲劳极限所致。因此对轴上易产生应力集中的部位应高度重视，特别是在不同轴径过渡区要有光滑的圆弧连接，此处的光洁度要求较高，也不允许有切削刀具刃尖的痕迹。设计时，轴的强度应足够，轴上的键槽、花键等结构不能过分降低轴的强度。保证相关零件的刚度，防止轴的变形，也是提高轴可靠性的必要措施。

第三节　偏航系统的调试与维护

一、偏航系统的调试

偏航系统的调试在风力发电机进行试验时进行。偏航系统的调试与偏航系统的维修不同，此时偏航系统的机件均处于全新状态，只是由于装配不当或零部件的质量问题造成的一些问题。出现故障维修后的调试则必须考虑机件磨损及机件失效的影响。下面把调试中一些有规律的问题及处理方法，以表格形式呈现，见表7-5。

表7-5　偏航系统调试中问题及处理方法

序号	存在问题	故障表现	处理方法
1	液压制动器工作压力低	有漏油现象	管路接头松动或损坏 密封件损坏
2	有非正常的噪声	润滑油或润滑脂严重缺失，使齿轮副处于干摩擦状态 偏航驱动装置中油位过低 偏航阻尼力矩过大 齿轮副轮齿损坏或侧隙太大，齿轮副齿侧间隙中有杂质 联接螺栓紧固不合格或松动	检查是否有漏油现象，加注规定型号的润滑脂，加规定型号的润滑油 更换齿轮，调整齿侧间隙清除齿间杂质 紧固制动器、偏航驱动、偏航轴承的联接螺栓

（续）

序号	存在问题	故障表现	处理方法
3	偏航压力不稳	液压管路出现渗漏 液压蓄能器的保压出现故障 液压系统元器件损坏	排除液压管路渗漏故障 排除液压蓄能器故障 更换损坏的液压元器件
4	偏航定位不准	风向标信号不准确 偏航阻尼力矩过大或过小 偏航制动力矩不够 偏航齿圈与驱动齿轮的齿侧间隙大	校正调准风向标信号 偏航阻尼力矩调到额定值 偏航制动力矩调到额定值 调整齿轮副的齿侧间隙
5	偏航计数器故障	联接螺栓松动 异物侵入 损坏；磨损	紧固联接螺栓 清除异物 更换连接电缆

二、偏航系统的维护

（一）每月定期检查维护的项目及要求

1）每月检查油位，包括偏航驱动减速器、偏航轴承齿圈润滑油箱，若低于正常油位应补充规定型号的润滑油到正常油位。每月或每500h应向偏航轴承齿圈啮合的齿轮副喷入规定型号的润滑油，添加规定型号的润滑脂，以保证齿轮副润滑正常。

每月还应检查各个油箱和各个润滑装置，不应有漏油现象，若发现有漏油现象必须找出原因并加以消除。

2）每月检查制动器壳体和机架的联接螺栓的紧固力矩，确保其为机组的规定值。检查偏航驱动与机架的联接螺栓，保证其紧固力矩为规定值。

紧固螺栓松动轻者造成噪声增大，重者会造成机件损坏。对于松动的紧固螺栓，应按规定的紧固力矩进行紧固。

3）每月检查摩擦片磨损情况及摩擦片是否有裂缝存在，并清洁制动器摩擦片。当摩擦片最低点的厚度不足2mm时，必须更换。检查制动器壳体和制动摩擦片的磨损情况，必要时也应进行更换。

4）每月检查制动盘的清洁度，查看是否被机油和润滑油污染，以防制动失效；检查制动盘和摩擦片的工作状态，并根据机组的相关技术要求进行调整。

5）检查是否有非正常的机械和电气噪声。机械磨损造成的间隙增大是非正常噪声的根源，而机械磨损的产生往往是由于润滑不良造成的。另外，密封不好和紧固螺栓松动也是造成非正常噪声的根源。应根据噪声源的产生部位、噪声频率找出根源并予以根除。

6）每月对液压回路进行检查，确保液压油路无泄漏，液压系统的工作压力能稳定在额定值，制动器的工作压力在正常的工作压力范围之内，最大工作压力为机组的设计值。同时还必须检查偏航制动器制动和压力释放的有效性及偏航时偏航制动器的阻尼压力是否正常。

（二）长期检查维护项目及要求

1）每三个月或每1500h就要检查齿面是否有非正常的磨损与裂纹，检查轴承是否需要加注润滑脂，若需要，按技术要求加注规定型号的润滑脂。

2）运行2000h后，应使用清洗剂清洗减速箱并更换润滑油，检查轮齿齿面的点蚀情况及啮合齿轮副的侧隙。

3）每六个月或每3000h就要检查偏航轴承联接螺栓的紧固力矩，确保紧固力矩为机组设计的规定值，全面检查齿轮副的啮合侧隙是否在允许的范围之内。

第四节　变桨系统的调试、保养与维修

一、变桨系统维护和检修工作的要求

1）维护和检修工作，必须由生产厂家调试人员或接受过生产厂家培训并得到认可的人员完成。

2）在进行维护和检修工作时，必须携带变桨系统检修卡，并按照检修卡上的要求完成每项内容的检修与记录。

3）在进行维护和检修前必须阅读本风力发电机组的维护手册，所有操作必须严格遵守维护手册中的安全条款。

4）如果环境温度低于-20℃，不得进行维护和检修工作。对于低温型风力发电机，如果环境温度低于-30℃，也不得进行维护和检修工作。

5）如果风速超过下述的限值，不得进行维护和检修工作。

① 叶片位于工作位置和顺桨位置之间的任何位置，5min平均值（即平均风速）为15m/s；5s平均值（即阵风速度）为20m/s。

② 叶片位于顺桨位置（当叶轮锁定装置起动时不允许变桨），5min平均值（即平均风速）为20m/s；5s平均值（即阵风速度）为25m/s。

6）安全要求如下：

① 变桨机构进行任何维护和检修时，必须首先使风机停机，机械制动装置动作，高速轴制动并将叶轮锁锁定。

② 如特殊情况，需要在风机处于工作状态或变桨机构处于转动状态下进行维护和检修时（如检查轮齿啮合、电机噪音、振动等状态时），必须确保有人守在紧急开关旁，可随时按下开关，使系统制动。

③ 当在轮毂内工作时，因工作区域狭小，要防止对其他部件造成损伤。

二、变桨系统的维护

1. 变桨轴承的基本维护

1）检查变桨轴承表面清洁度。

2）检查变桨轴承表面防腐涂层。

3）检查变桨轴承齿面情况。

4）检查变桨轴承螺栓的紧固程度。

5）检查变桨轴承润滑状况。

2. 变桨驱动电动机的基本维护

1）检查变桨驱动装置表面清洁度。

2）检查变桨驱动装置表面防腐涂层。

3）检查变桨电动机是否过热及是否有异常噪声等。

4）检查变桨齿轮箱润滑油。

5）检查变桨驱动装置螺栓紧固。

3. 限位开关的基本维护

1）检查开关灵敏度，是否有松动现象。

2）检查限位开关接线是否正常，手动制动装置进行测试。

3）检查螺栓紧固情况。

4. 变桨主控柜和电池柜的基本维护

1）检查变桨控制柜/轮毂之间的缓冲器是否有磨损。

2）检查变桨控制柜内接线是否有松动现象。

3）检查柜子支架及柜子的螺栓紧固状况。

4）用蓄电池驱动变桨机构，用比例装置检测电池状况是否良好。

5. 液压变桨系统维护

根据液压变桨系统的特点及运行维护经验，在正常进行风机定期维护项目的基础上，应有针对性地开展液压变桨系统易损部件检查，增加油液品质化验频次，定期更换老化密封件等维护项目。

（1）将系统易损件检查列入风机定检项目　对于在运行过程中发现的易损电器元件，如液压马达接触器和液压阀等，如不在原定期检查测试范围内，应修改定检项目，将其列入检查范围，如在定检中发现易损件品质下降严重，可提前进行更换，避免定检后短期内出现故障。

（2）控制液压油污染　适当降低油品试验周期，机组长周期运行后，风机液压油洁净度会出现不同程度的下降，液压油污染会影响系统的正常工作，降低系统中液压部件的使用寿命。除按期进行液压系统空气滤清器和油滤清器的更换外，还要定期清理油箱管道及元件内部的污物，及时更换磨损严重的阀块。对于运行三年及以上的风力发电机组，应将液压油试验周期由一年调整为半年，便于及时发现油品劣化趋势进行处理。

6. 电动变桨系统维护

由于风机运行中轮毂处于不断旋转状态，离心力和在重力方向的不断改变使电动变桨系统各部件均承受了脉动变化的载荷，加之温度变化，运行工况相对较差。加强变桨系统部件检查和定期维护，可以有效减少变桨系统的故障发生率。

（1）加强变桨传动系统的润滑　除按半年周期进行系统变桨轴承、变桨电动机、减速机的润滑外，当风机发生卡桨、电动机发热等缺陷的原因确认为变桨转动荷载增加时，应对整个系统重新进行一次润滑维护。

（2）集电环系统维护应严格按厂家推荐方法进行　在实际工作中，由于集电环系统拆卸和维护相对复杂，部分检修人员在进行集电环定检工作时，存在润滑过度或装配环节不能保证集电环内的清洁度问题，给后期运行留下隐患。

（3）定期进行后备电池检测　除风机主控程序对风机后备电池进行检测外，建议在定检时用手持式检测仪对电池进行全面检查，及时发现内阻增加和容量下降的电池，进行处理或更换，有条件的企业可以安装电池在线检测装置，实现全天候状态监测，当发现全部电池均存在劣化情况时，应全部进行更换，部分厂家推荐每三年进行一次更换。

三、变桨系统的故障及处理

1. 液压变桨系统故障分析

（1）液压站减压故障　液压变桨系统是间歇性工作系统，当风机处于运行状态时，桨叶角度根据风机控制策略需要不断进行调整，以满足控制风机功率的需求。这就需要液压站频繁进行减压操作。液压泵和液压马达起停次数较多，会造成相应的控制电器元件故障多发。液压站频繁起停经常造成交流接触器主触头或辅助触头损坏，造成主控系统发出减压指令但液压马达无法动作，风机会相应报警，提示液压系统工作压力低、错误或液压站减压完成但交流接触器辅助触头无法释放造成信号反馈错误。此故障需要检修人员检查液压泵驱动电动机交流接触器损坏情况，进行整体更换或只更换辅助触头。

（2）液压控制阀故障　在由各种液压元件组成的液压控制回路系统中，比例阀是其中最重要的组件，液压变桨中控制系统的桨距控制是主要通过比例阀来实现的。在需要调节桨叶角度时，由控制器（主 PLC 或轮毂 PLC）根据功率或转速信号输出一个 $-10V \sim +10V$ 的控制电压，通过比例阀放大器转换成一定范围的电流信号，控制比例阀输出流量的方向和大小，从而控制变桨液压缸的动作方向和速度，完成桨叶角度调整。风机长周期运行后，比例阀故障概率增高。比例阀故障后，风机无法正常变桨，通过会报"变桨不同步"或"变桨未按指令完成"。此故障需检修人员进行比例阀检修或更换，特别是要分析损坏原因，如果比例阀阀芯损坏由液压油污染引起，则需要先进行液压油处理。

（3）液压油泄露　风机液压变桨系统运行在高压下，通常在 200bar 左右，对液压阀、液压缸和液压油管均有较高的要求。液压油外泄漏主要是由于液压缸、阀体密封失效，接头处紧固松动或液压油管老化造成的。大量油液泄漏不但会引起风机报"液压油位低"停机，还可能造成风机内外部污染，对环境造成影响。此类故障需要检修人员检查泄漏部位，进行更换密封圈、紧固接触部位等处理后再进行补油。

（4）液压油位低故障　故障分析：液压油位过低油位计的常开辅助触头故障、信号回路的接线故障。

处理措施及结果如下：

1）液压油位过低：此情况下应认真检查各个液压油路和轮毂内的叶尖油管、液压缸和四通接头等部位，找出漏油点，进行有效处理，并重新加注液压油。

2）油位计的常开辅助触头故障：油位计的辅助触头接触不良，可更换液压油位计。

3）信号回路的接线故障：信号回路接线松动或者脱落，导致 24V 反馈信号丢失，此情况下，可以通过测量回路各个接点的电压情况来找断电情况。

2. 电动变桨系统故障

（1）电气回路系统故障　变桨电气主回路包括变桨变频器、变桨电动机等。其中变频器是伺服驱动的核心部分，变频器输出频率可调，相序可调的交流电到变桨电动机电枢绕组中。控制变桨电动机转动带动变桨减速机进行桨叶角度调整。常见故障为变频器损坏、电动机发热、功率不足、接线松动、卡桨等。需要检修人员根据故障报警内容进行故障点判断和处理。如出现卡桨且无明显故障点则可手动进行多次变桨，直到恢复正常为止。若多次出现上述现象，则应考虑加大变桨电动机功率或加强变桨轴承润滑。

（2）变桨电动机集电环故障　电动变桨系统组成部件均处于轮毂内，机舱主系统既要为变桨系统提供动力电源，也要与变桨系统控制器进行通信，因此作为机舱和轮毂电气连接的部件，变桨电动机集电环的地位非常重要。变桨系统通信故障或变桨系统供电故障将触发风机安全链动作。紧急停机、变桨集电环故障多由于接线松动或集电环内部接触不良引起。检修时需要进行相应的检测。必要时对集电环进行重新清洗，滑道磨损严重时应进行更换。

（3）后备电池故障　与液压变桨系统蓄能器作用相同，电动变桨系统后备电池主要用于在风机失电或紧急情况给变桨电动机提供动力，确保风机顺桨停机，避免发生飞车等重大事故。风机用后备电池主要有免维护铅酸蓄电池和超级电容两种，其中超级电容具有较长的使用寿命，但造价相对较高，由于轮毂内运行环境恶劣，长时间运行后，使用蓄电池作为后备电源的风机经常出现蓄电池故障报警风机停机。检修人员可通过程序或人工对蓄电池进行检测，确定电池故障是由于接线松动还是本身品质下降，相应地进行处理。

（4）超级电容故障　故障分析：超级电容本身坏掉；超级电容块损坏；三相电力测量模块损坏；直流充电器及其回路损坏。

处理措施及结果如下：

1）用万用表测量电容柜上面四组超级电容的端电压，若超级电容端电压正常，则超级电容没有问题。

2）检测端电压正常时，可确定目前电压检测没有问题。

3）用万用表检测直流充电电源的输入与输出，可确定 AC 500 有无问题。

4）采用制表法对故障件进行绘图会很容易看出来电压有明显的跌落，可以判断三相电力测量模块出现问题，更换此模块后机组恢复正常运转。

（5）PLC 死机、PLC 通信故障、FTP 无法登陆现象的处理措施　检查风力发电机组的防火墙是否启用，信任 IP 地址是否设置；当出现 FTP（通信协议）无法访问、PLC 死机及PLC 通信故障时，按照说明进行操作；在 PLC 中添加 AMS Logger 工具软件。当出现 FTP 无法登陆和 PLC 死机、通信故障时，第一时间复制记录文件。

（6）变桨位置比较故障　故障分析：冗余旋转编码器齿轮打滑，未连接紧固；冗余旋转编码器内部电路损坏，线路接触不实。

处理措施及结果如下：

1）检查冗余旋转编码器的齿轮是否松动打滑。

2）打开旋转编码器，检查接线是否有松动现象。

3）通过计算机利用表格对故障的位置进行绘图，发现数据有跳变。若有跳变，则更换冗余旋转编码器后，机组恢复正常运转。

第五节　液压系统的调试、维护与检修

调试是调整与试验的简称，调试的方法就是在试验过程中进行调整，然后再试验再调整，如此反复直到液压系统的动作和控制功能满足设计要求为止。液压设备安装、循环冲洗合格后，要对液压系统进行必要的调整试车，使其在满足各项技术参数的前提下，按机组液压控制要求进行必要的调整，使其在极限载荷情况下也能正常工作。

一、液压系统调试前的准备工作

1. 调试人员要求

参加液压系统调试的工作人员必须经过专门的职业技能培训，并具有相应的职业资格证书。参加调试的人员应分工明确，统一指挥。调试前应熟悉并掌握风力发电机组生产厂提供的液压系统使用说明书，其内容主要包括：

1）风力发电机组的型号、系列号、生产日期。

2）液压系统的主要作用、组成及主要技术参数。

3）液压系统的工作原理与使用说明。

4）液压系统正常工作条件、要求（如工作油温范围，油的清洁度要求，油箱注油高度，油的品种代号及工作黏度范围，注油要求等）。

5）液压系统的调试方法、步骤、操作要求及注意事项。

2. 进入调试状态的条件

1）需调试的液压系统必须循环冲洗合格。

2）液压驱动的主机设备全部安装完毕，运动部件状态良好并经检查合格。

3）控制调试液压系统的电气设备及线路全部安装完毕并检查合格。

4）确认液压系统净化符合标准后，向油箱加入规定的液压油。加入液压油时一定要过滤，滤芯的精度要符合要求，并要经过检测确认。向油箱内注油，当油液充满液压泵后，用手转动联轴器，直至泵的出油口出油并不见气泡为止。对于有泄油口的油泵，要向泵壳体中注满油。油箱油位应在油位指示器最低油位线和最高油位线之间。

5）根据管路安装图，检查管路连接是否正确、可靠，选用的油液是否符合技术文件的要求，油箱内油位是否达到规定高度，根据原理图、装配图认定各液压元件的位置。

6）清除主机及液压设备周围的杂物，调试现场应有必要的、明显的安全设施和标志，并有专人负责管理。

3. 调试前的检查

1）根据液压系统原理图、装配图及配管图检查液压系统各部位，确认安装合理无误。检查并确认每个液压缸由哪条支路的电磁阀操纵。

2）液压油清洁度采样检测报告合格。

3）电磁阀分别进行空载换向，确认电器动作是否正确、灵活，符合动作顺序要求。

4）将泵吸油管、回油管路上的截止阀开启，泵出口溢流阀及系统中安全阀手柄全部松开；放松并调整液压阀的调节螺钉，将减压阀置于最低压力位置。

5）流量控制阀置于小开口位置。调整好执行机构的极限位置，并维持在无负载状态。若有必要，伺服阀、比例阀、蓄能器、压力传感器等重要元件应临时与循环回路脱离。

6）按照使用说明书中的要求向蓄能器内充入氮气。节流阀、调速阀、减压阀等应调到最大开度。

二、液压系统的试验

（一）液压系统验收资料

液压系统总装出厂试验大纲及验收试验技术文件应由设计单位制定或由用户、制造商和设计单位协商确定。试验大纲及验收试验技术文件应包括如下内容：

1）试验的目的、要求、条件、方法、步骤及注意事项。

2）耐压试验及记录表。

3）系统功能试验及记录表。

4）系统保压试验及记录表。

5）系统静、动态性能试验（如保压、速度调节、同步、定位及调节精度等）及记录表。

6）系统标志、标定及记录表。

7）系统噪声检测及记录表。

（二）液压系统试验项目和方法

当液压系统组装、检查、准备完成后，应按试验大纲和制造商试验规范进行性能试验，试验项目如下：

1）系统通路试验：检查其管路、阀门、各通路是否顺畅，有无滞塞现象。

2）系统空运转试验：检查其各部位操作是否灵活，表盘指针显示是否无误、准确、清晰。用电压表测试电磁阀的工作电压。

3）密封性试验：试验在连续观察的6h中自动补充液压油2次，每次补油时间约2s。在保持压力状态24h后，检查是否有渗漏现象及能否保持住压力。

4）压力试验：检查各分系统的压力是否达到了设计要求。打开油压表，进行开机、停机操作，观察液压是否能及时补充、回放，卡钳补油、变桨距和收回叶尖的压力是否保持在设定值。观察在液压补油、回油时是否有异常噪声。记录系统自动补充压力的时间间隔。

5）流量试验：必要时还要进行流量试验，检查其流量是否达到设计要求。

6）模拟试验和考核试验：进行与并网型风力发电机组控制功能相适应的模拟试验和考核试验，要求在执行变桨和机械制动指令时动作正确；检查其工作状况应准确无误、协调一致。在正常运行和制动状态，分别观察液压系统压力保持能力和液压系统各元件动作情况。连续考核运行应不少于24h。变桨距系统试验的目的主要是测试变桨速率、位置反馈信号与控制电压的关系。

7）并网调试：当液压系统单机试验合格后，应进行风力发电机组的并网调试，检查液压系统是否达到机组的控制要求。分别操作风力发电机组的开机、松制动、停机动作，观察叶尖、变桨和卡钳是否有相应动作。

8）飞车试验：飞车试验的目的是设定或检验叶尖空气动力制动机组液压系统中的突开阀，以确保在极限风速下液压系统的工作可靠性和安全性。一般按如下程序进行试验：

① 将所有过转速保护的设置值均改为正常设定值的2倍，以免这些保护装置首先动作。

② 将发电机并网转速调至5000r/min。

③ 调整好突开阀后，起动风力发电机组。当风力发电机组转速达到额定转速的125%时，突开阀将打开并将制动刹车油缸中的液压油释放，从而导致空气动力制动动作，使风轮转速迅速降低。

④ 读出最大风轮转速值和风速值。

⑤ 试验结果正常时，将转速设置改为正常设定值。

⑥ 试验数据应记录在验收资料要求的记录表中，并给出试验报告。

三、液压系统的保养

（一）使用说明书

风力发电机生产厂应向用户提供使用说明书，其内容应包括：

1）定期测试、维护保养的测试点、加油口、排油口、采油口、滤油器等设置的位置。

2）液压系统常见的故障及排除方法，特殊元件、部件的维修方法。

3）密封件的储存条件及储存期限。

4）随机附带的工具、易损密封件（不包括外购件的密封件）明细表。

（二）液压系统保养要求

1）液压系统油液工作温度不应过高。液压系统运行过程中，要注意油质的变化情况。每三个月定期取样化验，若发现油质不符合要求，要进行净化处理或更换新油液。

2）定期检查润滑管路是否完好，润滑元件工作是否正常，润滑油质量是否达标。

3）定期检查冷却器和加热器工作性能。

4）定期按设计规定和工作要求，合理调节液压系统的工作压力与工作速度。压力阀、调速阀调到所要求的数值时，应将调节螺钉紧固，防止松动。

5）高压软管、密封件要定期更换。

6）检查液压泵或电动机运转时是否有异常噪声，检查系统各部位有无高频振动。当系统某部位产生异常时，要及时分析原因并进行处理，不要强行运转。

7）经常观察蓄能器的工作性能，若发现气压不足或油气混合时，要及时充气和修理。

8）为保证电磁阀正常工作，应保持电压稳定，其波动值不应超过额定电压的 5%～10%。

9）电气柜、电气箱、操作台和指令控制箱等应有盖子或门，不得敞开使用。

10）主要液压元件定期进行性能测定并定期更换与维修。

11）检查所有液压阀、液压缸、管件是否有泄漏。检查液压缸运动全行程是否正常平稳。

12）检查系统中各测压点的压力是否在允许范围内，压力是否稳定。

13）检查换向阀工作是否灵敏，检查各限位装置是否变动。

四、液压系统的故障诊断原则与方法

（一）液压系统故障诊断的一般原则

正确分析故障产生原因是排除故障的前提，系统故障大部分并非突然发生，发生前会有一定征兆，当这些征兆发展到一定程度时即产生故障。引起故障的原因是多种多样的，并无固定规律可循。统计表明，液压系统发生的故障约 90% 是由于使用管理不善所产生的。为了快速、准确、方便地诊断故障，必须充分认识液压故障的特征和规律，这是故障诊断的基础。

液压系统故障的诊断应遵循以下原则：

1）首先判明液压系统的工作条件和外围环境是否正常，然后需要清楚到底是风力发电机组机械部分还是电器控制部分故障，或是液压系统本身的故障。同时查明液压系统的各种条件是否符合正常运行的要求。

2）根据故障现象和特征确定与该故障有关的区域，逐步缩小发生故障的范围。检测此区域内的元件情况，分析故障原因，最终找出具体的故障点。

3）掌握故障种类并进行综合分析，根据故障最终现象，逐步深入地找出多种直接或间接的可能原因。为避免盲目性，必须根据液压系统的基本原理，进行综合分析、逻辑判断，减少怀疑对象，逐步接近并最终找到故障部位。

4）故障诊断是建立在风力发电机组运行记录及某些系统参数基础之上的。利用机组监控系统建立液压系统运行记录，这是预防、发现和处理故障的科学依据。建立设备运行故障分析表，它是使用经验的高度概括总结，有助于对故障现象迅速做出判断。使用一定检测手段，可对故障做出准确的定量分析。

5）验证故障产生的可能原因时，一般从最可能的故障原因或最易检验的地方入手，这样可减少装拆工作量并加快检修进度。

（二）常用故障诊断方法

1. 感观检查法

对于一些较为简单的故障，维修人员可通过眼看、手摸、耳听和鼻嗅等手段对零部件进行检查。例如，通过视觉检查能发现诸如破裂、漏油、松脱和变形等故障现象，从而及时地维修或更换配件。用手握住油管（特别是胶管），当有液压油流过时会有脉动的感觉，而无油液流过或压力过低时则没有这种现象。手摸还可用于判断带有机械传动部件的液压元件润滑情况是否良好，用手感觉一下元件壳体温度的变化，若元件壳体过热，则说明润滑不良。耳听可以判断机械零部件损坏造成的故障点和损坏程度，如液压泵吸空、溢流阀开启、元件发卡等故障都会发出如水的冲击声或"水锤声"等异常声响。有些部件由于过热、润滑不良和气蚀等原因而发出异味，通过嗅闻可以判断出故障点。

2. 替换诊断法

在维修现场缺乏诊断仪器或被查元件比较精密不宜拆开时，应采用替换诊断法。先将怀疑出现故障的零件拆下，换上同型号新元件或其他机器上工作正常的元件进行试验，看故障能否排除即可做出判断。用替换诊断法检查故障，尽管受到结构、现场元件储备或拆卸不便等因素的限制，操作起来也比较麻烦，但对于平衡阀、溢流阀、单向阀等体积小、易拆装的元件，采用此法还是较方便的。替换诊断法可以避免因盲目拆卸而导致液压元件的性能降低。如果不采用替换诊断法检查，而直接拆下可疑的液压阀并对其进行拆解，若该元件没有问题，装复后有可能会影响其性能。

3. 仪表测量检查法

仪表测量检查法也称为参数测量法，是借助对液压系统各部分液压油的压力、流量和油温等参数的测量以及对液压系统的理解，来判断故障发生的原因及故障点。一般在检测中，由于液压系统的故障往往表现为压力不足，容易察觉；而流量的检测则比较困难，流量的大小只可通过执行元件动作的快慢做出粗略的判断。因此，在检测中，更多地采用检测系统压力的方法。

任何液压系统工作正常时，系统参数都工作在设计和设定值附近，工作中如果这些参数偏离了设定值，则系统就会出现故障或有可能出现故障。液压系统产生故障的实质就是系统工作参数的异常变化。因此，当液压系统发生故障时，必然是系统中某个元件或某些元件有故障，进一步可断定回路中某一点或某几点的参数已偏离了设定值。这说明如果液压回路中某点的工作参数不正常，则系统已发生了故障或将要发生故障，需要维修人员马上进行处理。这样在参数测量的基础上，再结合逻辑分析法，即可快速、准确地找出故障所在。

参数测量法不仅可以诊断系统故障，而且还能预报可能发生的故障，并且这种预报和诊断都是定量的，大大提高了诊断的速度和准确性。这种检测为直接测量，检测速度快，误差小，检测设备简单，便于在生产现场推广使用。测量时，既不需停机，又不会损坏液压系统，几乎可以对系统中任何部位进行检测。不但可诊断已有故障，而且可进行在线监测，预报潜在故障。

4. 逻辑分析法

风力发电机组液压系统的工作原理是，按照风力发电机组控制系统的要求，利用不同的液压元件、回路组合匹配而成。当出现故障现象时，可根据风力发电机组控制系统的逻辑关系进行分析推理，初步判断出故障的部位和原因，对症下药，迅速予以排除。此法的基本思路是综合分析、条件判断。此法在故障诊断过程中要求维修人员具有液压系统基础知识和较强的分析能力，方可保证诊断的效率和准确性。

对于液压系统的故障，可根据液压系统的工作原理，按照动力元件——→控制元件——→执行元件的顺序在系统图上正向推理分析故障原因。如果一钳盘式制动器工作无力，从原理上分析认为，工作无力一般是由于油压下降或流量减小造成的。造成压力下降或流量减小的可能因素有：一是油箱，比如缺油、吸油滤油器堵塞、通气孔不畅通；二是液压泵内漏，如液压泵柱塞副的配合间隙增大；三是操纵阀上主溢流阀压力调节过低或内漏严重；四是液压缸过载阀调定压力过低或内漏严重；五是回油路不畅等。考虑到这些因素后，再根据已有的检查结果排除某些因素，缩小故障范围，直至找到故障点并予以排除。

液压系统故障诊断中，根据系统的工作原理，要掌握一些规律或常识。一是分析故障过程是渐变的还是突变的，如果是渐变的，一般是由于磨损导致原始尺寸与配合的改变而丧失原始功能；如果是突变的，往往是零部件突然损坏所致，如弹簧折断、密封件损坏、运动件卡死或污物堵塞等。二是要分清是易损件还是非易损件，是处于高频重载下的运动件还是易发生故障的液压元件，如液压泵的柱塞副、配流盘副、变量伺服和液压缸等。而处于低频、轻载或基本相对静止的元件，则不易发生故障，如换向阀、顺序阀、滑阀等就不易发生故障。掌握这些规律后，对于快速判断故障部位可起到积极的作用。

五、液压系统的常见故障及原因分析

（一）漏油

漏油是液压系统最为常见的故障，又是最为难以彻底解决的故障。这一故障的存在，轻则降低液压系统的性能，污染设备环境，重则让液压系统根本无法运行。通过仔细分析可知，泄漏可分为内泄漏和外泄漏两种。

1）内泄漏：是指液压元件内部有少量液体从高压腔泄漏到低压腔。内泄漏量越大，元件的发热量就越大，采用手摸的方法可以检查出来。可通过对液压元件进行调试，减少元件磨损量来控制；还可通过对液压元件的改进设计性维修，减少与消除内泄漏。

2）外泄漏：其原因主要有5个，一是管道接头处有松动或密封圈损坏，应通过拧紧接头或更换密封圈来解决；二是元件接合面处有外泄漏，主要是由于紧固螺钉预紧力不够及密封环损坏引起的，这时应增大预紧力或更换密封环；三是轴颈处由于元件壳体内压力高于油封的许用压力或是油封受损而引起外泄漏，可采取把壳体内压力降低或者更换油封来解决；四是动配合处出现外泄漏，例如，活塞杆和阀杆处由于安装不良、V形密封圈预压力小或者油封受损而出现外泄漏，这时应及时更换油封，调节V形密封圈的预紧力；五是油箱油位计出现外漏油，这种情况是由水漏入油中或油漏入水中造成的，应通过及时拆修来解决。

（二）液压系统发热

液压系统发热的原因有两类：一是设计不合理；二是系统运行中的油液污染。可以通过手感的方法来检查系统的发热部位。如液压泵、液压马达和溢流阀都是易发热的元件，只要用手抚摸元件壳体，即可发现是否过热。当元件壳体温度上升到了65℃时，一般人手就不能忍受了。若手能放在元件的壳体上，就表明油温还在系统元件允许的最高温度以下；若不敢碰元件壳体，那就表明油温太高了，应及时采取措施控制油温。在不影响系统工作的情况下，对液压泵、液压马达通常可以采用对外壳冷却降温的措施以控制其发热。

（三）振动和噪声

振动和噪声来自两个方面：机械传动部件和液压系统自身。检测人员可用耳听手摸的办法来初步判断振动、噪声发生的部位。有条件的可以用仪器监测振动与噪声情况。

液压系统产生振动、噪声的主要根源是液压泵和系统参数不匹配。虽然液压执行元件也产生噪声，但它的工作时间总是比液压泵短，其严重性也远不如液压泵。各类控制阀产生的噪声比液压泵也要低。如果发生谐振，往往是由于系统参数匹配不合理引起的。

液压系统产生的振动、噪声大致有：液压泵的流量脉动噪声、气穴噪声、通风噪声、旋转声、轴承声、壳体振动声；电动机的电磁噪声、旋转噪声、通气噪声、壳体振动声；压力阀、电磁换向阀、流量阀、电液伺服阀等的液流声、气穴声、颤振声、液压冲击声；油箱的回油击液声、吸油气穴声、气体分离声和箱壁振动声；风扇冷却器的振动噪声以及由于压力脉动、液压冲击、旋转部件、往复零件等引起的振动向各处传播引起系统的共振。

1）由液压泵引起的振动、噪声：若是由于电动机底座、泵架的固定螺钉松动、电动机联轴器松动等引起，应对之加以紧固与调整；若是其他传动件出现故障，则应及时更换传动件。当液压泵出现噪声过大时，应重点检查密封圈是否损坏，滤油器是否堵塞。如果液压泵吸空，可听到低沉的噗噗声，同时伴随进油管振动，这时应将黄油或肥皂水涂抹在可疑处检查是否漏气，若有漏气就应更换密封圈或清洗滤油器。当液压泵振动、噪声突然加大，则可能是液压泵突然损坏，应停机检修。

2）由液压油引起的振动、噪声：应加强对油液的过滤，定期检查油液的质量，避免因油液污染引起的振动、噪声和发热，同时定期检查油箱油位的高度，以免因油位过低而吸入空气。

3）由各类阀体引起的振动、噪声：一是检查各类阀的密封圈是否有损伤，避免因漏气而出现振动、噪声；二是检查各阀的电磁铁是否失灵，若失灵则应及时更换或修理；三是检查各类阀的紧固螺钉是否松动，以免产生震颤声。

4）由管道引起的振动、噪声：应控制系统中的油温，同时防范因吸油管道漏气、高压管道的管夹松动和元件安装位置不合理所引起的振动、噪声。

当正常运转的液压系统在不发热、不振动、无噪声情况下突然出现执行元件不动作或误动作时，应先从电控系统和风力发电机组液压控制阀开始检查。

（四）液压阀失灵

若怀疑有故障的阀是电控（电磁、电液、比例、伺服）阀时，应检查电源、熔断器和与故障有关的继电器、接触器和各接点、放大器的输入输出信号，彻底排除电控系统存在的故障。

检查电液、液压件的控制油压力，以及比例阀和伺服阀的供油压力，排除电控、液控系统的故障。

第六节　控制系统的维护与检修

风力发电机组安全运行是依靠控制系统和与之配合的机械执行机构来完成的，只有经常进行维护和检修，才能保证控制系统的可靠性和安全性。在目前的技术条件下风力发电机组控制系统的无故障工作保障时间一般为半年左右，这种情况下只有做好控制系统的维护与检修，才能提高风力发电机组的完好率，实现多发电的目标。

风力发电机组的控制系统由硬件和软件两大部分组成，硬件部分又分为强电和弱电两部分。弱电部分一般采用可编程序控制器或以计算机微处理器为核心的控制板，其工作在低电压小电流状态故障率很低。强电部分是指光电或磁电隔离接口以外的电器和连接导线，强电部分工作在较高电压和大电流状态，所受电气及机械应力较大因此故障多发生在这一部分。硬件强电部分的电器装置包括：伺服电动机、空气断路器、交流接触器、继电器、熔丝、线路和接地保护装置。

例行巡视和定期检修是控制系统维护与检修的主要方式。参与控制系统维护与检修的人员必须具备相应的职业技能资质，并掌握进行控制系统维护与检修相关的安全要求。

一、控制系统电气装置的维修

（一）控制电路电器元件检查

1）电路元器件的触头有无熔焊、粘连、变形，严重氧化锈蚀等现象；触头闭合分断动作是否灵活；触头开距、超程是否符合要求；压力弹簧是否正常。

2）电器的电磁机构和传动部件的运动是否灵活，衔铁有无卡住，吸合位置是否正常等。更换安装前应清除铁心端面的防锈油。

3）用万用表检查所有电磁线圈的通断情况。

4）检查有延时作用的电路元器件功能，如时间继电器的延时动作、延时范围及整定机构的作用；检查热继电器的热元件和触头的动作情况。

5）核对各电路元器件的规格与图样要求是否一致。

6）更换安装接线前应对所使用的电路元器件逐个进行检查，元器件外观是否整洁，外壳有无破裂，零部件是否齐全，各接线端子及紧固件有无缺损、锈蚀等现象。

（二）控制线路的检查

1）检查线路有无移位、变色、烧焦、熔断等现象。

2）检查所有端子接线接触情况，排除虚接现象。

3）用万用表检查，取下接触器的灭弧罩，用手操作来模拟触头分合动作，将万用表拨到 $R \times 1\Omega$ 电阻档进行测量，接触电阻应趋于0。

不该连接的部位若测量结果为短路（$R = 0$），则说明所测两相之间的接线有短路现象，应仔细逐相检查导线并排除故障。应该连接的部位若测量结果为断路（$R \to \infty$），应仔细检查所测两相之间的各段接线，找出断路点，并进行排除。

4）完成上述检查后，清点工具材料，清除安装板上的线头与杂物，检查三相电源，在有人监护下通电试车。

① 空运转试验。首先拆除负载接线，合上开关接通电源，按下起动按钮，应立即动作，松开按钮（或按停止按钮）则接触器应立即复位，认真观察主触头动作是否正常，仔细听接触器线圈通电运行时有无异常响声。应反复试验几次，检查控制器件动作是否可靠。

② 带负载试车。断开电源，接上负载引线，装好灭弧罩，重新通电试车，按下起动按钮，接触器应动作，观察电动机或电磁铁等负载起动和运行的情况，松开按钮（或按停止按钮）观察电动机或电磁铁等负载能否停止工作。

试车时若发现接触器振动且有噪声，主触头燃弧严重，电动机或电磁铁等负载嗡嗡响，而机组无法起动，应立即停机检查，重新检查电源电压、线路、各连接点有无虚接，电动机绕组或电磁铁等负载有无断线，必要时拆开接触器检查电磁机构，排除故障后重新试车。

（三）熔断器的检查与维修

1）检查熔管外观有无损伤、变形、开裂现象，瓷绝缘部分有无破损或闪络放电痕迹。检查有熔断信号指示器的熔断器，其指示是否保持正常状态。

2）熔体有氧化、腐蚀或破损时，应及时更换。

3）熔断器上、下触头处的弹簧是否有足够的弹性，接触面是否紧密。检查熔管接触是否良好，有无过热现象。

4）熔体长期处于高温下可能发生老化，因此应尽量避免安装在高温场合。熔断器环境温度必须与被保护对象的环境温度基本一致，如果相差太大可能会使保护装置产生误动作。

5）检查导电部分有无熔焊、烧损、影响接触的现象。

6）经常清除熔断器上及夹子上的灰尘和污垢，可用干净的抹布擦拭。

7）更换熔芯时应检查熔体的额定电流、额定电压与设计要求是否相同。

（四）继电器和接触器的检查与维修

继电器和接触器是控制电路通断及控制通断时间、温度、顺序、电压、电流、速度、扭矩等参数的控制电器，在风力发电机组控制系统中使用数量很大。定期做好维护工作，是保证继电器和接触器长期、安全、可靠运行，延长使用寿命的有效措施。

1. 定期外观检查

1）清除灰尘，先用棉布沾有少量汽油擦洗油污，再用干布擦干。如果铁心发生锈蚀，应用钢丝刷刷净，并涂上银粉漆。

2）定期检查继电器和接触器各紧固件是否松动，特别是紧固压接导线的螺钉，以防止松动脱落造成连接处发热。若发现过热点后，可用整形锉轻轻锉去导电零件接触面的氧化层，再重新固定。检查接地螺钉是否紧固牢靠。

3）各金属部件和弹簧应完整无损和无形变，否则应予以更换。

2. 触头系统检查

1）动、静触头应清洁，接触良好，若有氧化层，应用钢丝刷刷净，若有烧伤处，则应用细油石打磨光亮。动触头片应无折损，软硬一致。

2）检查动、静触头是否对准，三相是否同时闭合，调节触头弹簧使三相动作一致。测量相间或线间绝缘电阻，其阻值不低于10MΩ。

3）继电器触头磨损深度不得超过0.5mm，接触器触头磨损深度不得超过1mm，严重烧损、开焊脱落时必须更换触头。对银或银基合金触头有轻微烧损或触面发黑或烧毛，一般不影响正常使用，但应进行清理，否则会加快接触器的损坏。若影响接触时，可用整形锉磨平打光，除去触头表面的氧化层，但不能使用砂纸。

4）更换新触头后应调整分开距离、超越行程和触头压力，使其保持在规定范围之内。

5）检查辅助触头动作是否灵活，触头有无松动或脱落，触头开距及行程是否符合规定值，当发现辅助触头接触不良又不易修复时，应予以更换。

3. 铁心检查

1）定期用干燥的压缩空气吹净继电器和接触器表面堆积的灰尘，灰尘过多会使运动机构卡住，机械破损增大。当带电部件间堆积过多的导电尘埃时，还会造成相间击穿短路。

2）清除灰尘及油污，定期用棉纱蘸少量汽油或用刷子将铁心截面间油污擦干净，以免引起铁心噪声或线圈断电时接触器不释放。

3）检查各缓冲零件位置是否正确齐全。

4）检查铁心铆钉有无断裂，铁心端面有无松散现象。

5）检查短路环有无脱落或断裂，若有断裂会引起很大噪声，应更换短路环或铁心。

6）检查电磁铁吸力是否正常，有无错位现象。

4. 电磁线圈检查

1）使用数字式万用表检查线圈直流电阻。一般仅对电压线圈进行直流电阻测量，继电器电压线圈在运行中，有可能出现开路和匝间短路现象，进行直流电阻测量便可发现。

2）定期检查继电器和接触器控制回路电源电压，并调整到一定范围之内，当电压过高时线圈会发热，吸合时冲击较大。当电压过低时吸合速度慢，使运动部件容易卡住，造成触头拉弧熔焊在一起。

3）电磁线圈在电源电压为线圈额定电压的85%～105%时应可靠动作，若电源电压低于线圈额定电压的40%时应可靠释放。

4）检查线圈有无过热或表面老化、变色现象，若表面温度高于65℃，即表明线圈过热，可能破坏绝缘引起匝间短路。若不易修复时，应更换线圈。

5）检查引线有无断开或开焊现象，线圈骨架有无磨损、裂纹，是否牢固地安装在铁心上，若发现问题必须及时处理或更换。

6）运行前应用绝缘电阻表测量绝缘电阻，看是否在允许范围内。

5. 接触器灭弧罩检查

1）检查灭弧罩有无裂损，当严重时应更换。清除罩内脱落杂物及金属颗粒。

2）对栅片灭弧罩，检查是否完整或烧损变形，严重松脱位置变化，若不易修复应及时更换。

6. 继电器和接触器运行中的检查

1）通过的负载电流是否在额定值之内。

2）继电器和接触器的分、合信号指示是否与电路状态相符。

3）接触器灭弧室内是否因接触不良而发出放电响声。灭弧罩有无松动和裂损现象。

4）电磁线圈有无过热现象，电磁铁上的短路环有无脱出和损伤现象。

5）继电器和接触器与导线的连接处有无过热现象，通过颜色变化可以发现。

6）接触器辅助触头有无烧蚀现象。

7）绝缘杆有无裂损现象。

8）铁心吸合是否良好，有无较大的噪声，断电后能否返回到正常位置。

9）是否有不利于接触器正常运行的因素，如振动过大、通风不良、导电尘埃等。

（五）配电柜的检修

控制系统的运行与维修及应急照明一般都要通过机组配电柜获得电能。为了保证正常用电，对配电柜上的电器和仪表应经常进行检查和维修，及时发现问题和消除隐患。对运行中的配电柜，应进行以下检查。

1）配电柜和柜上电器元件的名称、标志、编号等是否清楚、正确，柜上所有的操作手柄、按钮和按键等的位置与现场实际情况是否相符，固定是否牢靠，操作是否灵活。

2）配电柜上表示"合""分"等信号灯和其他信号指示是否正确（红灯亮表示开关处于闭合状态，绿灯亮表示开关处于断开位置）。

3）刀开关、断路器和熔断器等的接点是否牢靠，有无过热变色现象。

4）二次回路线的绝缘有无破损，并用绝缘电阻表测量绝缘电阻。

5）配电柜上有操作模拟板时，模拟板与现场电气设备的运行状态是否一致。

6）清扫仪表和电器上的灰尘，检查仪表和表盘玻璃有无松动。

7）对于巡视检查中发现的缺陷，应及时记入缺陷登记本和运行日志内，以便排除故障时参考。

二、控制系统硬件的常见故障

构成风力发电机组控制系统的硬件包括各种部件，从主机到外部设备，除了前面讲过的伺服电动机、断路器、交流接触器、继电器、熔丝、线路和接地保护装置外，还有集成电路芯片、电阻、电容、晶体管、变压器、电机等，另外还包括接插件、印制电路板、按键、引线、焊点等。硬件的故障主要表现在以下几个方面。

1. 电器元件故障

电器元件故障主要是指电器装置、电气线路和连接、电器和电子元器件、电路板、接插件所产生的故障。这是风力发电机组控制系统中最常发生的故障，故障表现如下：

1）信号输入线路脱落或腐蚀。

2）控制线路、端子板、母线接触不良。

3）执行输出电动机或电磁铁等负载过载或烧毁，如变桨或偏航伺服电动机失灵。

4）保护电路或主电路熔丝烧毁或断路器过电流保护。

5）热继电器、中间继电器、控制接触器安装不牢，接触不可靠，动触头机构卡住或触头烧毁。

6）配电柜过热或配电板损坏。

7）控制器输入输出模块功能失效，强电或弱电零部件烧毁或意外损坏。

2. 机械故障

机械故障主要发生在风力发电机组控制系统的外部设备中。例如，在控制系统的专用外部设备中，伺服电动机卡死，移动部件卡死，阀门机械卡死等。凡由于机械上的原因所造成的故障都属于这一类，常见的故障如下：

1）安全链开关弹簧复位失效。

2）偏航或变桨减速器齿轮卡死。

3）液压伺服机构电磁阀芯卡涩，电磁阀线圈烧毁。

4）风速仪、风向仪转动轴承损坏。

5）转速传感器支架脱落。

6）液压泵堵塞或损坏。

3. 传感器故障

这类故障主要是指风力发电机组控制系统的信号传感器所产生的故障，例如，制动钳损坏引起的制动衬垫磨损或破坏，风速、风向仪的损坏等。传感器故障原因如下：

1）温度传感器引线振断、热电阻损坏。

2）磁电式转速电气信号传输失灵。

3）电压转换器和电流转换器对地短路或损坏。

4）速度继电器和振动继电器动作信号调整不准或该激励信号不动作。

5）开关状态信号传输断线或接触不良造成传感器不能工作。

4. 故障原因分析

风力发电机组控制系统的故障表现形式，由于其构成的复杂性而千变万化。但总起来讲，一类故障是暂时性的，其表现是系统工作时好时坏。例如，某硬件连线、插头等接触不良，会有时接触好有时接触差；再如某硬件电路性能变坏，接近失效而时好时坏，它们对系统的影响表现出来就是暂时性的故障。而另一类则属于永久性故障，硬件的永久性损坏或软件错误，它们造成系统的永久性故障。而由于某种干扰使控制系统的程序"走飞"，脱离了用户程序，使系统无法完成用户所要求的功能；但系统复位之后，整个应用系统仍然能正确地运行用户程序，属于暂时性故障。

（1）故障根源　不管是暂时性故障还是永久性故障，在进行系统设计时，都必须考虑使故障发生的概率降至最低，而达到用户可靠性指标的要求。造成故障的原因是多方面的，归纳起来主要有以下几个方面。

1）自身因素。产生故障的原因来自构成风力发电机组控制系统本身，是由构成系统的硬件或软件所产生的故障。例如，硬件连线开路、短路；接插件接触不良；焊接工艺不好；所用元器件失效；元器件经长期使用后性能变坏；软件上的各种错误以及系统内部各部分之间的相互影响等。提高制造工艺水平可以有效减少故障的出现。

2）环境因素。风力发电机组所处的恶劣环境会对其控制系统施加巨大的压力，使系统故障显著增加。当环境温度很高或过低时，控制系统都容易发生故障。环境因素除环境温度外，还有湿度、冲击、振动、压力、粉尘、盐雾以及电网电压的波动与干扰；周围环境的电磁干扰等。在进行系统设计时必须认真考虑所有这些外部环境因素的影响，力求克服它们所造成的不利影响。

3）人为因素。风力发电机组控制系统是由人来设计并供人使用的，所以由于人为因素而使系统产生的故障是客观存在的。人为故障是由于人为的没有按系统所要求的环境条件和操作规程而造成的故障。例如，将电源错加、使设备处于恶劣环境下工作，在加电的情况下插拔元器件或电路板等。

人为因素造成控制系统故障的原因如下：

① 在进行电路设计、结构设计、工艺设计、热设计、防止电磁干扰设计中，设计人员由于考虑不周或疏忽大意，必然会给后来研制的系统带来影响。在进行软件设计时，设计人员忽视了某些条件，在调试时又没有检查出来，则在系统运行中一旦进入这部分软件，必然会产生错误。

② 风力发电机组控制系统的操作人员在使用过程中也有可能按错按钮、输入错误的参数、下达错误的命令等，最终结果将使系统出现故障。

提高风力发电行业从业人员的责任心和职业技能，能够有效地减少人为故障。

（2）硬件故障产生的原因

1）元器件失效。元器件在工作过程中会失效。元器件的失效有多种表现形式：一种是突然失效，又称为灾难性失效。这是由于元器件参数的急剧变化造成的，经常表现为短路或开路状态。另一种称为退化失效，即元器件的参数或性能逐渐变坏。对一个硬件系统来说，会存在局部失效和整体失效，前者使系统的局部无法正常工作；而后者则使整个系统的整体无法正常工作。例如，风力发电机组控制系统的打印机接口失效，使系统无法打印是局部失效；若微型机失效，则整个系统就无法工作了。

2）使用不当。在正常使用条件下，元器件有自己的失效期。经过若干时间的使用，它们将逐渐衰老失效，这属于正常现象。但是，如果不按照元器件的额定工作条件去使用它们，则元器件的故障率将大大提高。在实际使用中，许多硬件故障是由于使用不当造成的。在设计风力发电机组控制系统时，必须从使用的各个方面仔细设计，合理地选择元器件，适当地提高安全裕度以便获得良好的可靠性。

3）结构及工艺差。硬件故障中，由于结构不合理或工艺上的原因而引起的故障占相当大的比重。在结构设计中，某些元器件太靠近热源，需要通风的地方未能留出位置，将晶闸管或 IGBT、大型继电器等产生较大干扰的器件放在易受干扰的元器件附近，结构设计不合理使操作人员难于观察和维修。所有这些问题，均对硬件可靠性带来影响，需要加以注意。

工艺上的不完善也同样会影响到系统的可靠性。例如，焊点虚焊、印制电路板加工不良，金属氧化使孔断开等工艺上的原因，都会使系统产生故障。所以应在设计及加工过程中，努力提高设计和工艺水平，加强质量体系保障。

三、控制系统软件的常见故障

1. 软件故障的特点

软件是由若干指令或语句构成的，尤其是大型软件的结构更为复杂。软件故障在许多方面不同于硬件故障，有它自己的特点。对硬件来说，元器件越多，故障率也越高。可以认为它们呈线性关系。而软件故障与软件的长度基本上是指数关系。因此，随着软件（指令或语句）长度的增加，其故障（或称错误）会明显增加。

软件故障与时间无关，软件不因时间的加长而增加错误，原有错误也不会随时间的推移而自行消失。软件错误一经维护改正，将永不复现。这不同于硬件，当芯片损坏后换上新芯片时还有失效的可能。但是随着软件的使用，隐藏在软件中的错误将被逐个发现、逐个改正，使其故障率逐渐降低。在这个意义上讲，软件故障与使用时间是有关系的。

软件故障完全来自设计，与复制生产、使用操作无关。当然，复制生产的操作要正确，使用介质要良好。单就软件故障本身来说，取决于设计人员的认真设计、查错及调试。可以认为，软件是不存在耗损的，也与外部环境无关。这是指软件本身而没有考虑存储软件的硬件。

2. 软件错误的来源

1）软件错误是由设计者的错误、疏忽及考虑不够周全等设计上的原因造成的。

2）软件错误也可能是由于存储软件的硬件损坏造成的。例如，CPU 中的寄存器出现问题，CPU 在高速处理中，偶然出现数据错误或数据丢失等。

四、变流器的常见故障

使用变流器时，其维护工作比较复杂，一旦发生故障较难处理，这里将变流器常见的故障列举出来，分析其故障产生的原因及处理方法。

（一）变流器参数设置类故障

变流器在使用中，能否满足系统的要求，其参数设置非常重要，如果参数设置不正确，会导致变流器不能正常工作。变流器一般在出厂时，厂家对每一个参数都有一个默认值，这些参数值称为工厂值。在这种情况下，用户能以面板操作方式正常运行，但面板操作并不满足大多数系统的要求。所以，用户在正确使用变流器之前，要从以下几个方面对变流器的参数进行设置。

1）确认发电机参数，变流器在参数中设定了发电机的功率、电流、电压、转速、工作频率，这些参数可以从发电机铭牌中直接得到。

2）设定变流器的起动方式，一般变流器在出厂时设定从面板起动，用户可以根据实际情况选择起动方式，可以用面板、外部端子、通信方式等方式进行起动。

3）给定信号的选择，一般变流器的频率给定也可以有多种方式，如：面板给定、外部给定、外部电压或电流给定、通信方式给定，当然对于变流器的频率给定也可以是这几种方式的一种或几种方式的组合。正确设置以上参数之后，变流器基本上能够正常工作了，若要获得更好的控制效果，只能根据实际情况修改相关参数。

参数设置类故障的处理方法是：一旦发生了参数设置类故障后，变流器就不能正常运行了，一般可根据说明书进行修改参数。如果以上修改不成功，最好是能够把所有参数恢复出厂值，然后按照用户使用手册上规定的步骤重新设置，不同公司生产的变流器，其参数恢复和设置方式也不相同。

（二）变流器过电压故障

变流器的过电压集中表现在直流母线的支流电压上。正常情况下，变流器直流电为三相全波整流后的平均值。若以 380V 线电压计算，则平均直流电压 $U_d = 1.35U_{线电压} = 513V$。在过电压发生时，直流母线的储能电容将被充电，当电压上升至 760V 左右时，变流器过电压保护装置动作。因此，就变流器来说，都有一个正常的工作电压范围，当电压超过这个范围时很可能损坏变流器。常见的过电压有以下两类：

1）输入交流电源过电压：这种情况是指输入电压超过正常范围，一般发生在节假日负载较轻，电压升高或线路出现故障而降低，此时最好断开电源，然后进行检查和处理。

2）发电类过电压：这种情况出现的概率较高，主要是发电机的实际转速比同步转速还高，变流器可以引起这一故障。

（三）变流器过电流故障

此类故障可能是由于变流器的负载发生突变、负荷分配不均，输出短路等原因引起的。这时一般可通过减少负荷的突变、进行负荷分配设计、对线路进行检查来避免。如果断开负载变流器还存在过电流故障，说明变流器逆变电路已损坏，需要更换变流器。

（四）变流器过载故障

过载故障包括变流器过载和发电机过载，可能是电网电压太低、负载过重等原因引起的。一般应检查电网电压、负载等，如果所选的变流器不能拖动该负载，应重新调定设置值或更换大的变流器。

（五）变流器其他故障

1）变流器欠电压：说明变流器电源输入部分有问题，必须检查后才可以运行。

2）变流器温度过高：如果发电机有温度检测装置，检查发电机的散热情况；变流器温度过高，应检查变流器的通风情况或水冷却系统是否存在问题。

复习思考题

1. 叶片维护有哪些类型？
2. 定期保养叶片对风力发电场运营有哪些影响？
3. 叶片定期保养的内容有哪些？
4. 叶片内部检查的项目有哪些？
5. 叶片外部检查的项目有哪些？
6. 叶片日常保养的 5 项内容是什么？
7. 叶片常用维护方法包括哪些内容？
8. 叶片开裂修复的 5 个步骤是什么？
9. 叶片破损维护修补的 7 个步骤是什么？
10. 风电叶片维护与维修的外包服务的 9 个项目是什么？
11. 风电叶片巡检、定检与大包的 4 个服务项目是什么？
12. 风电叶片维护与维修的外包服务的 4 个流程是什么？
13. 复合材料叶片缺陷的来源有哪些？
14. 常见的环境破坏导致叶片的损伤有哪些类型？
15. 叶片三明治结构损伤的种类有哪些？
16. 叶片缺陷与损伤产生的原因是什么？
17. 叶片缺陷与损伤在设计方面的原因有哪些？
18. 叶片缺陷与损伤在生产方面的原因有哪些？
19. 叶片缺陷与损伤的自然因素有哪些原因？
20. 叶片缺陷与损伤运行和维护不当的 17 种原因是什么？
21. 叶片检查的判断技巧有哪些？
22. 叶片复合材结构修理的 9 条一般要求是什么？
23. 复合材料叶片修复的 7 条原则是什么？
24. 叶片修复的 10 个步骤是什么？
25. 画出叶片检查修理流程图。
26. 叶片损伤和缺陷的检测要求是什么？
27. 叶片无损检测技术的种类、适用范围及优缺点是什么？

28. 对叶片缺陷与损伤结构进行损伤容限与剩余强度分析的方法是什么?

29. 叶片结构损伤分为哪几种类型?

30. 确定叶片修理方法的5条原则是什么?

31. 叶片各种修理方法的适用范围、优缺点及主要修理设备及材料是什么?

32. 叶片损伤/缺陷处理的6个步骤是什么?

33. 检测维修后的叶片进行评估的6条要求是什么?

34. 叶片修理方法及工艺技巧有哪些?

35. 复合材料挖补修理的7个步骤是什么?

36. 齿轮箱的日常保养主要包括哪些内容?

37. 齿轮箱日常保养的方法有哪些?

38. 齿轮箱常见故障及维修方法是什么?

39. 齿轮损坏的主要形式有哪些?

40. 偏航系统每月定期检查维护的项目及要求是什么?

41. 变桨系统维护和检修工作的6条要求是什么?

42. 变桨轴承基本维护的5条要求是什么?

43. 变桨驱动电动机基本维护的5条要求是什么?

44. 限位开关基本维护的3条要求是什么?

45. 变桨主控柜和电池柜基本维护的4条要求是什么?

46. 液压变桨系统维护的2条要求是什么?

47. 电动变桨系统维护的3条要求是什么?

48. 液压变桨系统故障分析包括哪些类型?

49. 电动变桨系统故障及处理的要求有哪些?

50. 变桨超级电容故障处理的要求有哪些?

51. 对液压系统调试人员的5条要求是什么?

52. 液压系统进入调试状态的6个条件是什么?

53. 液压系统调试前的6个检查项目是什么?

54. 液压系统验收资料应包括哪7项内容?

55. 液压系统试验的8个项目和方法是什么?

56. 液压系统飞车试验6个步骤是什么?

57. 用户使用说明书应包括哪4项内容?

58. 液压系统保养的13条要求是什么?

59. 液压系统故障诊断的5项原则是什么?

60. 液压系统常用故障诊断方法有哪些?

61. 液压系统常见故障有哪些?产生原因是什么?

62. 控制电路电器元件检查的6条要求是什么?

63. 控制电路检查的4条要求是什么?

64. 熔断器检查与维修的7条要求是什么?

65. 继电器和接触器检查与维修的要求有哪些?

66. 继电器和接触器定期外观检查的3条要求是什么?

67. 继电器和接触器触头系统检查的5条要求是什么?

68. 继电器和接触器铁心检查的6条要求是什么?

69. 继电器和接触器电磁线圈检查的6条要求是什么?

70. 继电器和接触器接触器灭弧罩检查的2条要求是什么?

第八章　风力发电机组的常见故障及解决办法

风力发电机组的常见故障及解决办法见表 8-1 ~ 表 8-7。

表 8-1　变桨系统的常见故障及解决办法

序号	故障现象	解决办法
1	叶片参考零位设置改变，导致功率异常偏低	调整叶片至参考零位设置
2	变桨减速比参数修改，导致功率异常偏低	修改变桨减速比为正确参数
3	叶片在任意角度都可能卡桨，断电可复位，同时变桨变频器 26 号端子无 24V 电压输出	紧固变桨电动机编码器线；更换变桨电动机编码器线；更换变桨变频器或变桨电动机
4	变桨到 86° 附近或力矩大时频频提示变桨驱动故障	将变桨变频器内部参数从原先的 150% 改到 300%；尽快加注变桨润滑油脂进行必要的润滑；更改 PLC 程序控制逻辑或者采用其他变桨系统替代
5	叶片动不平衡引起的振动故障	机组偏航滑动衬垫问题，如果振动是由偏航滑动衬垫引起的，机组偏航时侧面轴承处将会伴有较大噪声，通过噪声很容易确认是否为偏航衬垫问题 检查上次机组对中数据，必要时可重新对中，确保对中数据在要求范围之内 叶片在出厂前均经过配重合格，在现场主要需要检查的是叶片内部配重块是否松脱丢失，此时可打开叶片观察孔盖板进行观察，检查叶轮转动时叶片内部是否有异响；同时观察叶片表面是否有明显污迹或损坏 叶片气动不平衡：核对叶片根部螺栓的安装情况，以免安装时发生叶片错位问题。具体核对方式可见："SL1500 系列叶片停机检查方案"；需要确认程序内对应参数是否与变桨减速机匹配。如果怀疑变桨减速机或者变桨电动机编码器有问题，可以通过在轮毂内手动变桨一定齿数，观察控制面板上变桨角度，比较三个叶片变桨角度即可判断；若上述步骤均没有问题，且机组的三个叶片在通过最低点时，声音具有明显的差异，则可判断机组某个叶片的变桨角度有问题，而且是由于叶片本身的原因造成的，即为叶片气动不平衡
6	运行或起动时，3 个变桨变频器通信指示灯都不闪烁	检查偏航通信开关是否设置为 off；检查 PLC 从站到各个变桨变频器的通信电缆；如果偏航也没通信，检查从站 PLC 至偏航通信板线路连接是否正确，从站 PLC 的 CAN – open 配置是否正确
7	单个变桨变频器所有指示灯都不闪烁，直流输入口 550V 直流电压丢失	问题主要是由于直流供电回路故障，应首先检查直流斩波器是否存在问题
8	三叶片角度都显示 0°，更换 PLC 或更新控制程序依然故障	可能是 CAN – Open 协议问题导致，可以通过重传 CAN – Open 协议（上传时只能单独打开一个配置文件）或更换其他版本的 CAN—Open 配置文件的方式解决

（续）

序号	故障现象	解决办法
9	轮毂速度信号波动	当轮毂速度信号 1s 内波动 100r/min 时，首先应检查超速继电器是否损坏
10	轮毂与发电机转差异常	问题产生的主要原因是由于轮毂集电环安装或者集电环本身编码器故障导致，可以通过检查集电环的固定、支撑杆应紧固或者通过检查采样信号，如有一路失真，则判定为集电环编码故障

表 8-2　发电机的常见故障及解决办法

序号	故障现象	解决办法
1	定子、转子绕组接地	绝缘电阻若小于 5MΩ，起动发电机加热器进行烘干；若绝缘电阻仍小于 5MΩ，甚至绝缘电阻为零，需更换发电机
2	定子、转子绕组三相不平衡	如绕组三相不平衡度超过 2%，需更换发电机
3	定子、转子绕组断路	需更换发电机
4	发电机轴承温度高	检查发电机轴温 PT100 接线是否虚接；测量轴温 PT100 电阻阻值与理论阻值对比，若显示的阻值相差很大说明轴温 PT 损坏。若发电机振动较大，则发电机轴承损坏，联系电机厂家检查并更换轴承
5	发电机轴承损坏	检查方法：发电机振动非常大，同时伴有严重的噪声 处理方法：联系发电机厂家售后人员检查并更换轴承
6	编码器无转速	发电轴承和尾轴跳动均正常，为编码器本体电气或机械结构损坏；若联轴节未损坏则更换编码器
7	编码器剧烈振动	发电机整体振动较大，轴承损坏导致编码器剧烈振动；更换发电机轴承
8	集电环表面粗糙，有点蚀、烧灼痕迹	调整刷架或刷握安装位置，或更换刷架，打磨集电环；发电机轴承损坏，导致集电环振动较大，导致集电环出现点蚀、烧灼现象

表 8-3　偏航系统的常见故障及解决办法

序号	故障现象	解决方法
1	偏航功率高	可以通过调整偏航力矩以及加热偏航减速机内部油脂来解决
2	偏航停止时机舱角度变化小	针对 MGM 电动机可以特别检查偏航电动机正上方（外壳顶部），去除螺钉，使其不影响电动机制动关闭或检查主站 PLC
3	偏航超时	可以检查偏航传感器线路，更换偏航传感器
4	偏航变频器未连接	运行过程中频繁报此故障，给偏航变频器断一次电才能复位，则更换偏航变频器的通信板
5	偏航时控制面板上角度无变化	偏航时机舱角度不变化，可能是由于偏航传感器内部的编码器件损坏
6	偏航时偏航噪声及振动较大	可以通过调整偏航力矩，打磨齿圈，更换偏航衬垫来解决
7	风速仪显示风速时有时无	检查风速风向仪供电及反馈信号回路，若正常，可关闭控制柜供电，待 2min 后重新供电；若重新起动后，风速风向仪仍无风速，需更换风速风向仪；测风回路浪涌保护器损坏；风速仪内部参数不对

表 8-4　电气控制系统的常见故障及解决办法

序号	故障现象		解决办法
1	变频器相关故障	起动变频器到网侧同步，变频器状态为 S4 故障	可能是由于更换网侧接触器故障或使用型号错误
2		PLC 主站 EA63.06 指示灯不闪烁	变频器通信故障，可按以下方案检查：检查线路连接，包括24V供电及与 PLC 的通信线；检查 A293.2 上通信光纤传感器是否有光信号，没有光信号的光纤传感器所连变频器为故障变频器
3		变频器运行几十秒后直流母线电压突升	变频器 IGBT 故障，可按以下方案检查：连接 PLC，通过内变频器故障码判定发电机侧连带故障，再测量网侧 IGBT 导通性，阻值小于 $100k\Omega$，说明变频器故障
4		变频器控制程序故障	当变频器起动后，过 1s 左右电流上升，所有故障产生。如果 PLC 内部菜单中参数一直维持在 50A，说明 PLC 控制没问题，属于 PLC 与 PM3000 间参数读写或变频器本身问题。一般情况下可以通过重新读写变频器参数来解决
5		变频器电源板故障	变频器自检不通过，继电器指示灯不正常。可能是由于输出 24V 线路虚接或变频器大电路板故障导致。可以通过紧固输出 24V 线路或更换变频器大电路板排除故障
6		预充电回路故障	预充电电阻烧毁或测试不过，预充电接触器不吸合。该问题可以通过测量充电回路电流值，判断直流母排或变频器母排绝缘，之后更换变频器或预充电电阻可以解决
7		变频器测速板故障	发电机转速正常，在有转速的情况下，起动变频器后故障产生。该问题主要是由于发电机侧变频器外部测量板故障导致，可以通过紧固插头、更换测量板来解决
8		直流母排电压过高	若风机是并网瞬间报故障，则需更改程序中参数默认值，正确设定发电机励磁电流值可以解决。若在运行中报故障，则是对变频器的保护，复位后可继续运行。网侧变频器运行通过，但至机侧时就报保护，检查放电电阻是否损坏或对地接通
9		350A 熔丝、IGBT 击穿	发电机刷架压指弹力不均或因电抗导致转子电阻不平衡。建议检查发电机转子侧电刷，或者更换电抗器
10	熔丝电感滤波相关故障	测试变频器到网侧时，直流母排电压偏低	可能是由于熔丝烧坏，而且辅助触头未能正常断开，熔丝状态错误导致。可以通过检查熔丝以及辅助控制回路来解决
11		690V 交流电网电压断相或相序不对	按照以下步骤检查：检查熔丝是否熔断，测量此相线路对地绝缘电阻后，更换熔丝，电压测量值正常；变频器网压测量板处电压正常，控制面板显示值不正常，则判定变频器电压测量板故障；如果起动变频器时放电电阻烧毁，可能是由于定子接触器电路控制板烧损导致定子接触器提前吸合，烧坏熔丝
12		运行至 LSC 后电网电压就不平衡，并网后三相电流不平衡	按照以下步骤检查：此故障通常是由于电网波动、电压不平衡等引起的；检查滤波回路熔体是否正常；检查实际电流是否也不平衡。当实际电流不平衡时，应首先检查定子接触器是否正常，若正常，更换箱变—机组的 3 相 690V 交流电缆接线相序，如果异常电流变成另一相，则问题出在箱变侧

（续）

序号	故障现象		解决办法
13	熔丝电感滤波相关故障	并网运行时滤波电阻频繁烧毁	按照以下步骤检查：更换水冷滤波板及其电阻，更换电阻时务必涂上导热硅脂，固定螺钉一定要拧紧；查找其他短路点；更换网侧电抗
14		网侧滤波电容烧毁	起动到网侧变频器时报变频器故障，网侧 L1 相电流产生瞬时脉冲后下降，而另两相电流能平稳上升。问题是由于网侧电抗或者电容损坏导致。检查时应先确认网侧电容是否完好，之后可以尝试更换网侧电抗器
15		滤波回路报警故障	该问题通常需要同时检查熔体、熔体外壳和 1Ω 的滤波电阻是否均正常
16	并网时不能同步	控制、检测相关线路故障	根据电气原理图检查以下线路：用万用表分别检测定子接触器 AC 230V 和 DC 24V 控制回路以及闭合反馈线路连接是否有断路、虚接现象，以及线路中的控制继电器是否损坏。机组断路器线路检查主要是定子断路器的辅助触头接线是否有虚接断路，以及欠电压控制继电器和闭合控制继电器工作是否正常，柜中的继电器是否工作正常 变频器电网侧和发电机定子侧电压电流检测回路是否有松动或接线错误。发电机定转子电缆相序是否有接错，可用示波器进行电网侧和发电机定子侧电压和频率监测，如果测量定子频率不等于电网频率，则更改转子的两相电缆。如果定子频率等于电网频率但定子的旋转磁场方向向左，则需更换定子的两相电缆
17		功率变频器故障	用万用表在风机并网时检测机侧变频器第 2 号端口是否有 24V 输出，为了安全起见，可用导线并入变频器相应端口将信号引出进行检测。如果有 DC 24V 输出，则故障点应该发生在定子接触器，如果没有 DC 24V 输出，其可能原因有：变频器内部故障，发电机故障。可以用示波器检测电网电压和发电机定子电压和频率，观察其波形，如果电网侧和定子侧的电压、频率相位已同步，则基本可以确定故障点在机侧变频器，此时需更换机侧变频器
18		定子接触器/断路器故障	用万用表在风机并网时检测机侧变频器第 2 号端口是否有 24V 输出，为了安全起见，可用导线并入变频器相应端口将信号引出进行检测。如果有 DC 24V 输出，则故障点应该发生在定子接触器/断路器。此时要求业主断开机组内 AC 690V 电源，对定子接触器/断路器进行观察和检查，定子接触器的损坏一般为控制板烧毁和接触器吸合接触不良。断路器故障一般辅助触头、欠电压线圈、闭合线圈、操作机构卡涩等，需更换定子接触器/断路器
19		发电机故障	用示波器检测电网电压和发电机定子电压和频率，观察其波形，如果电网侧和定子侧的电压、频率相位不同步，且发电机定子、转子相序没有异常，可用电桥进一步检测发电机定子、转子绕组内阻，以及检测发电机集电环及电刷装置，根据所测的三相内阻值判断是否存在绕组匝间短路使三相绕组不平衡，也可用同样的方法检查集电环，更换发电机或集电环
20		干扰或屏蔽不良导致振动	检查里面信号线屏蔽层是否接地，若未接地，则需用裁纸刀将信号线最外层剥开，并用导线接地。检查柜内接在下端电缆屏蔽是否卡好。若上述屏蔽确定无问题后，而机组在偏航瞬间机组振动信号突然增高，可以尝试将偏航电动机电源线在偏航电动机那一端，用裁纸刀剥开外层绝缘皮后用导线将屏蔽层接地。注意勿让接地线碰触电源线接线柱

（续）

序号	故障现象		解决办法
21	低压或通信线路常见故障	PLC死机或无响应	当对急停回路进行复位时，主站PLC和从站PLC均发生死机的问题可以通过检查：端子接地情况；风速仪线是否正确 PLC损坏的检查方法：PLC电源接口正负间电阻异常偏小，正常情况下应为无穷大，接上线路后电阻值应为1.2kΩ左右 当电网长时间停电再送电后，风机无法起动（交换机等指示灯闪烁），断开PLC任何一路DC 24V输出可正常起动。该问题可以通过手动断开其中任何一路DC 24V或更换UPS以后即可
22		控制面板无响应	控制面板无通信，PLC不能起动，但一直显示连接状态，PLC模块err指示灯常亮。通过软件可以将文件及程序写入。但PLC程序不能起动，重新登录PLC显示内存卡程序丢失。该问题是由于柜内模块损坏
23		急停回路异常	急停回路断开，风机紧急停止，制动器抱闸。该问题一般是由于线路虚接及反馈信号电压偏低（低于20V）。可以通过以下方法检查：若故障无法复位，则检查整个急停回路，寻找断点；若故障能够复位，且时常发生，则采用排查的方法，将急停回路逐一短接，用排除法确定故障点。通常塔架急停线路损坏，可使用备用线；多功能继电器损坏；急停或复位回路浪涌保护器损坏，导致回路电压低于DC 20V，更换浪涌保护器后可以消除故障
24		电池检查故障	无电池电压检测值，机组无法起动，该问题是由于电池电压测试电阻损坏导致；电池不能通过，可以尝试检查电池测试电阻相关测试元件的好坏。电池状态显示快充，实际接触器不吸合，模块无控制信号输出。可能是由模块端口的DC 24V电源线接错
25		接地保护故障	通过以下步骤排除：检查母排电流互感器接线是否松动或损坏；变频器插针是否松动或变频器损坏；电动机转子接地，发电机损坏；检查箱变

表8-5　油冷系统的常见故障及解决办法

序号	故障现象	解决办法
1	油冷散热板堵塞导致油温超高限	针对油冷散热板因灰尘、油泥、柳絮等原因堵塞，可采用对油冷散热板清理的方法处理
2	温控阀、单向阀损坏导致油温超高限	更换温控阀、单向阀
3	电器元件损坏导致油温超高限	检查并确保齿轮箱油温PT100固定正常；通过控制面板PT100记录油温与温度计对比判定PT100好坏；更换电器元件
4	油泵电动机或油泵联轴器损坏导致高速泵无压力	如不正常运行，根据断路器、电气线路状况判断电动机是否损坏；更换油泵电动机或油泵联轴器
5	滤芯或油冷管路堵塞高速泵无压力	滤芯可能因磨损或杂物导致堵塞，致使机组报出高速泵无压力故障，检查滤芯是否污染较为严重，并对其进行更换
6	单向阀损坏，高速泵无压力	检查阀体和阀芯接合面处是否有光通过，如有光通过则证明单向阀损坏；更换单向阀
7	压力传感器损坏高速泵无压力	检查油压传感器及其线路，如发现损坏对其进行更换

表 8-6 水冷系统的常见故障及解决办法

序号	故障现象	解决办法
1	水泵电动机开启后不运行	电动机未接电源；更换熔丝；闭合电动机保护开关；检查并维修控制电路；更换电动机
2	水泵电动机开启后电动机保护开关立即断开	熔丝或断路器烧坏；电动机保护开关触头损坏；电缆接线虚接或损坏；电动机绕组损坏；机械堵塞
3	水泵功率不稳定	检查吸水侧的压力；清理吸水管路或水泵；检查吸水侧压力
4	水泵运行，但不循环排水	吸水管路或水泵被污染物堵塞，清理吸水管路和水泵；吸水管路不密封，维修吸水管路；吸水管路或水泵里气体太多，检查吸水侧的压力；电动机转向错误，改变电动机接线相序
5	水泵运行时噪声大	水泵内有气蚀，检查吸水侧的压力；由于水泵轴连接错误，检查水泵电动机和水泵轴的机械连接
6	变频器、发电机、滤波板温度高	散热进水管和出水管连接在分配器同一管路上，正确调整管路连接；水冷系统内缺少冷却介质或系统内空气较多，补充冷却介质，排出系统内的空气；水冷系统温控阀损坏，更换 TB25 温度阀阀芯；水管被污染物堵塞，水流量不足，清理水管内的污染物
7	滤波板温度高，发电机变频器温度正常	滤波板内堵塞、进水管或出水管堵塞或弯折，清理水管内的污染物并调整水管弯曲半径大于4倍管径；PT100损坏，用红外测温仪测试实际温度是否与 PT100 测量的温度相近，如温差较大则更换 PT100

表 8-7 液压系统的常见故障及解决办法

序号	故障现象	解决办法
1	制动器的阀打不开，泵站无法泄压	电磁铁故障或供电故障：尝试手动控制，如果能泄压就说明是线圈或供电故障；尝试从线圈上断开电气插头，如果能泄压说明是电气故障 阀门或喷嘴故障或被污物堵塞：拧下阀门或其他元件之前必须确保该元件后面的压力已被释放。如果一个有泄压阀，可以通过一根测压软管泄压
2	油过冷导致泵站无法泄压	油的黏度高，主动型制动器不能将油经过系统压回油箱
3	油箱液位过低或者漏油导致压力低	制动器外存在油污染说明漏油，应消除漏油或补足液压油
4	电动机故障	电动机不运行：供电故障或者电动机连线故障；油位过低或者油温过高导致的油位/油温开关切断电源；压力开关故障 电动机运转方向：电动机接线箱中的相位连接错误 电动机运行但是在系统达到正确压力前电动机减速：供电电压过低；电动机故障 电动机运行但不产生压力：电动机与泵之间的联轴器损坏 泵故障：安全泄压阀故障 电动机运行但是停止后反转：止回阀故障
5	泵站有压力产生但压力不够	安全阀门调整不当或故障；压力开关设定值过低；泵故障；阀门泄漏

（续）

序号	故障现象	解决办法
6	泵站有压力产生但未传递到制动器	泵与制动器之间的阀门在应该打开的时候没有打开，尝试手动控制，如果能够解决问题说明是线圈或者线圈供电故障，否则是阀门故障 制动器和油箱之间的阀门在应该闭合时没有闭合，尝试手动控制，如果能够解决问题，说明是线圈或者线圈供电故障，否则是阀门故障
7	仪表故障	检查传感器或开关信号是否正常，主要包括：油位/油温开关；泵管路的压力开关或传感器；制动器管路的压力开关或传感器；蓄能器监控用的压力开关或传感器
8	制动力矩不够	制动力矩不够可能由以下原因引起：制动衬垫故障或者制动衬垫没有磨合；制动衬垫或制动盘有油脂；气隙调整不及时；安全制动器管路没有充分泄压；主制动钳压力过低；制动钳故障；油黏度过高（油温低）造成阀门不工作；密封组件损坏
9	制动缓慢	制动缓慢可能由以下原因引起：制动系统内有空气；由于油污染使阀门不能正确工作；油孔太小且黏度太高（油温低）；液压系统内有异常节流（管路污染或阀门位置不正确）
10	制动过快	制动过快可能由以下原因引起：油温过高造成黏度太低；蓄能器预冲压力不对
11	工作温度过高	可按照以下步骤检查：环境温度是否过高；泵是否连续运行（由于阀门泄漏，外部泄漏或者元件调整错误）
12	衬垫异常磨损	可按照以下步骤检查：制动器没有正确对中；自动定位系统没有正确调整；制动器摆动幅度过大或者轴变形
13	传感器损坏	传感器在规定状态未能正确地输出信号，更换传感器

复习思考题

1. 简述变桨系统故障及解决办法。
2. 简述发电机故障及解决办法。
3. 简述偏航系统故障及解决办法。
4. 简述电气控制系统故障及解决办法。
5. 简述油冷系统故障及解决办法。
6. 简述水冷系统故障及解决办法。
7. 简述液压系统故障及解决办法。

参 考 文 献

[1] 宫靖远．风电场工程技术手册 ［M］．北京：机械工业出版社，2004.

[2] 中国玻璃钢工业协会．玻璃钢简明技术手册 ［M］．北京：化学工业出版社，2004.

[3] 刘万琨，张志英，李银凤，等．风能与风力发电技术 ［M］．北京：化学工业出版社，2006.

[4] 苏绍禹．风力发电机运行与维护 ［M］．北京：中国电力出版社，2002.

[5] 姚兴佳，宋俊，等．风力发电机组原理与应用 ［M］．北京：机械工业出版社，2009.